Umweltbezogene Gerechtigkeit

Stadtentwicklung. Urban Development

Herausgegeben von Uwe Altrock und Harald Kegler

Band 2

Zur Qualitätssicherung und Peer Review der vorliegenden Publikation

Die Qualität der in dieser Reihe erscheinenden Arbeiten wird vor der Publikation durch einen oder mehrere externe, von der Herausgeberschaft benannte Gutachter geprüft.

Notes on the quality assurance and peer review of this publication

Prior to publication, the quality of the work published in this series is reviewed by an external referee or external referees appointed by the editorship.

Heike Köckler

Umweltbezogene Gerechtigkeit

Anforderungen an eine zukunftsweisende Stadtplanung

Bibliografische Information der Deutschen Nationalbibliothek
Die Deutsche Nationalbibliothek verzeichnet diese Publikation
in der Deutschen Nationalbibliografie; detaillierte bibliografische
Daten sind im Internet über http://dnb.d-nb.de abrufbar.

Lektorat: Uta Marini
Umschlagabbildung: Heike Köckler

ISSN 2366-0708
ISBN 978-3-631-73318-9 (Print)
E-ISBN 978-3-631-73403-2 (E-PDF)
E-ISBN 978-3-631-73404-9 (EPUB)
E-ISBN 978-3-631-73405-6 (MOBI)
DOI 10.3726/b11742

© Peter Lang GmbH
Internationaler Verlag der Wissenschaften
Frankfurt am Main 2017
Alle Rechte vorbehalten.
PL Academic Research ist ein Imprint der Peter Lang GmbH.

Peter Lang – Frankfurt am Main · Bern · Bruxelles · New York ·
Oxford · Warszawa · Wien

Das Werk einschließlich aller seiner Teile ist urheberrechtlich
geschützt. Jede Verwertung außerhalb der engen Grenzen des
Urheberrechtsgesetzes ist ohne Zustimmung des Verlages
unzulässig und strafbar. Das gilt insbesondere für
Vervielfältigungen, Übersetzungen, Mikroverfilmungen und die
Einspeicherung und Verarbeitung in elektronischen Systemen.

Diese Publikation wurde begutachtet.

www.peterlang.com

Inhalt

Abbildungsverzeichnis IX

Tabellenverzeichnis XIII

Abkürzungsverzeichnis XVII

Editorial XIX

Dank XXI

Zusammenfassung XXIII

Zielsetzung

1 Relevanz des Themas, Zielsetzung und Aufbau der Arbeit 3
   1.1 Zielsetzung der Arbeit 5
   1.2 Aufbau der Arbeit 8

Theorie

2 Theoretische Grundlagen 13
   2.1 Umweltbezogene Gerechtigkeit 14
      2.1.1 Soziale Unterschiede in der räumlichen Verteilung von Umweltfaktoren 15
      2.1.2 Soziale Unterschiede in der umweltbezogenen Entscheidungsfindung 20
      2.1.3 Kompensation für weniger soziale Unterschiede 25
      2.1.4 Vom Unterschied zur Ungerechtigkeit 26
      2.1.5 Teilkonzepte umweltbezogener Gerechtigkeit und deren Relationen, eine Strukturierung 34
      2.1.6 Umweltbezogene Gerechtigkeit und zukunftsfähige Entwicklung 37

2.2	Umweltgüte		39
	2.2.1	Objektive Umweltgüte	42
	2.2.2	Subjektiv wahrgenommene Umweltgüte	46
2.3	Vulnerabilität		51
2.4	Einflussmöglichkeiten von Stadtplanung und planerischem Umweltschutz auf umweltbezogene Gerechtigkeit		56
	2.4.1	Relevanz von Stadtplanung und planerischem Umweltschutz für umweltbezogene Gerechtigkeit	57
	2.4.2	Instrumente der Stadtplanung und des planerischen Umweltschutzes	58
	2.4.3	Zur Rolle verschiedener Beteiligter in Planungsverfahren	65
2.5	Umweltbezogenes Handeln		70
	2.5.1	Vom Stress und Ressourcen, diesem zu begegnen	72
	2.5.2	Theorie des geplanten Verhaltens	78
2.6	Forschungslücke		81

Konzeption

3 Model On households' Vulnerability towards the local Environment (MOVE) 87

3.1	Möglichkeiten zum Coping mit Umweltgüte im Wohnumfeld: Das Coping-Inventar	89
3.2	Umweltgüte und deren Wahrnehmung als Belästigung	92
3.3	Bewältigungskapazität	92
3.4	Der Migrationshintergrund als Differenzmerkmal	93
3.5	Das MOVE-Modell als Grundlage einer empirischen Untersuchung	93

Empirie

4 Forschungsdesign: Methoden und Stichprobe 97

4.1	Analysestrategie		98
	4.1.1	Grundlegendes zu statistischen Analysen	99

	4.1.2	Modellbildung	100
	4.1.3	Skalenbildung	102
	4.1.4	Einfache Zusammenhangsanalysen	103
	4.1.5	Unterschiedsanalysen	104
4.2	Fragebogenentwicklung		104
	4.2.1	Theorie des geplanten Verhaltens	105
	4.2.2	Ressourcen nach der Ressourcenerhaltungstheorie	108
	4.2.3	Einflussfaktoren subjektiv wahrgenommener Luft- und Lärmbelastung	111
	4.2.4	Migrationsspezifische Fragen	112
4.3	Online-Befragungssystem		113
4.4	Pre-Test		117
	4.4.1	Stichprobe des Pre-Tests	118
	4.4.2	Auswertung des Pre-Tests	119
	4.4.3	Schlussfolgerungen aus dem Pre-Test	119
4.5	Haupterhebung		120
	4.5.1	Durchführung der Befragung	120
	4.5.2	Datenbereinigung	124
	4.5.3	Ersetzen fehlender Werte	124
	4.5.4	Rekodierung und Bildung neuer Variablen	132
	4.5.5	Stichprobenmerkmale der Haupterhebung	134
	4.5.6	Exkurs zur Methode der ko-ethnischen Befragung	135

5 Analysen ... 141

5.1	Subjektive Wahrnehmung von Luft- und Lärmbelastung		142
	5.1.1	Messung subjektiv wahrgenommener Belastung durch Luftschadstoffe und Lärm	142
	5.1.2	Einflussfaktoren subjektiv wahrgenommener Lärmbelastung	148
5.2	Skalen zur Messung institutionellen Copings im Wohnumfeld		154
	5.2.1	Methodisches Vorgehen	156
	5.2.2	Ergebnisse	156

	5.2.3	Fazit der Teilanalyse 165
5.3	\multicolumn{2}{l	}{Zur Relevanz der wahrgenommenen Verhaltenskontrolle für institutionelles Coping im Wohnumfeld .... 166}
	5.3.1	Methodisches Vorgehen 169
	5.3.2	Beschreibung der Ergebnisse 169
	5.3.3	Fazit der Teilanalyse 177
5.4	\multicolumn{2}{l	}{Ressourcen und deren Relevanz im MOVE-Modell.......... 178}
	5.4.1	Methodisches Vorgehen 179
	5.4.2	Beschreibung der Ergebnisse 180
	5.4.3	Fazit der Teilanalyse 194

6 Diskussion der empirischen Ergebnisse 197

    6.1   Das MOVE-Modell im empirischen Test 197

    6.2   Evidenz zur Differenz 204

    6.3   Claim Making für umweltbezogene Gerechtigkeit 207

Fazit

7 Fazit und weiterer Forschungsbedarf 215

    7.1   Zentrale Erkenntnisse 215

    7.2   Das bevölkerungsbezogene Vulnerabilitätsprinzip 217

    7.3   Weiterer Forschungsbedarf 221

Literatur 227

Abbildungsverzeichnis

Abbildung 1:	Aufbau der Arbeit	10
Abbildung 2:	Theoretische Grundlagen und deren Verhältnis zueinander	14
Abbildung 3:	Faktoren zur Beschreibung von umweltbezogener Verteilungsungerechtigkeit – eine Auswahl	18
Abbildung 4:	Teilkonzepte umweltbezogener Gerechtigkeit (verändert nach Köckler, 2011, S. 97)	35
Abbildung 5:	Subjektiv empfundene Belästigung und objektive Belastung durch Lärm in Kassel, Quelle: Köckler & Weible (2011, S. 97)	47
Abbildung 6:	Einflussfaktoren der subjektiven Wahrnehmung von Lärm	50
Abbildung 7:	Pressure and Release Model von Blaikie et al. 1994, (eigene vereinfachte Darstellung)	52
Abbildung 8:	Modell zur Beschreibung des Zusammenhangs zwischen sozialer Lage, Umwelt und Gesundheit, (vereinfacht nach Bolte, Bunge et al., 2012, S. 26)	54
Abbildung 9:	Planungsverfahren als Policy Cycle	63
Abbildung 10:	Theorie des geplanten Verhaltens, (vereinfachte Darstellung nach Ajzen (2006), eigene Übersetzung)	79
Abbildung 11:	MOVE-Modell theoretisch	88
Abbildung 12:	Kategorien zu Coping-Handlungen und -Ideen (Quelle: Köckler et al., 2008, S. 41)	91
Abbildung 13:	Coping-Inventar abstrahiert	92
Abbildung 14:	Frage in LimeSurvey in deutscher Sprache	115
Abbildung 15:	Frage, wie in Abbildung 14, in türkischer Sprache	115
Abbildung 16:	Frage, auf deren Antwort die Filterführung für die folgende Frage (siehe Abbildung 17) basiert	116
Abbildung 17:	Frage mit Filterführung auf Grundlage der Aussage der vorherigen Frage (siehe Abbildung 16)	117
Abbildung 18:	Frage zu Schlafstörung mit Filterführung (aus LimeSurvey)	126

Abbildung 19:	Selbsteinschätzung der deutschen Sprachkenntnisse beim Verstehen (N = 92, Befragte mit türkischem Migrationshintergrund)	138
Abbildung 20:	Selbsteinschätzung der deutschen Sprachkenntnisse beim Verstehen (N = 55, Befragte mit türkischem Migrationshintergrund, ohne deutsche Staatsangehörigkeit)	139
Abbildung 21:	Struktur von Kapitel 5 in Anlehnung an das MOVE-Modell	141
Abbildung 22:	Ausprägung der subjektiv wahrgenommenen Belästigung durch Luftschadstoffe/Abgase zwischen Befragten mit und ohne Migrationshintergrund	147
Abbildung 23:	Ausprägung der subjektiv wahrgenommenen Lärmbelästigung zwischen Befragten mit und ohne Migrationshintergrund	147
Abbildung 24:	Regressionsmodell Lärmwahrnehmung im Wohnumfeld mit statistischen Kenngrößen	152
Abbildung 25:	MOVE-Modell optimiert	154
Abbildung 26:	Items der Skalen Coping-Intention und -Handlung, sortiert nach Schwierigkeit entsprechend den Ergebnissen der WINMIRA-Analyse	160
Abbildung 27:	Histogramm der Skala Coping-Intention	161
Abbildung 28:	Histogramm der Skala Coping-Handlung	162
Abbildung 29:	Ausprägung der Coping-Intentionen in hoch belasteten und gering belasteten Gebieten	163
Abbildung 30:	Ausprägung der Coping-Handlungen in hoch belasteten und gering belasteten Gebieten	163
Abbildung 31:	Ausprägung der Coping-Intentionen bei Befragten mit und ohne Migrationshintergrund	164
Abbildung 32:	Ausprägung der Coping-Handlung bei Befragten mit und ohne Migrationshintergrund	164
Abbildung 33:	Regressionsmodell Coping-Intention mit Gesamtskalen zu Einstellung, subjektiver Norm und wahrgenommener Verhaltenskontrolle	171
Abbildung 34:	Regressionsmodell Coping-Handlung mit Gesamtskala zur wahrgenommenen Verhaltenskontrolle	172

Abbildung 35: Regressionsmodell Coping-Intention mit Subskalen 173
Abbildung 36: Regressionsmodell Coping-Handlung mit Subskalen 174
Abbildung 37: Verteilung der Skala Einstellung, gruppiert nach Gebietstypen und Migrationshintergrund 175
Abbildung 38: Verteilung der Skala subjektive Norm, gruppiert nach Gebietstypen und Migrationshintergrund 175
Abbildung 39: Verteilung der Skala wahrgenommene Verhaltenskontrolle, gruppiert nach Gebietstypen und Migrationshintergrund 176
Abbildung 40: Regressionsmodell zur Vorhersage der wahrgenommenen Verhaltenskontrolle mit Ressourcen 186
Abbildung 41: Regressionsmodell zur Vorhersage der Subskala Handlungswissen, als Teil der wahrgenommenen Verhaltenskontrolle 187
Abbildung 42: Regressionsmodell zur Vorhersage der Skala Coping-Handlung... 189
Abbildung 43: Ausprägung des Haushaltseinkommens bei Befragten mit und ohne Migrationshintergrund 192
Abbildung 44: MOVE-Modell, modifizierte Version nach empirischer Erhebung... 199
Abbildung 45: MOVE-Modell final 211

Tabellenverzeichnis

Tabelle 1:	Quotierungsmerkmale der Befragung	98
Tabelle 2:	Einzelitems zu institutionellen Coping-Intentionen und -Handlungen	107
Tabelle 3:	Ressourcen und deren Messung in der Haupterhebung	109
Tabelle 4:	Fragen zur Erfassung des Migrationshintergrunds	113
Tabelle 5:	Ausprägung ausgewählter Variablen im Pre-Test (N = 84)	118
Tabelle 6:	Kriterien für die Kategorisierung in hoch und gering belastete Gebiete in der Haupterhebung	122
Tabelle 7:	Rücklaufquote der Haupterhebung im Überblick	123
Tabelle 8:	Häufigkeiten HH_38_I_I	126
Tabelle 9:	Häufigkeiten der Filtervariable HH_35	127
Tabelle 10:	Häufigkeiten HH_38_I_I_total durch Rekodierung	127
Tabelle 11:	Häufigkeiten der Variable HH_29_3_0 vor der Rekodierung	128
Tabelle 12:	Häufigkeiten der Variable HH_29_3_0 nach der Rekodierung	128
Tabelle 13:	Häufigkeiten der Filtervariable HH_28	129
Tabelle 14:	Veränderung der Häufigkeiten der Variable HH_93 durch die Anwendung des CIMS-Verfahrens	130
Tabelle 15:	Veränderung der Häufigkeiten der Variable HH_188 durch die Anwendung des CIMS-Verfahrens	130
Tabelle 16:	Fehlende Werte Einkommen vor und nach der regressionsbasierten Imputation	131
Tabelle 17:	Modellzusammenfassung des Regressionsmodells zur Imputation fehlender Einkommenswerte	132
Tabelle 18:	Ausprägung ausgewählter Variablen in der Haupterhebung (N = 312)	134
Tabelle 19:	Erfüllung der Quotierungsziele in der Haupterhebung	135
Tabelle 20:	Städte, in denen die Befragten wohnen	135
Tabelle 21:	Geschlecht des Interviewers und Befragten	137
Tabelle 22:	Subjektiv wahrgenommene Belastung im Wohnumfeld bezogen auf die objektive Umweltbelastung	144

Tabelle 23:	Ausprägung der Variablen des Regressionsmodells zur subjektiven Wahrnehmung der objektiven Lärmbelastung	150
Tabelle 24:	Zunahme der Modellgüte im Regressionsmodell zur Erklärung der Lärmwahrnehmung	150
Tabelle 25:	Ausprägung der Einzelitems zu Intention und Handlung	158
Tabelle 26:	Item Location für Coping-Intentionen (WINMIRA)	159
Tabelle 27:	Itemscore der einzelnen Items der Coping-Intentionen (WINMIRA)	159
Tabelle 28:	Item Location für Coping-Handlungen (WINMIRA)	159
Tabelle 29:	Itemscore der einzelnen Items der Coping-Handlung (WINMIRA)	160
Tabelle 30:	Skalen *Einstellung, subjektive Norm* und *wahrgenommene Verhaltenskontrolle* mit ihren Einzelitems, Subskalen und Reliabilitäten	168
Tabelle 31:	Ausprägung der Variablen des Regressionsmodells zur Vorhersage von Intention und Handlung sowie soziodemographische Variablen	169
Tabelle 32:	Zunahme der Modellgüte im Regressionsmodell zur Erklärung der Intention mit Gesamtskalen	170
Tabelle 33:	Zunahme der Modellgüte im Regressionsmodell zur Erklärung der Coping-Intention mit Subskalen	173
Tabelle 34:	Mittelwerte der jeweiligen Skalen für Gebietstypen und Migrationshintergrund	177
Tabelle 35:	Skalen Teamwirksamkeit und soziales Netzwerk	179
Tabelle 36:	Ausprägung der Variablen des Regressionsmodells zur Vorhersage der wahrgenommenen Verhaltenskontrolle	182
Tabelle 37:	Bi-variate Zusammenhänge (Rangkorrelation nach Spearman) der Prädiktoren und der wahrgenommenen Verhaltenskontrolle sowie deren Subskalen	183
Tabelle 38:	Zunahme der Modellgüte im Regressionsmodell zur Erklärung der wahrgenommenen Verhaltenskontrolle	184
Tabelle 39:	Modellgüte des Modells zur Vorhersage der wahrgenommenen Verhaltenskontrolle	184
Tabelle 40:	Bi-variate Zusammenhänge (Rangkorrelation nach Spearman) der Prädiktoren und der Skala für Coping-Handlungen	188

Tabelle 41:	Modellgüte des Modells zur Vorhersage der Skala Coping-Handlung	189
Tabelle 42:	Unterschiedliche Ausprägung der jeweiligen Ressourcen bei Befragten mit bzw. ohne Migrationshintergrund	191
Tabelle 43:	Monatliches Haushaltseinkommen pro Kopf in EUR, kategorisiert	192
Tabelle 44:	Unterschiedliche Ausprägung der jeweiligen Ressourcen nach Gebietstypen	193
Tabelle 45:	Unterschiedliche Ausprägung der jeweiligen Ressourcen bei Befragten mit bzw. ohne Migrationshintergrund *in hoch belasteten Gebieten*	194

Abkürzungsverzeichnis

ABC	Actual Behavioral Control
AIC	Akaikes Informationskriterium
ANOVA	Analysis of variance
BImSchG	Bundes-Immissionsschutzgesetz
COR	Conservation of Resource Theory (Ressourcenerhaltungstheorie)
EJ	Environmental Justice
F	F-Wert (Wert für Varianzhomogenität)
LARES	Large Analysis and Review of European housing and health Status
MOVE	Model On households' Vulnerability towards the local Environment
MW	Mittelwert
NGO	Non-Governmental Organisation
OECD	Organisation for Economic Co-operation and Development
p	Irrtumswahrscheinlichkeit
PAK	Polyzyklische aromatische Kohlenwasserstoffe
PBC	Perceived Behavioural Control
PM	Particulate Matter (Feinstaub)
PRTR	Pollutant Release and Transfer Register
r_s	Rangkorrelation nach Spearman
SD	Standard Deviation (Standardabweichung)
TACT	Target, Action, Context & Time
TPB	Theory of Planned Behaviour (Theorie des geplanten Verhaltens)
α	Cronbachs Alpha
β	Standardisiertes Regressionsgewicht

Editorial

Der zweite Band der Schriftenreihe „Stadtentwicklung" wendet sich einem essenziellen Thema urbaner Zukunft zu, der gesunden Stadt. Nachdem die Frage der Resilienz im ersten Sammelband im Mittelpunkt stand, folgt mit der aus der Habilitationsschrift von Heike Köckler hervorgegangenen Publikation eine Monographie. In dieser greift sie eine seit langer Zeit geführte Debatte in der Stadtforschung auf, die sich der Frage nach der Lebensqualität in den Städten für alle Bewohnerinnen und Bewohner aus einer umfassenden Perspektive nähert. Während es in Zeiten rauchender Schlote in Industriestädten nahezuliegen schien, sich über die Umwelt- und Gesundheitswirkungen des städtischen Lebens Gedanken zu machen, konnten in den letzten Jahrzehnten mindestens in Westeuropa beachtliche Fortschritte bei der Reduzierung schädlicher Umwelteinwirkungen auf den Menschen in Städten erreicht werden. Dennoch haben trotz enormer Anstrengungen zur Reduzierung von Schadstoffimmissionen die Herausforderungen in dieser Richtung in den letzten Jahrzehnten zugenommen. Beispielsweise müssen Pkws immer strengere Abgasnormen einhalten, aber dies wird durch den enorm steigenden Motorisierungsgrad in der Gesellschaft teilweise überkompensiert. Wie immer man die sehr komplexen Entwicklungen auf gesamtstädtischer Ebene bewerten möchte, so zeigt die Forschung doch recht deutlich, wie massiv die kleinräumigen Unterschiede zwischen verschiedenen Teilen der Stadt sind. Ärmere Bevölkerungsgruppen sind dabei nicht nur aufgrund ihres Verhaltens, sondern nicht zuletzt auch wegen der ungünstigen gesundheitlichen Rahmenbedingungen in jenen Quartieren benachteiligt, die sie sich überhaupt leisten können. So liegen nicht nur Jahre zwischen der mittleren Lebenserwartung unterschiedlich wohlhabender Menschen in der Stadt, sondern die Werte differieren ähnlich deutlich zwischen unterschiedlichen Quartieren. Dieser epidemiologische Zusammenhang wirft vielerlei Fragen danach auf, wie wir in unseren Städten künftig leben wollen und welche Möglichkeiten uns als Stadtgesellschaft zur Verfügung stehen, um durch Konzepte und Maßnahmen der Stadt- und Landschaftsplanung, der Gesundheitsvorsorge, Sozialplanung und Sozialpolitik gute Lebensbedingungen für möglichst weite Teile der Bevölkerung zur Verfügung zu stellen. Im Rahmen dieser weit über die konventionelle Stadtentwicklung hinausgehenden Zusammenhänge legt Heike Köckler hiermit eine vertiefende Untersuchung zu der Frage vor, wie Haushalte auf Umweltbelastungen in ihrem Wohnumfeld reagieren. Sie kann dabei präzise aufzeigen, warum Menschen mit Migrationshintergrund in hoch belasteten Gebieten besonders vulnerabel sind. Mit einem eigenständig entwickelten Verhaltensmodell gelingt es ihr, die jeweiligen Bewältigungsstrategien der Betroffenen empirisch zu überprüfen und theoretisch einzuordnen. Ihr Ansatz des „bevölkerungsbezogenen Vulnerabilitätsprinzips" stellt darauf ab, die Selbstorganisationsfähigkeiten und Aktivitäten der Betroffenen zu stärken und darüber die Verfahrensgerechtigkeit planerischen Handelns zu verbessern. In diesem Sinne liefert der Band wichtige Hinweise dafür, wie sich Empowerment-Ansätze erfolgversprechend in stadt- und umweltplanerisches Handeln einbetten lassen.

Uwe Altrock, Harald Kegler

Dank

Dank gebührt den vielen Menschen und Institutionen, die diese Forschung ermöglicht haben. Zuallererst ist dies Andreas Ernst, der mir die Freiheit zu eigenständiger Forschung und Zugang zu neuen Methoden gegeben hat. Im Projekt SAVE (Spatial Analysis of Households' Vulnerability and Environmental Justice), das aus Mitteln des Center for Environmental Systems Research (CESR) der Universität Kassel finanziert wurde, konnte ich die wesentlichen Inhalte der hier dargelegten Forschung erarbeiten und umweltpsychologische Zugänge erlernen. Ich danke der gesamten SESAM-Gruppe, insbesondere Nina Schwarz, Karl-Heinz Simon, Roman Seidl, Ramune Pansa, Silke Kuhn und Urs Wenzel, sowie den studentischen Hilfskräften, die die Erhebung unterstützt haben, allen voran Thomas Weible und Anja Hildebrand sowie Ilyas Gökce und den Interviewerinnen und Interviewern.

Dankbar bin ich dem Fachbereich Architektur, Stadtplanung und Landschaftsplanung der Universität Kassel, mit dem ich als Planerin in Forschung und Lehre zusammenarbeiten konnte. Insbesondere sind hier Ulf Hahne, als Ansprechpartner für das Habilitationsverfahren und Partner in Lehre und Forschung, sowie Lutz Katzschner mit seinem Team zu nennen. Ergebnisse eines gemeinsamen Forschungsprojekts mit seinem Fachgebiet Umweltmeteorologie sind in die hier vorliegende Abhandlung eingeflossen. Ein ganz besonderer Dank gilt hier Antje Katzschner für vielfältige Diskussionen zu umweltbezogener Gerechtigkeit.

Dank gebührt auch Gabriele Bolte, Christiane Bunge, Claudia Hornberg und Andreas Mielck, mit denen ich das Buch Umweltgerechtigkeit herausgegeben habe. Die Erarbeitung des gemeinsamen Buchs hat sicherlich die Fertigstellung dieser Schrift in gleicher Weise zeitlich verzögert wie inhaltlich verbessert. Dank gilt auch Natalie Riedel für eine intensive Auseinandersetzung im Rahmen gemeinsamer Publikationen sowie Diana Hein vom Umweltministerium NRW für die Bereitstellung von Daten für die Erhebung. Dank gilt über 100 Menschen in Kassel sowie mehr als 300 Menschen in NRW, die wir interviewen durften.

Dank gilt auch der Jufo-Salus, die ich immer auch als eine Möglichkeit verstanden habe, die hier beschriebene Forschung in einem größeren Kontext weiterzutragen. Die Tätigkeit am Fachgebiet Stadt- und Regionalplanung der Fakultät Raumplanung an der Technischen Universität Dortmund hat eine Vertiefung meiner Forschung im Hinblick auf Stadtplanung sehr unterstützt. Vielen Dank an Sabine Baumgart, die mir den Rahmen gegeben hat, die Arbeit fertigzustellen und mir ebenso wie Andrea Rüdiger und Johanna Schoppengerd für Diskussionen zur Verfügung stand.

Dank fürs Gegenlesen und Weiterdiskutieren geht an Joachim Scheiner, Nina Schwarz, Johanna Schoppengerd und Johannes Flacke. Ein besonderer Dank geht an Uta Marini für eine optimale Begleitung als Lektorin.

Dank gebührt vor allem meiner Familie: dem Verständnis meiner Kinder dafür, dass ich eine Mutter bin, die nicht ihnen all ihre Kraft uneingeschränkt widmet. Der Weitsicht und Kraft meiner Mutter, die mir früh nahegelegt hat zu lernen, und mir gerade in den letzten Jahren oft den Rücken freigehalten hat. Der Zuneigung und dem kritischen Geist meines Mannes, der mich in diesem Dekade-Projekt begleitet und bestärkt hat. Dank für seine stets ehrliche und kritische Begleitung der Forschung in der Fachwelt, am Küchentisch und in so manchen Urlauben. Hierfür bin ich unendlich dankbar.

Münster, im Juni 2017   Heike Köckler

Zusammenfassung

Umweltbezogene Gerechtigkeit ist ein Leitbild, das einen Gegenentwurf zu verschiedenen Formen sozialer Ungleichheit darstellt, welche mit Umweltfaktoren verbunden sind und als ungerecht bewertet werden. Formen umweltbezogener Ungerechtigkeit lassen sich anhand räumlicher Muster als umweltbezogene Verteilungsungerechtigkeit oder anhand sozialer Unterschiede in der Teilhabe an umweltpolitischen Entscheidungsprozessen als umweltbezogene Verfahrensungerechtigkeit ausmachen. Widersprechen diese Ungleichheiten einer bestimmten Vorstellung einer gerechten Gesellschaft, da sie beispielsweise Formen von Diskriminierung zum Ausdruck bringen oder der Idee der Chancengerechtigkeit im Sinne des Fähigkeitsansatzes von Sen und Nussbaum widersprechen, so können sie als ungerecht eingeordnet werden. Der Raumplanung kommt aufgrund ihrer steuernden Funktion konfligierender Raumnutzungen und des partizipativen Anspruchs in ihren Planungsverfahren eine zentrale Rolle bei der Verfolgung des Leitbilds einer umweltbezogenen Gerechtigkeit zu.

Um das Leitbild einer umweltbezogenen Gerechtigkeit zu verfolgen, ist es wichtig, Ursachen umweltbezogener Ungerechtigkeit zu erkennen. In dem hier beschriebenen Forschungsansatz wird in der Vulnerabilität von Haushalten gegenüber ihrer lokalen Umweltgüte eine Ursache für umweltbezogene Ungerechtigkeit gesehen. In Kenntnis der Vulnerabilität von Haushalten gegenüber ihrer lokalen Umweltgüte werden Anforderungen an Stadtplanung und planerischen Umweltschutz als zwei zentrale Handlungsfelder der räumlichen Planung formuliert, um das Leitbild der umweltbezogenen Gerechtigkeit zu verfolgen. Hierbei wird ein Fokus auf umweltbezogene Verfahrensgerechtigkeit gelegt. Partizipation und Teilhabe an Entscheidungsprozessen ist in der räumlichen Planung seit jeher ein Anliegen und insbesondere durch die im Jahr 1998 verabschiedete Aarhus-Konvention gestärkt worden. Die formellen und informellen Verfahren der räumlichen Planung sehen an verschiedenen Stellen vor, die Öffentlichkeit zu beteiligen. Über den hier beschriebenen Forschungsansatz soll mehr darüber verstehbar werden, wer dieser Einladung folgen kann. Wer hat die Fähigkeiten, sich in umweltpolitisch relevante Entscheidungsprozesse einzubringen oder diese gar zu initiieren? Von welchen Determinanten hängt es ab, ob sich jemand in solche Entscheidungsprozesse einbringt? Gibt es Differenzen, die sich angesichts des Leitbildes einer umweltbezogenen Gerechtigkeit als ungerecht und somit als Missstand bewerten lassen, und wie kann Planung darauf reagieren? Um diesen Fragen nachzugehen, orientiere ich mich am Claim Making nach Gordon

Walker, das aus den drei miteinander verbundenen Elementen *Evidence, Justice* und *Reasoning* besteht. Hierbei geht es darum, Evidenz zu sozialer Ungleichheit bezogen auf Umweltfaktoren zu schaffen, diese gerechtigkeitstheoretisch einzuordnen und an Ursachen zu forschen.

Den Kern der Arbeit stellt das zur Beantwortung der Fragestellung entwickelte *„Model On households' Vulnerability towards the local Environment" (MOVE-Modell)* dar. Es beschreibt, welche Faktoren in welchem Ausmaß erklären, wie Haushalte mit Umweltbelastungen in ihrem Wohnumfeld umgehen. Haushalte, die nach der Logik des MOVE-Modells weniger *Coping-Handlungen* zur Bewältigung von Umweltbelastungen durchführen, sind vulnerabler als diejenigen, die mehr Coping-Handlungen umsetzen.

Im Kern des MOVE-Modells, das erklärt, wie Haushalte mit Umweltbelastungen in ihrem Wohnumfeld umgehen, stehen mit der Theorie des geplanten Verhaltens nach Ajzen und der Ressourcenerhaltungstheorie nach Hobfoll zwei verhaltenswissenschaftliche Theorien. Es gibt verschiedene Coping-Möglichkeiten, die Alltagshandeln, bauliche Maßnahmen sowie institutionelles Handeln umfassen. Zum Bereich des institutionellen Handelns gehören die Anwendung von Ordnungsmechanismen auf der Basis bestehenden Rechts (beispielsweise einzufordern, dass Grenzwerte des BImSchG eingehalten werden), die Teilhabe an umweltpolitisch relevanten Entscheidungsprozessen (beispielsweise an der Lärmaktionsplanung) sowie die Gründung neuer Institutionen (beispielsweise einer Bürgerinitiative).

Ziel der empirischen Untersuchung ist es, aus der Perspektive umweltbezogener Gerechtigkeit Determinanten der Teilhabe von Haushalten an umweltpolitisch relevanten Entscheidungsprozessen, die sich auf das Wohnumfeld beziehen, zu ergründen. Basierend auf dem Stand der Forschung und dem daraus abgeleiteten MOVE-Modell waren drei Hypothesen forschungsleitend für die empirische Untersuchung:

1. Die Prädiktoren der Theorie des geplanten Verhaltens haben einen positiven Einfluss auf Coping-Intention und Coping-Handlung. Hierbei hat die wahrgenommene Verhaltenskontrolle unter den Prädiktoren den stärksten Einfluss.
2. Die wahrgenommene Verhaltenskontrolle lässt sich durch Ressourcen, die im Sinne der Ressourcenerhaltungstheorie abgeleitet werden, vorhersagen. Eine bessere Ausstattung mit Ressourcen führt zu einer erhöhten wahrgenommenen Verhaltenskontrolle.
3. Die subjektiv wahrgenommene Umweltgüte wird von der objektiven Umweltgüte und weiteren Prädiktoren vorhergesagt.

Zudem wird geprüft, ob es hinsichtlich der verschiedenen Faktoren des Modells Unterschiede zwischen Menschen mit und ohne Migrationshintergrund gibt. In der empirischen Erhebung wurde ein Fokus auf Menschen mit türkischem Migrationshintergrund gelegt.

Das Modell wurde im Rahmen einer standardisierten quotierten Befragung, die im Winter 2010/2011 im Ruhrgebiet stattfand, empirisch getestet. Die Stichprobenziehung erfolgte quotiert nach den Merkmalen *türkischer Migrationshintergrund* sowie *hoch* und *gering belastete Gebiete* bezüglich Lärm- und Luftbelastung. Es wurden insgesamt 312 Haushalte erreicht. Die Daten wurden mit den Statistikprogrammen SPSS und WINMIRA ausgewertet.

Für die Teilhabe an und Initiierung von umweltpolitisch relevanten Entscheidungsprozessen wurde eine Coping-Skala entwickelt. Die Coping-Handlung und -Intention wurden mit unterschiedlich schwierigen Handlungen erfasst. Es wurde angestrebt, eine Skala zu entwickeln, die im Sinne einer Rasch-Skala unterschiedlich schwierige Handlungen abbildet. Rasch-Skalen bestehen aus konkreten Daten, die mithilfe probabilistischer Testtheorie Rückschlüsse auf latente Konstrukte ermöglichen. Dabei wird davon ausgegangen, dass eine Person, die eine besonders schwierige Handlung umsetzen kann, auch in der Lage ist, die einfacheren Handlungen umzusetzen. Es wurden in der Haupterhebung mehrere Handlungen, die der Kategorie *institutionelles Handeln* zugeordnet werden können, erfasst. Diese werden – so die Annahme – je nach verfügbaren Ressourcen intendiert oder umgesetzt. Es wurden vergleichsweise einfache Handlungen (Unterschreiben einer Unterschriftenliste) sowie vergleichsweise schwierige Handlungen (Klage vor Gericht) erfragt. Diese Einzelitems ergeben in ihrer Summe die Skala *institutionelles Coping*.

Das theoretisch abgeleitete MOVE-Modell wurde in den statistischen Analysen in seinen wesentlichen Komponenten empirisch bestätigt, aber auch modifiziert. Im empirischen Test des MOVE-Modells konnte die Skala institutionelles Coping mit unterschiedlich schwierigen Coping-Handlungen ermittelt werden. In multiplen linearen Regressionen konnten ausreichend gute Modellgütewerte erzielt werden, um Varianzen im Coping zu erklären. Die wahrgenommene Verhaltenskontrolle hat hierbei, wie angenommen, einen starken erklärenden Gehalt. Die wahrgenommene Verhaltenskontrolle konnte ihrerseits durch verschiedene Ressourcen, die in Anlehnung an die Ressourcenerhaltungstheorie abgeleitet wurden, vorhergesagt werden. Die Kombination der Theorie des geplanten Verhaltens und der Ressourcenerhaltungstheorie scheint demnach nicht nur theoretisch sinnvoll zu sein, sondern auch statistischen Anforderungen an ein Modell zu genügen. Laut den Ergebnissen der Regressionsanalyse fördern soziale Netzwerke, gefolgt von

Teamwirksamkeit, Haushaltseinkommen und Wohnen im selbstgenutzten Eigentum, die wahrgenommene Verhaltenskontrolle der Befragten.

Entgegen der theoretischen Annahme hat die Umweltbelastung keine initialisierende Funktion für das MOVE-Modell. Zudem konnte die Wahrnehmung von Umweltbelastungen als Belästigungen teilweise durch die psychologische Variable *Einstellung zur Ruhe* erklärt werden. Diese Erkenntnis hat neben weiteren Gründen dazu geführt, das MOVE-Modell basierend auf den statistischen Analysen zu modifizieren und im Ergebnis zu vereinfachen.

Um Differenzen im verhaltenswissenschaftlichen Modell zu identifizieren, wurden einerseits Unterschiede zwischen Befragten mit und ohne Migrationshintergrund sowie bezogen auf Befragte, die in gering und hoch belasteten Wohngebieten leben, analysiert. Vereinfacht lässt sich für die befragten Menschen mit vor allem türkischem Migrationshintergrund festhalten, dass sie sich nicht von den deutschen Befragten hinsichtlich der relevanten Ressourcen, abgesehen vom Einkommen, und ihrer Intention, sich in umweltpolitisch relevante Entscheidungsprozesse einzubringen oder diese zu initiieren, unterscheiden, dass sie jedoch eine deutlich geringere wahrgenommene Verhaltenskontrolle haben, was sich insbesondere in der Subskala *Zutrauen* niederschlägt. Im Ergebnis berichten sie über weniger Coping-Handlungen. Auch bezogen auf die Gruppierungsvariable Umweltgüte wurden signifikante Unterschiede zwischen hoch und gering belasteten Gebieten festgestellt. So berichten Menschen in hoch belasteten Gebieten eine signifikant geringere Einstellung und eine hoch signifikant geringere wahrgenommene Verhaltenskontrolle. Im Hinblick auf die Ressourcen, die Unterschiede in der wahrgenommenen Verhaltenskontrolle vorhersagen, sind Befragte in hoch belasteten Gebieten durchweg schlechtergestellt. In den Analysen konnten keine geschlechtsbezogenen Unterschiede gefunden werden.

Aus den Analysen wird als Schlussfolgerung für die räumliche Planung das bevölkerungsbezogene Vulnerabilitätsprinzip (Vulnerability of the Population Principle) als ergänzendes Prinzip des planerischen Umweltschutzes und der Stadtplanung abgeleitet. Das bevölkerungsbezogene Vulnerabilitätsprinzip soll in verschiedenen Politik- und Handlungsfeldern dazu dienen, individuelle und kollektive Fähigkeiten von Menschen zu berücksichtigen, mit denen sie spezifischen Umwelteinflüssen begegnen können. Es ist in Ergänzung der bereits etablierten Prinzipien der Umweltpolitik zu verstehen. Das bevölkerungsbezogene Vulnerabilitätsprinzip sieht die öffentliche Hand in der Pflicht, das Wohl vulnerabler Gruppen besonders zu schützen und verfolgt gleichzeitig das Ziel, vulnerable Gruppen zu befähigen, ihre Umwelt selbst mitzubestimmen und unvermeidlichen Umweltbelastungen eigenverantwortlich begegnen zu können.

Zielsetzung

1 Relevanz des Themas, Zielsetzung und Aufbau der Arbeit

Das Leitbild der *umweltbezogenen Gerechtigkeit* vereint viele Aspekte, die für die Raumplanung zentral sind: räumliche Muster, Planungsverfahren, zukunftsfähige Entwicklung, Beteiligung. Dies bedeutet keineswegs, dass umweltbezogene Gerechtigkeit ein Thema allein für die Raumplanung ist, aber Raumplanerinnen und Raumplaner sollten relevante Zusammenhänge, die zu umweltbezogenen Ungerechtigkeiten führen, kennen und sie in ihrem Handeln berücksichtigen.

Umweltbezogene Gerechtigkeit wird in der im Folgenden beschriebenen Forschung als ein Leitbild verstanden, das ein Gegenentwurf ist zu umweltbezogenen Differenzen innerhalb einer Gesellschaft, die als ungerecht bewertet werden. Somit ist insbesondere für interventionsorientierte Wissenschaften, wie die Raumplanung, die Entwicklung von Handlungsstrategien für mehr umweltbezogene Gerechtigkeit zentral. Um zielgerichtet, in diesem Fall auf mehr umweltbezogene Gerechtigkeit gerichtete Interventionen zu ermöglichen, ist eine Analyse und Bewertung von Ursachen, die zu den umweltbezogenen sozialen Differenzen führen, wichtig.

Angeregt durch einen Forschungsaufenthalt in den USA im Jahr 2000 wurde ich auf das Thema *Environmental Justice* aufmerksam. Als ich im Jahr 2004 am Center for Environmental Systems Research (CESR) der Universität Kassel die Möglichkeit bekam, dieses Thema grundlegend in einer Habilitation zu erforschen, gab es nur wenige Publikationen zu *Umweltgerechtigkeit* in Deutschland. Zu diesen zählten das Buch „Umweltgerechtigkeit" von Werner Maschewsky (2001) sowie ein Tagungsband, der von Gabriele Bolte und Andreas Mielck (2004) herausgegeben wurde. Beide Werke haben einen klaren gesundheitswissenschaftlichen Bezug und sind Zeugnis davon, dass in Deutschland – anders als beispielsweise in den USA – der Diskurs zu umweltbezogener Gerechtigkeit bis dato fast ausschließlich von Gesundheitswissenschaftlern geprägt wurde. Ihnen war und ist es ein Anliegen, mehr über Ursachen für soziale Ungleichheit bei Gesundheit zu lernen und dabei Umweltaspekte mit in die Betrachtung einzubeziehen (Bolte, Bunge, Hornberg, Köckler & Mielck, 2012). Für die in der deutschen Raumplanung bedeutenden Forscher ist Benjamin Davy als eine der Ausnahmen in der Forschung zu Environmental Justice zu nennen. Er hat sich als Jurist aus Perspektive von Institutionen und räumlicher Planung in seinem Werk „Essential Injustice" mit umweltbezogener Ungerechtigkeit auseinandergesetzt, dies aber nicht auf den deutschsprachigen Raum bezogen (Davy, 1997).

In den USA, die häufig als Ursprungsland des Themas Environmental Justice bezeichnet werden, gibt es umfassende Forschung in verschiedenen Disziplinen, auf die im Folgenden noch vertiefend eingegangen wird. Diese Disziplinen umfassen beispielsweise die Soziologie (Bullard, 1994), Politikwissenschaften (Schlosberg, 2007), Geographie (Holifield, 2001), Planungswissenschaften (Agyeman & Evans, 2004), Umweltwissenschaften (Mohai, 1995), Gesundheitswissenschaften (Gee & Payne-Sturges, 2004), Geschichtswissenschaften (Pellow, 2004, cop. 2002), um nur einige Wissenschaftsbereiche und wenige Forscherinnen sowie Forscher exemplarisch zu benennen, die aufgrund ihrer auch thematisch bedingten interdisziplinären Ausrichtung, zudem nicht immer eindeutig, diesen Wissenschaftsbereichen zugeordnet werden können. In den Raumwissenschaften gibt es eine umfangreiche Debatte zu Gerechtigkeit und Raum (bpsw. Harvey, 1988; Fainstein, 2010), die nur teilweise mit der zu umweltbezogener Gerechtigkeit verschränkt ist.

In Europa gibt es insbesondere in Großbritannien und den Niederlanden bereits seit Anfang der 2000er Jahre Forschung zum Thema Environmental Justice. In Großbritannien waren es mit Gordon Walker und Jon Fairburn (2003) insbesondere Geographen und mit Mark Poustie ein Planungsjurist (2004), die das Thema vor mehr als zehn Jahren, unter anderem finanziert durch Aufträge von Umweltbehörden, untersuchten. In den Niederlanden sind es vor allem Gesundheitswissenschaftlerinnen wie Hanneke Kruize (2007), die das Thema als Mitarbeiterin des RIVM (Staatliches Institut für öffentliche Gesundheit und Umwelt) bereits damals aus einer öffentlichen Institution heraus verfolgten.

In Deutschland zählen das Umweltbundesamt und das nordrhein-westfälische Umweltministerium zu den frühen öffentlichen Förderern des Themas Umweltgerechtigkeit. In beiden Institutionen ist das Thema in das Aktionsprogramm Umwelt und Gesundheit eingebettet, das wiederum auf eine Initiative der Weltgesundheitsorganisation zurückgeht (Baitsch, Dunkelberg & Eckel, 1999). Das Europabüro der WHO hat selbst vermehrt zu Environmental Justice geforscht (Braubach & Savelsberg, 2009). Anders als in den USA gab und gibt es keine Bewegung aus der Bevölkerung, die mehr umweltbezogene Gerechtigkeit fordert. Umweltbezogene Gerechtigkeit wird in Europa vonseiten der Forschung und der Verwaltung verfolgt.

Gemeinsam mit Gabriele Bolte, Claudia Hornberg und Andreas Mielck, die den Gesundheitswissenschaften zuzuordnen sind, sowie Christiane Bunge, die als Soziologin im Umweltbundesamt im Aktionsprogramm Umwelt und Gesundheit arbeitet, habe ich im Jahr 2012 das Buch Umweltgerechtigkeit herausgegeben (Bolte, Bunge, Hornberg, Köckler & Mielck, 2012a). Dort wird der aktuelle Stand vor allem des deutschen Umweltgerechtigkeitsdiskurses dargelegt.

Als Planerin kam mir im Team der Herausgebenden die Rolle zu, räumliche Planung thematisch zu vertreten. In der Einleitung des Buchs wird die Entwicklung des Themas in Deutschland detaillierter nachvollzogen (Bolte et al., 2012). Im Handbook on Environmental Justice habe ich den Stand von umweltbezogener Gerechtigkeit gemeinsam mit Autoren und Autorinnen aus Frankreich, Großbritannien, Italien, den Niederlanden und Schweden für Westeuropa beschrieben (Köckler, Deguen, Ranzi, Melin & Walker, angenommen).

Heute im Jahr 2017 ist das Thema in Deutschland deutlich weiter verbreitet als noch vor zehn Jahren und wird in der räumlichen Planung vermehrt aufgegriffen: Die Akademie für Raumforschung und Landesplanung (ARL) hat Positionspapiere zum *Programm Soziale Stadt* (Akademie für Raumforschung und Landesplanung, 2014) sowie zur *Daseinsvorsorge* (Akademie für Raumforschung und Landesplanung, 2016) erarbeitet. An diesen habe ich mitgewirkt und konnte das Thema der umweltbezogenen Gerechtigkeit dort einbringen. Die Deutsche Umwelthilfe (2014) hat ebenso wie das Deutsche Institut für Urbanistik (Böhme & Bunzel, 2014) im Auftrag des Umweltbundesamtes verschiedene Projekte zu Umweltgerechtigkeit durchgeführt, in denen die Rolle von Stadtplanung vertieft wurde. Insbesondere im Programm Soziale Stadt werden Möglichkeiten gesehen, umweltbezogene Gerechtigkeit zu verfolgen. So ist Umweltgerechtigkeit in die Verwaltungsvereinbarung zur Städtebauförderung 2016 eingeflossen. Zudem hat sich die Umweltministerkonferenz im selben Jahr des Themas angenommen.

In dieser Arbeit wird *umweltbezogene Gerechtigkeit* als deutschsprachige Form des im internationalen Kontext etablierten Begriffs *Environmental Justice* verwendet, auch wenn *Umweltgerechtigkeit* im deutschen Sprachgebrauch häufig verwendet wird. Allerdings ist dieser Begriff verwirrend, da etwas als umweltgerecht verstanden wird, wenn es umweltschonend ist (beispielsweise umweltgerechte Produktion). Bei umweltbezogener Gerechtigkeit handelt es sich jedoch um eine besondere Form von Gerechtigkeit, nämlich jene, die sich auf Umweltfaktoren bezieht. Es handelt sich an dieser Stelle also um eine rein sprachlich begründete Begriffswahl und nicht um eine inhaltliche Abgrenzung von dem im Deutschen unter Umweltgerechtigkeit geführten Diskurs.

1.1 Zielsetzung der Arbeit

Die Möglichkeit, das Thema der umweltbezogenen Gerechtigkeit in der SESAM-Gruppe (Socio-Environmental Systems Analysis and Modelling) am Center for Environmental Systems Research (CESR) an der Universität Kassel zu erforschen, hat die Entwicklung der Zielsetzung dieser Arbeit geprägt. In dieser Forschungsumgebung konnte ich mir als Planerin Theorien und Methoden der

Verhaltenswissenschaften sowie der Umweltsystemanalyse erschließen. Hieraus entstand das übergeordnete Ziel, *aus dem Verhalten von Haushalten Anforderungen an die Raumplanung für mehr umweltbezogene Gerechtigkeit abzuleiten.*

Die Ebene des Haushaltes, unter der hier eine Gemeinschaft von Personen verstanden wird, die an einem Standort in derselben Wohnung bzw. demselben Haus gemeinsam lebt, wurde aus verschiedenen Gründen als Analyseebene gewählt: Der Haushalt ist die verbindende Ebene zwischen individuellem Verhalten und räumlicher Planung, da er Individuen an einem Standort verortet. Die Verhaltenswissenschaften erforschen vor allem das Verhalten von Individuen, während Raumplanung häufig standortbezogen ausgerichtet ist und daher mit vielen ihrer Instrumente den gesamten Haushalt adressiert. Wenn sich die Umweltgüte im Wohnumfeld verändert, wirkt sich dies auf den gesamten Haushalt aus. Die Grenze des in dieser Forschung betrachteten Umweltsystems bildet somit die Wohnumgebung von Haushalten. Für den Bereich der Umweltgüte des Wohnumfeldes sind in der Raumplanung vor allem die Handlungsfelder Stadtplanung und planerischer Umweltschutz relevant.

Der Haushalt in seinem Wohnumfeld ist auch die räumliche Analyseebene der meisten Studien umweltbezogener Gerechtigkeit. Denn soziale Ungleichheit in der räumlichen Verteilung von Umweltgüte wird in der Regel am Standort der Wohnung analysiert, da für diese die entsprechenden Sozialdaten – wenn auch oft nur in aggregierter Form – vorliegen, die mit Umweltdaten in Zusammenhang gebracht werden. Die Analyse dieser Muster ist, wie im Folgenden noch detailliert ausgeführt wird, ein Aufzeigen des Phänomens, aber noch keine Ursachenerklärung. Unter der oben formulierten übergeordneten Zielsetzung wird mithilfe der Verhaltenswissenschaften ein analytischer ursachenbezogener Zugang gewählt, um Determinanten zu identifizieren, die erklären, warum Haushalte in welcher Weise mit ihrer Umwelt umgehen. Dieser verhaltenswissenschaftliche Zugang verleiht der Forschung zu umweltbezogener Gerechtigkeit eine neue Perspektive, da in diesem Forschungsbereich zumeist räumliche Muster oder gesellschaftliche Entscheidungsprozesse und -strukturen Forschungsgegenstand sind. Um Determinanten für das Verhalten zu identifizieren, ist das sozialwissenschaftliche Konzept der Vulnerabilität ergiebig, da es die Fähigkeiten von Individuen oder Gemeinschaften systematisiert, die erklären, ob und in welchem Umfang diese Umwelteinflüssen begegnen können. Je vulnerabler ein Haushalt ist, desto weniger Bewältigungsmöglichkeiten – oder um es in der Terminologie der Stressforschung auszudrücken: Möglichkeiten zum Coping – hat er und desto stärker ist er von einer Umweltbelastung betroffen. Eine Möglichkeit, mit lokalen Umweltbelastungen umzugehen, besteht darin, sich in umweltpolitisch relevante Entscheidungsprozesse einzubringen oder diese zu initiieren. Im Kontext umweltbezogener Gerechtigkeit werden diesbezügliche soziale Unterschiede als umweltbezogene Verfahrensungerechtigkeit eingeordnet. Aufgrund der Bedeutung von Stadtplanung und planerischem Umweltschutz für die umweltbezogenen Wohnverhältnisse und verschiedene Beteiligungsmöglichkeiten für die Öffentlichkeit, zu der auch von einer Planung betroffene Haushaltsmitglieder gehören, ist dies ein relevanter Fokus. Daher ist eine Zielsetzung dieser Arbeit, *aus der Perspektive umweltbezogener Gerechtigkeit zu verstehen, welche Faktoren determinieren, ob sich ein Mitglied eines Haushalts in umweltpolitisch relevante Entscheidungsprozesse einbringt oder diese initialisiert.*

Um aus dieser Analyse Anforderungen an die räumliche Planung abzuleiten, lehne ich mich an das von Gordon Walker im Zusammenhang mit umweltbezogener Gerechtigkeit benannte *Claim Making* an (Walker, 2012). Er bezieht sich hierbei unter anderem auf Capek (1993, S. 7), die die Ableitung von Anforderungen aus der Perspektive von Aktivisten bearbeitet hat:

> „If the environmental justice frame is to be analyzed as a claims-making activity (Best 1987), then it is important to lay out its major assumptions. As Spector and Kitsuse observe, ‚Claims-making is always a form of interaction: a demand made by one party to another that something be done about some putative condition' (1987: 78)."

Walker (2012) sieht das Claim Making auch als Aufgabe von Wissenschaft und unterscheidet hierbei zwischen fallbezogenem (*contextual process claims*) und strukturellem (*structural process claims*) Claim Making. In dieser Forschung geht es um strukturelle Forderungen an Raumplanung, die im Sinne von Lindekilde (2013, S. 1) der Adressat ist: „In its simplest form an instance of claims-making includes two actors – a subject (claimant) and an object (addressee) – and a verbal or physical action (demanding, protesting, criticizing, blaming etc.)."

Walker (2012, Kapitel 1 und insb. 3) führt aus, dass Claim Making aus Evidence, Justice und Reasoning besteht. Es ist also wichtig, Evidenz über Zusammenhänge zu schaffen, diese vor dem Hintergrund umweltbezogener Gerechtigkeit zu bewerten (Justice) und Zusammenhänge zu erklären (Reasoning).

Um dem übergeordneten Ziel gerecht werden zu können, Anforderungen vor dem Hintergrund umweltbezogener Gerechtigkeit zu formulieren, ist es in dem auf Ursachenanalyse ausgerichteten Forschungszugang daher ein *weiteres Ziel zu analysieren, ob es soziale Unterschiede in diesen Determinanten gibt, und diese vor dem Leitbild umweltbezogener Gerechtigkeit als gerecht oder ungerecht zu bewerten.* Wie im weiteren Verlauf der Arbeit noch näher herausgearbeitet wird, ist mangelnde Chancengerechtigkeit eine bedeutende Ursache umweltbezogener Ungerechtigkeit. Da es im Stand der Forschung Hinweise auf eine Benachteiligung von

Haushalten mit Migrationshintergrund hinsichtlich Umweltfaktoren gibt, werden in der Forschung Unterschiede zwischen Haushalten mit und ohne Migrationshintergrund untersucht.

1.2 Aufbau der Arbeit

Die Arbeit gliedert sich, wie Abbildung 1 zeigt,[1] neben der hier vorliegenden Einleitung in die vier weiteren Teile Theoretische Grundlagen (Kapitel 2), Konzeption (Kapitel 3), Empirie (Kapitel 4–6) und Fazit (Kapitel 7). Die in Kapitel 2 beschriebenen theoretischen Grundlagen widmen sich den einschlägigen Themenfeldern, die eine Grundlage liefern, um entsprechend der Zielsetzung aus dem Verhalten von Haushalten Anforderungen an die Raumplanung für mehr umweltbezogene Gerechtigkeit abzuleiten. Da das Leitbild der umweltbezogenen Gerechtigkeit die gesamte Forschung rahmt, werden hierzu einleitend in Kapitel 2.1 umweltbezogene Verteilungs-, Verfahrens- und Ergebnisgerechtigkeit sowie Chancengerechtigkeit als Teilkonzepte umweltbezogener Gerechtigkeit aus dem Stand der Forschung herausgearbeitet und zueinander ins Verhältnis gesetzt. Weil bei umweltbezogener Gerechtigkeit der Umweltbegriff den Gegenstand ausmacht, der gerecht oder ungerecht in einer Gesellschaft verteilt ist, wird dieser anschließend in Kapitel 2.2 mit dem Begriff der Umweltgüte konkretisiert. Dieser Umweltbegriff, der zwischen objektiver und subjektiv wahrgenommener Umweltgüte unterscheidet, ist unter anderem planerisch institutionell begründet und grenzt sich von anderen Umweltbegriffen ab. Hierbei wird der Fokus auf Luft- und Lärmbelastungen, der in dieser Arbeit gelegt wird, hergeleitet. Das Konzept der Vulnerabilität wird in Kapitel 2.3 anhand einschlägiger Modelle aus der Geographie und den Gesundheitswissenschaften sowie einem gemeinsam mit Bolte et al. (2012) entwickelten Modell beschrieben. In Kapitel 2.4 wird die Funktionsweise von Stadtplanung und planerischem Umweltschutz angesichts der vorherigen grundlegenden Ausführungen zu umweltbezogener Gerechtigkeit, Umweltgüte und Vulnerabilität mit einem Schwerpunkt auf Instrumente und Beteiligungsmöglichkeiten beschrieben. Die Instrumente sind wichtig für mögliche Interventionen, mit denen das Leitbild der umweltbezogenen Gerechtigkeit durch Stadtplanung und planerischen Umweltschutz verfolgt wird. Den Möglichkeiten der Öffentlichkeit, sich an Planungsverfahren zu beteiligen, kommt aufgrund des Fokus auf umweltbezogene Verfahrensgerechtigkeit eine besondere Rolle zu. Daher wird diesen ein eigenes Unterkapitel gewidmet. Abschließend wird im Teil der theoretischen Grundlagen

---

1 Alle Abbildungen ohne gesonderte Quellenangabe stammen von der Autorin.

auf umweltbezogenes Handeln und das Potenzial von verhaltenswissenschaftlichen Ansätzen zur Erklärung umweltbezogener Ungerechtigkeit eingegangen. Hierbei werden sowohl stress- als auch handlungstheoretische Ansätze beschrieben und unmittelbar auf Vulnerabilität bezogen.

In Kapitel 3 wird aus den theoretischen Grundlagen ein eigenes Modell, das *Model On households' Vulnerability towards the local Environment* (MOVE), entwickelt. Dieses Modell integriert die zuvor dargelegten verhaltenswissenschaftlichen Modelle und bezieht sie auf Umweltgüte. In die Modellbildung fließen Ergebnisse eines Forschungsprojektes zu verschiedenen Coping-Möglichkeiten ein, das gemeinsam mit dem Fachgebiet Umweltmeteorologie von Lutz Katzschner, finanziert aus Mitteln der Zentralen Forschungsförderung der Universität Kassel, durchgeführt wurde (Köckler, Katzschner, Kupski, Katzschner & Pelz, 2008). Aufbauend auf der Theorie werden Hypothesen zur Ausprägung des Modells formuliert.

Im empirischen Test werden das Modell und die formulierten Hypothesen überprüft. Der empirische Teil der Arbeit wird eingeleitet mit einer Beschreibung des Forschungsdesigns in Kapitel 4. Dort werden die angewendeten Methoden, das Vorgehen, der Pre-Test sowie die Stichprobe der Haupterhebung beschrieben. Hierbei wird das Anliegen verfolgt, Methoden, die in quantitativ ausgerichteten Verhaltenswissenschaften angewendet werden, für Planerinnen und Planer ausreichend nachvollziehbar darzulegen. In Kapitel 5 werden Ergebnisse einzelner Analysen dargestellt und in Kapitel 6 im Zusammenhang diskutiert. Im Kapitel 7 werden Schlussfolgerungen im Sinne der übergeordneten Zielsetzung gezogen. Abschließend wird weiterer Forschungsbedarf formuliert.

Im Verlauf der Arbeit hat sich der Stand der Forschung kontinuierlich weiterentwickelt, wozu auch diese Arbeit selbst beigetragen hat. Daher wird beim Stand der Forschung auch auf aktuelle Quellen Bezug genommen, die zum Zeitpunkt der Konzipierung der Fragestellung und Entwicklung des MOVE-Modells noch nicht vorlagen. Auch werden diverse eigene Publikationen zitiert, die zum Teil Zwischenergebnisse dieser Forschung zur Diskussion gestellt haben oder über den Argumentationsstrang dieser Arbeit hinausgehen. Da die Habilitation nicht kumulativ erfolgt, wird auf diese Publikationen zwar verwiesen, deren Lektüre ist aber nur ergänzend zu sehen.

Abbildung 1: Aufbau der Arbeit

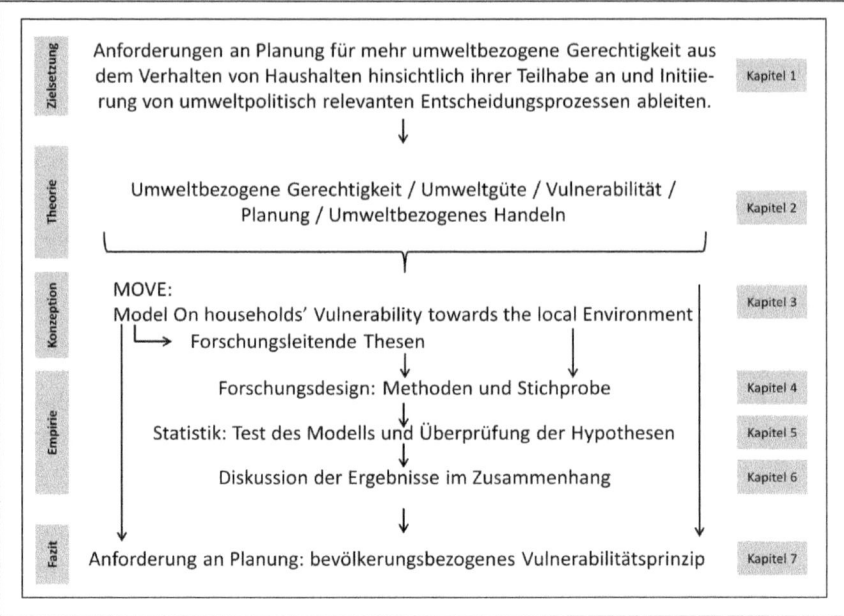

Theorie

2 Theoretische Grundlagen

In diesem Kapitel werden theoretische Grundlagen einschlägiger Themenfelder aufbereitet, um entsprechend der Zielsetzung Anforderungen an Raumplanung für mehr umweltbezogene Gerechtigkeit ableiten zu können. Wie Abbildung 2 zeigt, geht es vor allem darum, auf der Basis theoretischer Konzepte Erkenntnisgewinn dahingehend zu erlangen, dass Ursachen umweltbezogener Ungerechtigkeit erklärt werden. Diese Erkenntnisse sind dann vor dem Hintergrund umweltbezogener Gerechtigkeit zu bewerten und als Grundlage für Anforderungen zu Interventionen durch Stadtplanung und planerischen Umweltschutz zu sehen. Die theoretische Grundlage für diese drei Schritte 1) erklären, 2) bewerten und 3) intervenieren wird in diesem Kapitel gelegt. Einleitend wird in Kapitel 2.1 umweltbezogene Gerechtigkeit aus planerischer Perspektive eingeführt. Umweltbezogene Gerechtigkeit wird als Leitbild verstanden und liefert zugleich den theoretischen Rahmen dieser Arbeit, wie in Kapitel 2.1 ausgeführt wird. Das multidimensionale Leitbild der umweltbezogenen Gerechtigkeit liefert die Grundlage für den Schritt des Bewertens. Hierbei spielt der Fähigkeitsansatz eine zentrale Rolle. Er ist zugleich verbindendes Element zwischen der analytischen und bewertenden Ebene. Ausgehend von Fähigkeiten, die Gegenstand von Studien zu umweltbezogener Gerechtigkeit sind, wird das Konzept der Vulnerabilität in Kapitel 2.3 eingeführt, das erklärt, wie verletzlich Menschen in spezifischen umweltbedingten Situationen sind. Die Verletzlichkeit wird neben dem Umwelteinfluss im Wesentlichen von den Fähigkeiten der Menschen bestimmt. Die Fähigkeiten determinieren daher auch das umweltbezogene Handeln dieser Menschen. Diesbezügliche theoretische Grundlagen werden in Kapitel 2.5 aufbereitet. In Kapitel 2.2 wird mit dem Begriff der Umweltgüte der für umweltbezogene Gerechtigkeit zentrale Umweltbegriff aus einer ebenso anthropozentrischen wie umweltpolitischen Ebene konkretisiert. Die Rolle von Planung für Interventionen im Sinne des Leitbildes der umweltbezogenen Gerechtigkeit wird in Kapitel 2.4 erläutert.

Abbildung 2: Theoretische Grundlagen und deren Verhältnis zueinander

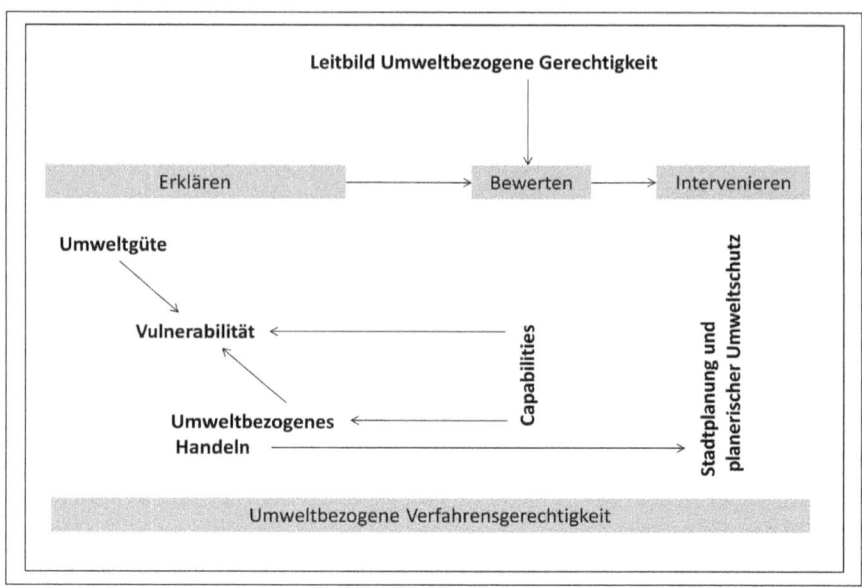

2.1 Umweltbezogene Gerechtigkeit

Umweltbezogene Gerechtigkeit ist ein Leitbild, das einen Gegenentwurf zu verschiedenen Formen sozialer Ungleichheit, die mit Umweltfaktoren verbunden sind und als ungerecht bewertet werden, darstellt. Somit geht es bei umweltbezogener Gerechtigkeit um mehrere Aspekte: erstens die Verbindung zwischen Umwelt und Sozialem, zweitens das Erkennen von umweltbezogenen Differenzen innerhalb einer Gesellschaft und drittens die Bewertung dieser Differenz als ungerecht. Die Verwendung des Begriffs umweltbezogene Gerechtigkeit, und nicht umweltbezogene Ungerechtigkeit, zeigt, dass es sich um ein positiv besetztes Leitbild handelt. Die als ungerecht bewerteten Differenzen sollen überwunden werden. Somit ist insbesondere für interventionsorientierte Wissenschaften wie die Raumplanung die Entwicklung von Handlungsstrategien für mehr umweltbezogene Gerechtigkeit als eine vierte Dimension zentral. Um zielgerichtet, in diesem Fall auf mehr umweltbezogene Gerechtigkeit gerichtete Interventionen zu ermöglichen, ist eine Analyse von Ursachen, die zu den umweltbezogenen sozialen Differenzen führen, wichtig.

In diesem Kapitel wird daher die Debatte zu umweltbezogener Gerechtigkeit vor dem Hintergrund, der in dieser Forschung zentralen Zielsetzung aufbereitet,

Anforderung an die Stadtplanung und den planerischen Umweltschutz für mehr umweltbezogene Gerechtigkeit vor dem Hintergrund der Vulnerabilität von Haushalten abzuleiten. Eine auf Deutschland bezogene umfassende Aufbereitung des Themas umweltbezogene Gerechtigkeit findet sich in (Bolte, Bunge, Hornberg, Köckler & Mielck, 2012).

Um umweltbezogene Gerechtigkeit aus einer planerischen Perspektive zu erschließen, wird in Kapitel 2.1.1 die Relevanz räumlicher Zusammenhänge bei sozialen Unterschieden in der Verteilung von Umweltfaktoren herausgearbeitet. In Kapitel 2.1.2 werden aus einer verfahrensbezogenen Sicht soziale Unterschiede in der umweltbezogenen Entscheidungsfindung aufbereitet. Das Konzept der Ergebnisgerechtigkeit wird in Kapitel 2.1.3 im Hinblick auf Kompensation für weniger soziale Unterschiede eingeführt. In Kapitel 2.1.4 werden mit Environmental Racism und Chancengerechtigkeit im Sinne des Fähigkeitsansatzes zwei zentrale Konzepte beschreiben, die genutzt werden, um eine Ungleichheit als Ungerechtigkeit einzuordnen. In Kapitel 2.1.5 werden die verschiedenen bis hierher abgeleiteten Teilkonzepte umweltbezogener Gerechtigkeit in einen Zusammenhang gestellt, der eine ursachenbezogene und somit auf Erklärungsansätze zielende Sichtweise verfolgt. Im abschließenden Unterkapitel 2.1.6 wird das Leitbild der umweltbezogenen Gerechtigkeit im Hinblick auf Nachhaltigkeit im Sinne einer zukunftsfähigen Entwicklung eingeordnet, da Nachhaltigkeit im Instrumentarium der Raumplanung bereits verankert ist und gute Integrationspunkte für Handlungsstrategien einer umweltbezogenen Gerechtigkeit liefern kann. Im Kapitel 2.4 wird dann angesichts des in Kapitel 2.2 und 2.3 beschriebenen Stands der Forschung zu Umweltgüte und Vulnerabilität das Potenzial von Stadtplanung und planerischem Umweltschutz für umweltbezogene Gerechtigkeit beschrieben.

2.1.1 Soziale Unterschiede in der räumlichen Verteilung von Umweltfaktoren

Sowohl natürliche Umweltfaktoren wie Flüsse und Berge als auch anthropogen bedingte Umweltfaktoren wie Schadstoffkonzentrationen in der Luft, Lärm oder Parks sind ungleich im Raum verteilt. Gleichzeitig ist die Wohnbevölkerung innerhalb einer Stadt ungleich verteilt. Sei es aufgrund von Standortpräferenzen, Möglichkeiten, sich auf dem Wohnungsmarkt zu behaupten, oder vielfältigen weiteren Gründen, sodass es in Städten Nachbarschaften gibt, die sich im Hinblick auf soziale Merkmale deutlich voneinander unterscheiden (Dangschat, 2014). Die Überlagerung der räumlichen Muster von ungleich verteilten Umweltfaktoren und sozialen Unterschieden in der Wohnbevölkerung wird im Forschungsfeld der umweltbezogenen Gerechtigkeit in der Regel über statistische Zusammenhänge zwischen Umweltfaktoren und sozialen Merkmalen analysiert. So wurde in den ersten US-amerikanischen Studien zu umweltbezogener Gerechtigkeit die räumliche Verteilung von Deponien mit dem Wohnsitz von Afro-Amerikanern in Verbindung gebracht. Es wurde deutlich, dass diese weitaus häufiger in der Nähe solcher Anlagen leben als weiße US-Amerikaner, was als ungerecht bewertet wurde (United Church of Christ Commission for Racial Justice, 1987).

Der Zusammenhang zwischen sozialen und Umweltfaktoren wird über Zeit und Raum hergestellt. Es geht demnach immer um eine räumliche Gleichzeitigkeit. In der Epidemiologie wird die räumliche Gleichzeitigkeit von gesundheitsrelevanten Faktoren und den betrachteten Menschen mit dem Begriff der Exposition gefasst, denn es wird davon ausgegangen, dass sich die Nähe von Wohnen und umweltbelastenden Schadstoffen gesundheitlich auf die dort wohnende Bevölkerung auswirkt. Was räumliche Gleichzeitigkeit im Einzelnen bedeutet, ist eine methodische Debatte, die an dieser Stelle nicht geführt wird, sich auf entsprechende Analysen aber deutlich auswirkt (siehe hierzu u. a. Bowen, 2002).

Häufig werden Zusammenhänge zwischen sozialen und Umweltfaktoren für den Wohnort dargestellt, da für diesen Sozialdaten in der amtlichen Statistik verfügbar sind. Dementsprechend wurde der Zusammenhang zwischen Standorten der Schwerindustrie in Duisburg und Dortmund und gesundheitlichen Auswirkungen in der angrenzenden Wohnbevölkerung analysiert. Die Gesundheitswissenschaftler wiesen einen statistischen Zusammenhang zwischen räumlicher Nähe der Wohnung zum Industriebetrieb sowie weiteren gesundheitsrelevanten Expositionen und gesundheitlichen Auswirkungen der Bevölkerung nach (Ahrens, 2004). Diese Studie trifft keine sozial differenzierten Aussagen. In einer Sekundäranalyse wurden die Daten sozialdifferenziert, mit dem Fokus umweltbezogener Verteilungsgerechtigkeit analysiert. Kolahgar (2006, S. 102) kommt zu folgendem Ergebnis:

> „Die jeweils als sozial eher benachteiligt anzusehenden sozialen Gruppen (nichtdeutsche Nationalität, Migrationshintergrund, niedriger elterlicher Bildungsgrad, Arbeitslosigkeit bzw. relative Armut in der Familie) waren insgesamt deutlich häufiger gegenüber Luftschadstoffen, ungünstigen Eigenschaften der Wohnung und Passivrauchen belastet."

Viele US-amerikanische epidemiologische Studien haben einen vergleichbaren Zusammenhang zwischen Belastung durch Industrie und gesundheitlichen Effekten bei in angrenzenden Wohngebieten ansässiger Bevölkerung nachgewiesen (siehe überblicksartig Maantay, 2007, S. 1035). Zudem ist evident, dass betroffene Gruppen häufig mehrfachbelastet sind (Kangsen Scammell,

Montague & Raffensperger, 2014). Die Relevanz von Mehrfachbelastung wird auch in dem obigen Zitat von Kolahgar deutlich, indem es aufzeigt, dass vielfältige Faktoren vom Wohnumfeld, der Beschaffenheit der Wohnung, aber auch dem eigenen Verhalten bei einer gesundheitsbezogenen Bewertung berücksichtigt werden müssen (vgl. Köckler, 2016).

Zu dem Zusammenhang zwischen sozialen sowie Umweltdeterminanten und gesundheitlichen Auswirkungen gibt es verschiedene Erklärungsmodelle, die auch im Kontext umweltbezogener Gerechtigkeit diskutiert werden. Hierauf wird im Kapitel 2.3 näher eingegangen.

Abbildung 3 gibt einen Überblick über Faktoren, die in verschiedenen Studien verwendet werden, um soziale und umweltbezogene Faktoren zueinander in Beziehung zu stellen. Die Auswahl der Studien ist weder vollständig noch systematisch. Sie soll vielmehr die Breite der untersuchten Faktoren in Nordamerika und Westeuropa aufzeigen. In den verschiedenen Studien werden für die jeweiligen Faktoren unterschiedliche Indikatoren verwendet. Welche Indikatoren dies sind, hängt unter anderem von der Datenverfügbarkeit und den in den jeweiligen Staaten bestehenden Konzepten ab. Auf eine umfassende Beschreibung der einzelnen in Abbildung 3 synthetisierten Studien wird hier verzichtet. Am Beispiel des in Abbildung 3 aufgeführten Faktors *Sozial-Index* wird deutlich, dass es hier sehr verschiedene Messmethoden gibt. Der von Klimeczek (2014) in Berlin verwendete Sozial-Index wurde von Häußermann im Rahmen des Monitorings Soziale Stadt entwickelt, wird regelmäßig fortgeschrieben und ist ein Unikat für Berlin. In britischen Studien wird häufig der *Index on Multiple Deprivation* verwendet (siehe beispielsweise Fairburn & Smith, 2008). Somit sind Studien, die denselben Faktor beinhalten, nicht zwingend vergleichbar. Gleiches gilt für die Umweltfaktoren; wenngleich die EU-umweltrechtlichen Vorgaben zu einer Vereinheitlichung insbesondere im Bereich von Lärm- und Luftbelastung geführt haben (siehe Kapitel 2.2.1). Wie sehr Datenverfügbarkeit Analysen zu sozialer Ungleichheit bei Umweltgüte prägt, ist an der Vielzahl der US-amerikanischen Studien sichtbar, die Standorte des *Toxic Release Inventory* als Indikatoren für den Umweltfaktor *emittierende Anlagen* verwenden (beispielsweise Szasz & Meuser, 2000). Raddatz und Mennis (2013) haben aufbauend auf ihrem US-amerikanischen Erfahrungshintergrund diesen Ansatz mithilfe des europäischen *Pollutant Release and Transfer Registers* (PRTR) für Hamburg angewendet.

Abbildung 3: Faktoren zur Beschreibung von umweltbezogener Verteilungsungerechtigkeit – eine Auswahl

Umweltgüte:	Sozialstruktur:	Krankheitsbilder:
• Abfallanlagen[3, 7] • Bevölkerungsdichte[3, 12] • Belegungsdichte[8] • Emittierende, gefährliche Anlagen[1, 3, 4, 7, 10] • Flächennutzung[12] • Grünflächen (obj.)[3, 7, 12] • Grünflächen (subj.)[3, 8] • Innenraumbelastung[5] • Lärm (obj.)[3, 12] • Lärm (subj.)[3, 8, 9] • Luft (obj.)[2, 4, 5, 11, 12, 13] • Luft (subj.)[8, 9] • Thermische Belastung[12] • Trinkwasser[5] • Überflutung[6, 7]	• Alleinerziehend[2, 8] • Alter[9, 11, 13] • Anzahl der Kinder[8] • Arbeitslosigkeit[1,2,5, 8] • Beruf[2] • Bildungsstand[1, 2, 5, 8, 11] • Migrationshintergrund, ethnische Zugehörigkeit, Nationalität[1, 2, 5, 8, 10, 11, 13] • Grundstückspreise, Mietkosten[2, 12] • Einkommen[1, 2, 3, 5, 9, 11] • Transferleistungen[2] • Soziale Lage, Sozial-Index, Deprivation[4, 5, 6, 7, 12, 13]	• Adipositas[12] • Atemwegserkrankungen[5] • Allergien[5] • Herz-, Kreislauferkrankungen[5, 11] • Infekte[5] • Krebserkrankung[12] • Todesursache[4, 12]

räumliche Gleichzeitigkeit

Die Faktoren wurden in folgenden Studien betrachtet: [1]Szasz & Meuser, 2000; [2]Buzzelli & Jerrett, 2003/2004; [3]Kruize & Bouwmann, 2004; [4]Maschewsky, 2004; [5]Kolahgar, 2006; [6]Walker, Burningham, Fielding, Smith, Thrush & Fay, 2006; [7]Fairburn & Smith, 2008; [8]Bolte & Fromme, 2008; [9]Mielck, Koller, Bayerl & Spies, 2009; [10]Raddatz & Mennis 2013; [11]Clark, 2014; [12]Klimeczek, 2014; [13]Fecht, Fischer, Fortunato, Hoek, Hooghde, Marra et al., 2015   obj. = objektiv gemessen oder modelliert; subj. = subjektiv wahrgenommen

Hinsichtlich der Verwendung von Indikatoren in Studien zur Analyse sozialer Unterschiede in der Verteilung von Umweltgüte gibt es eine umfassende methodische Debatte zur Verwendung verschiedener Indikatoren und deren Trennschärfe. Insbesondere hinsichtlich der Sozialindikatoren gibt es eine Debatte, wie die Indikatoren, die die soziale Lage beschreiben, sich mit Indikatoren zu ethnischer Zugehörigkeit und Einkommen überlagern (Gosine & Teelucksingh, 2008; Raddatz & Mennis, 2013, S. 507; Razum et al., 2008, insb. Kapitel 2.3; Fecht et al., 2015). Dieser Aspekt wird in Kapitel 2.1.4.1 bezogen auf Environmental Racism noch einmal aufgegriffen.

Um Zusammenhänge darzustellen, welche gerade auch im Hinblick auf gesellschaftliche Interventionen relevant sind, ist es sinnvoll, nicht nur statistische Zusammenhänge einzelner Indikatoren zu betrachten, sondern mit Indikatorensystemen zu arbeiten, die auf entsprechenden Modellen basieren. Vielversprechend ist in diesem Zusammenhang die DPSEEA-Systematik (Driving-Force, Pressure, State, Exposure, Effect Answer) (Morris, Beck, Hanlon & Robertson, 2006) (Fehr, Neus & Heudorf, 2005). Diese wurde bereits an anderer Stelle im

Kontext umweltbezogener Gerechtigkeit diskutiert (Köckler & Flacke, 2013) und weiterentwickelt (Flacke & Köckler, 2015).

Analysen, die basierend auf Indikatoren, wie sie in Abbildung 3 dargestellt sind, soziale und Umweltfaktoren zueinander in Beziehung setzen, zeigen für verschiedene Städte eine im gesamtstädtischen Vergleich überdurchschnittliche Exposition einzelner gesellschaftlicher Gruppen gegenüber Umweltbelastungen oder einen unterdurchschnittlichen Zugang dieser Gruppen zu umweltbezogenen Ressourcen, wie Grün- und Wasserflächen. So weisen Raddatz und Mennis (2013) für Hamburg nach, dass eine nicht-deutsche Nationalität am ehesten vorhersagt, wie nah ein Hamburger oder eine Hamburgerin an einer emittierenden Industrieanlage, die im PRTR gelistet ist, wohnt. Verschiedene Analysen zu Umweltgerechtigkeit in Berlin kommen in der Summe zum Schluss, dass ein niedriger Sozialstatus und schlechte Umweltqualität im Wohnumfeld positiv miteinander korrelieren (Klimeczek, 2014). Somit sind insbesondere Berliner und Berlinerinnen mit einem niedrigen Sozialstatus an ihrem Wohnort durch mehrere Umweltfaktoren gleichzeitig benachteiligt. In einer Studie für die Niederlande und England können Fecht et al. (2015) umweltbezogene Ungleichheit hinsichtlich des Faktors Luftqualität ausmachen.

Studien zu umweltbezogener Verteilungsungerechtigkeit enden oft mit der Ermittlung von umweltbezogenen sozialen Unterschieden (inequality). Häufig wird jedoch ein statistisch ermittelter Zusammenhang eines signifikanten und starken Unterschieds zwischen Subgruppen einer Stadt bezogen auf negative oder positive Umweltfaktoren oder/und gesundheitliche Effekte als Argument für das Fazit herangezogen, dass die Ungleichheit als ungerecht bewertet wird. Hierbei liegt das Verständnis zugrunde, dass eine statistische Ungleichheit unverhältnismäßig ist und daher als Ungerechtigkeit zu verstehen ist. Der Begriff einer *Unverhältnismäßigkeit* lehnt sich an die Definition der *Environmental Protection Agency* der USA, die auf ihrer Homepage folgende Teildefinition von umweltbezogener Gerechtigkeit (Environmental Justice) verwendet: „Fair treatment means that no group of people should bear a disproportionate share of the negative environmental consequences resulting from industrial, governmental and commercial operations or policies" (EPA, 2012). Eine gerechte Behandlung (fair treatment) ist gewünscht und nicht gegeben, wenn eine Gruppe unverhältnismäßig (disproportionate) behandelt wird. Eine Definition, was genau disproportionate, also unverhältnismäßig, ist, steht bis heute aus. Daher wird häufig ein relativer Vergleich für eine Grundgesamtheit, die sich über den Untersuchungsraum – beispielsweise eine Stadt – definiert, über die Stärke eines statistisch signifikanten Zusammenhangs angestellt (Köckler, 2016).

Studien zu umweltbezogener Verteilungsgerechtigkeit bilden häufig den ersten Zugang zum Thema umweltbezogene Gerechtigkeit. Dies war in den USA der Fall und ist auch in Deutschland zu beobachten. Somit werden sie von Gordon Walker zu Recht als Forschung der ersten Generation eingeordnet: „In this light the simple geographies and spatial forms evident in much ‚first-generation' environmental justice research are insufficient and inadequate to the tasks of both revealing inequalities and understanding the processes through which these are (re)produced" (Walker, 2009a, S. 615). Walkers Bewertung der rein auf Verteilungsgerechtigkeit bezogenen Analysen als unzureichend ist geprägt durch ein interventionsorientiertes Verständnis von umweltbezogener Gerechtigkeit, für das ursachenbezogene Analysen relevant sind. Dennoch sei an dieser Stelle festgehalten, dass Analysen zu umweltbezogener Verteilungsgerechtigkeit erforderlich sind, da die Verbindung von Umwelt und Sozialem über den Raum und die räumliche Gleichzeitigkeit der relevanten Faktoren ein Element umweltbezogener Gerechtigkeit ist, wie in Kapitel 2.1.5 noch einmal eingeordnet wird.

2.1.2 Soziale Unterschiede in der umweltbezogenen Entscheidungsfindung

Das Konzept der *umweltbezogenen Verfahrensgerechtigkeit* wird in verschiedenen Ausprägungen seit den 1990er Jahren als ein Element umweltbezogener Gerechtigkeit diskutiert. So beschreibt Lake (1996) soziale Unterschiede in der umweltbezogenen Entscheidungsfindung. „Das Konzept der umweltbezogenen Verfahrensgerechtigkeit setzt sich mit diesem Phänomen auseinander und betrachtet soziale Ungleichheit bei der Initiierung von und Teilhabe an umweltpolitisch relevanten Entscheidungsprozessen sowie deren Auswirkungen" (Köckler, 2014, S. 45). Es erklärt nach Auffassung verschiedener Autoren Ursachen für umweltbezogene Verteilungsgerechtigkeit. David Schlosberg bezieht sich zu dem Verhältnis von Verteilungs- und Verfahrensgerechtigkeit auf die Philosophin und Politikwissenschaftlerin Iris Young, die auch die Arbeit von Lake beeinflusst hat:

> „In dealing with issues of justice beyond distributive, Young (1990: 23) insists on addressing justice in the ‚rules and procedures according to which decisions are made.' ‚The idea of justice here shifts [...] to procedural issues of participation in deliberation and decision making. For a norm to be just, everyone who follows it must in principle have an effective voice in its consideration and be able to agree to it without coercion. For a social condition to be just, it must enable all to meet their needs and exercise their freedom; thus justice requires that all be able to express their needs.' (Young 1990: 34)" (Schlosberg, 2007, S. 27).

Young stellt hier nicht nur die Relevanz von Teilhabe (effective voice), sondern auch erforderlicher Fähigkeiten aller (all be able to) heraus. Amerasinghe, Farrell, Jin,

Shin und Stelljes (2008, S. 11) kommen basierend auf einer Literaturauswertung zu dem folgenden Verständnis von umweltbezogener Verfahrensgerechtigkeit:

> „Thus, environmental justice, in terms of procedural justice, demands that people have the right to participate as equals in all environmental decision making processes that may affect their lives, children, homes and jobs. It also enables them to demand ways to access relevant information and to be given opportunities to express their concerns in relation to environmental burdens and benefits."

In ähnlicher Weise definieren Todd und Zografos (2005, S. 485): „Procedural justice: this is concerned with how and by whom decisions are made, and encompasses participation and legitimacy as common concepts." Das Verständnis von Amerasinghe und Co-Autorinnen umfasst ein Recht auf Beteiligung und die Möglichkeiten, Belange vorzubringen sowie Informationen zu erhalten. Zudem sieht es in umweltbezogener Verfahrensgerechtigkeit die Möglichkeit, Beteiligte zu befähigen, Forderungen zu stellen. Wohingegen Todd allgemein das Wie und Wer thematisiert und mit der Legitimation von Entscheidungen direkt eine Funktion von umweltbezogener Verfahrensgerechtigkeit benennt.

Die Zugänge zu umweltbezogener Verfahrensgerechtigkeit sind vielfältig und beschäftigen sich grundsätzlich mit dem Gegenstand der Entscheidung. So kritisiert Lake (1996) eine Überbetonung von umweltbezogener Verteilungsgerechtigkeit und ein daraus resultierendes verkürztes Verständnis von umweltbezogener Verfahrensgerechtigkeit, das sich auf Standortentscheidungen beschränkt. Als Konsequenz fordert er: „that a more radical and far-reaching definition of procedural justice is required if the environmental justice movement is to accomplish more than a merely cosmetic change in the distribution of environmental problems across communities" (Lake, 1996, S. 162). Für Lake ist Selbstbestimmung (self-determination) ein zentrales Anliegen und diese kann, auch im Sinne des vorherigen Zitats, nur ursachenbezogen sein:

> „Self-determination entails an ability not only to select among a set of options but also to determine the options presented for consideration. As applied to environmental equity, self-determination is not realized simply through participation in decisions regarding the distribution of environmental burdens if it does not also extend to participation in decision controlling their production" (Lake, 1996, S. 165).

Allerdings bleibt er eine Erklärung schuldig, wie dies genau umgesetzt werden kann. Dennoch ist seine Frage nach der richtigen Rahmung und Selbstbestimmung zentral und wird entsprechend dem Fokus dieser Arbeit bezogen auf Stadtplanung in Kapitel 2.4 aufgegriffen. Für Elvers, Gross und Heinrichs (2008, S. 836) machen Entscheidungsprozesse gar den Kern des Gesamtkonzeptes der umweltbezogenen Gerechtigkeit aus:

„Our main thesis is that the important challenge lying ahead is to outline a concept of environmental justice as an inherent feature of controversial decision processes, evolving around any kind of regulation perceived to affect the environment of heterogeneous stakeholders."

Ausgehend von dieser These entwickeln sie ein Modell umweltbezogener Gerechtigkeit, bei dem die umweltbezogene Steuerung (environmental regulation) im Mittelpunkt steht (Elvers et al., 2008, S. 848). Dieses Modell ist Ausdruck einer soziologischen, die Gesellschaft beobachtenden Perspektive. Fähigkeiten Einzelner, wie Young sie als Voraussetzung benennt, kommen in diesem Modell nicht zum Tragen.

Bei umweltbezogener Verfahrensgerechtigkeit geht es jedoch einerseits gerade um die Fähigkeit Einzelner teilzuhaben. Es geht also um diejenigen, die in den Verteilungsgerechtigkeitsanalysen als ungleich behandelt erscheinen. Es geht aber auch um die Fähigkeiten derer, die nicht benachteiligt oder gar bevorzugt sind. Wenn bestimmte Gruppen in Entscheidungsprozessen unterrepräsentiert sind, so sind andere überrepräsentiert. Sie können ihre Interessen besser artikulieren als andere. Im Kapitel 2.1.4 werden diesbezügliche Überlegungen von Pulido (2000) im Kontext von Environmental Racism aufgegriffen.

Verfahrensgerechtigkeit ist nicht nur eine normative Forderung. Vielmehr werden gerechten Verfahren unterschiedliche Funktionen zugeschrieben: So stärken gerechte Verfahren die Legitimation und auch die Akzeptanz einer Entscheidung (Amerasinghe et al., 2008; Epp, 1999, S. 11; Todd & Zografos, 2005). Zudem sehen Maguire und Lind (2003, S. 134) in Partizipation unter anderem einen Beitrag zum Gesetzesvollzug:

„Successful management of environmental quality via regulation by federal, state and local governments depends on citizen and stakeholder support. Without it, limited capabilities for enforcing compliance from unwilling citizens and legislative action to overturn unpopular regulations would doom attempts to regulate."

Studien zu umweltbezogener Verfahrensgerechtigkeit analysieren häufig Prozesse und die daran Beteiligten (bpsw. Maguire & Lind, 2003). Die Analyse bestehender Prozesse erfolgt häufig in Anlehnung an Verfahrensgerechtigkeit aus einer (sozial-)psychologischen Perspektive. Ittner und Montada (2009, S. 36) als zwei Vertreter dieser Disziplin sehen hier vor allem „subjektive Gerechtigkeitsurteile und deren komplexes Einwirken auf politisches Handeln […]" als zentral an. Sie betonen hinsichtlich Verfahrensgerechtigkeit: „Nicht nur die Ergebnisse, sondern insbesondere auch das Prozedere der Ergebnisfindung kann von den beteiligten Akteuren als mehr oder weniger gerecht bewertet werden" (Ittner & Montada Leo, 2009, S. 43; siehe auch Blader & Tyler, 2003; van den Bos, Kees,

Bruins, Wilke & Dronkert, 1999). Die sozialpsychologische Perspektive ist somit auf das Verfahren selbst und nicht auf dessen Ergebnis gerichtet. Wann ein Verfahren als gerecht empfunden wird, ist Gegenstand umfangreicher Literatur. Einschlägig sind in diesem Kontext die Regeln für gerechte Verfahren nach Leventhal (1976). Sie umfassen die Konsistenz-, Unvoreingenommenheits-, Genauigkeits-, Korrigierbarkeits- und Repräsentativregel sowie die moralische Angemessenheit. In der deutschen Literatur zu umweltbezogener Gerechtigkeit werden sie rezipiert (Kloepfer, 2005, S. 50). Allerdings werden sie auch kritisiert: So resümieren Blader und Tyler (2003, S. 747) basierend auf verschiedenen Quellen, dass Leventhals Kriterien eine schwache theoretische Basis und empirische Prüfung aufweisen und zudem nicht die Breite prozessbezogener Belange abbilden. Als handlungsorientierende Kriterien in Verfahren können sie jedoch eine Orientierung liefern.

Studien, die sich lediglich den an den Verfahren Beteiligten widmen, lassen die Grundgesamtheit derer, für die die entsprechende Entscheidung relevant ist, außer Acht. Es geht, wie in dem eingangs aufgeführten Zitat von Todd und Zografos (2005, S. 485) benannt, nicht nur darum, wie (*how*), sondern auch von wem (*by whom*) Entscheidungen gefällt werden und dass Partizipation bedeutend ist. Amerasinghe et al. (2008, S. 11) gehen davon aus, dass es Betroffene gibt, die nicht ausreichend Fähigkeiten haben, um sich in Entscheidungsprozesse einzubringen:

> „As the literature shows, distributional injustice is often wrought upon low-income groups and racial/ethnic minority groups. It is these same groups that are often excluded from environmental decision-making processes, either as a result of outright exclusion or because of a lack of capacity to participate in the process."

Welche Fähigkeiten benötigt werden, um sich zu beteiligen, wird jedoch nicht genauer untersucht. Dementsprechend argumentieren Gosine und Teelucksingh (2008, S. 18) „[…] racialized minorities in vulnerable communities are often the stakeholders who are most likely to be deprived by other stakeholders because they lack the information about how to participate in decision-making processes and /or they lack the time to participate."

Da nicht jeder Einzelne an allen Entscheidungen teilhaben kann, sollten Interessen derjenigen, die in Entscheidungsprozessen nicht vertreten sind, über Dritte eingebracht werden. Todd und Zografos (2005, S. 485) beschreiben, wie schwierig es ist:

> „A community's loss of control or lack of effectiveness in producing changes over its members' lives can lead to a sense of powerlessness and grievance, yet even those bodies which are endeavouring to alleviate injustice, such as environmental groups and local

authorities, may use language which is off-putting for disadvantaged groups, further leading to disengagement."

Harwood (2003) sieht von dem in der Stadtplanung als Anwaltsplanung (advocacy planning) bekannten Ansatz gute Anknüpfungspunkte, um Interessen von weniger artikulationsstarken Gruppen in Entscheidungsprozesse einzubringen. Die Möglichkeiten sind hier vielfältig: „Advocacy ranges from facilitating the inclusion of often forgotten stakeholders in planning processes to building the capacity of community of color neighborhood organizations" (Harwood, 2003, S. 26). Ob Advokatenplanung dem von Young formulierten Anspruch gerecht wird, dass jeder fähig ist, seine Bedürfnisse auszudrücken, ist möglich, hängt jedoch von verschiedenen Faktoren ab. Neben den von Young beschriebenen Fähigkeiten, eigene Bedürfnisse auszudrücken, geht es auch um Entscheidungsprozesse, die zum Ausdruck gebrachte Bedürfnisse von Menschen (Bürgerinnen und Bürgern/Betroffenen) aufnehmen können; sei es persönlich oder durch Advokaten vorgebracht. Agyeman und Evans (2004, S. 155f) machen deutlich, dass umweltbezogene Gerechtigkeit sowohl aus Perspektive Betroffener als auch von Institutionen her gedacht werden kann:

> „Firstly, environmental justice may be viewed as having two distinct but inter-related dimensions. It is, predominantly at the local and activist level, a vocabulary for political opportunity, mobilization and action. At the same time, at the government level, it is a policy principle, that no public action will disproportionately disadvantage any particular social group."

Die Aarhus-Konvention ist eine rechtliche Institution, die eine verbindliche Grundlage für Beteiligung von staatlicher Seite schafft. Sie ist ein völkerrechtlicher Vertrag, der jeder Person einen Zugang zu Informationen, Beteiligung an Entscheidungsverfahren sowie Zugang zu Gerichten in Umweltangelegenheiten ermöglichen soll (Meunier, 2006).

> „From this [environmental justice, HK] perspective, it is quite clear that environmental and social justice, by whatever standard, presupposes effective access to the administrative and legal system, so that rights can be vindicated and existing law on the protection of health and the environment can be invoked" (Ebbesson, 2002).

Die Aarhus-Konvention beschreibt im Artikel 2 (5), wer beteiligt werden soll. Der Begriff der Öffentlichkeit wurde eingeführt und schließt ausdrücklich NGOs (Non-Governmental Organisation) ein. Die Aarhus-Konvention wurde in europäisches Recht umgesetzt (Europäisches Parlament und Rat der Europäischen Union, 2006) und hat sich vielfältig im deutschen Recht niedergeschlagen. Auf Aspekte, die aus umweltbezogener Verfahrensgerechtigkeit für Stadtplanung relevant sind, wird im Kapitel 2.4 eingegangen. Ferner verfolgt die Konvention nach Ebbesson (2002, S. 14) das Ziel, Diskriminierung in umweltbezogenen Verfahren entgegenzuwirken:

„Drawing on earlier European conventions as well as the OECD recommendations on pollution policies, the Aarhus Convention prohibits discrimination as to the person's citizenship, nationality, domicile and, in the case of a legal person, the place of its registered seat or effective centre."

Die Aarhus-Konvention schafft somit einen Rahmen, in dem der Staat die Öffentlichkeit einlädt. Offen bleibt jedoch die Frage: Wer hat die Fähigkeiten, dieser Einladung zu folgen? (Köckler, 2014).

2.1.3 Kompensation für weniger soziale Unterschiede

Verteilungs- und Ergebnisgerechtigkeit werden in der Literatur bislang weitestgehend synonym verwendet (Kern & Bratzel, 1994, S. 10; Maschewsky, 2001, S. 4). Das Konzept der Ergebnisgerechtigkeit, welches im Kern auf Kompensation fußt, soll an dieser Stelle als eigenständiges Teilkonzept umweltbezogener Gerechtigkeit benannt werden. Denn gerade aus interventionistischer Perspektive bietet Ergebnisgerechtigkeit Ansatzpunkte für mehr umweltbezogene Gerechtigkeit, da sie einen weiteren Verhandlungsspielraum eröffnet.

In die in Kapitel 2.1.1 benannten Analysen zu Verteilungsgerechtigkeit fließen mögliche Kompensationsleistungen nicht ein. Kloepfer (2006, S. 302ff) diskutiert das Thema Kompensation vor dem Hintergrund bestehender rechtlicher Möglichkeiten. Er sieht generell in Kompensationsleistungen eine Möglichkeit, eine ungerechte Ungleichverteilung von Umweltgüte im Ergebnis gerechter werden zu lassen. Daher verwendet auch Kloepfer den Begriff der Ergebnisgerechtigkeit.

So leitet Capek (1993, S. 19) bereits Anfang der 1990er Jahre diese Forderung ab: „A final environmental justice claim is the right to compensation from those who have polluted a particular neighborhood." Davy (1997) schlägt in diesem Zusammenhang für den Bereich der Ansiedlung von Abfallanlagen ein sogenanntes Benefit-Sharing als eine Möglichkeit vor, um diese Belastung auszugleichen und Betroffene an dem Nutzen, der aus der Raumnutzung entsteht, teilhaben zu lassen. Er benennt drei Möglichkeiten des Benefit-Sharing: finanzielle Kompensation, Versicherung gegen unvorhersehbare Risiken und Förderprogramme für betroffene Gemeinden.

Kompensation kann ihrerseits Probleme mit sich mitbringen. Dies beschreibt Capek (1993) am Beispiel von Carver Terrace. Hierbei handelt es sich um eine Siedlung in Texarkana, Texas. In Carver Terrace kam es zu weitflächigen Kontaminationen von Boden und Wasser mit krebserregenden polyzyklischen aromatischen Kohlenwasserstoffen (PAK) durch frühere industrielle Nutzung, die nach der industriellen Nutzung vorwiegend von afro-amerikanischen Hauseigentümern mit Wohnbebauung weitergenutzt wurden. Aufgrund der gesundheitsgefährdenden Kontamination wurde das Gebiet 1984 zu seinem Superfund-Standort erklärt. In den USA werden im Superfund Mittel zur Beseitigung von Umweltschäden bereitgestellt. Der Superfund wird von der US-amerikanischen Umweltschutzbehörde (EPA) in ihr Maßnahmenkonzept für mehr umweltbezogene Gerechtigkeit eingebunden (EPA, 2011). Diese Mittelzuweisung fand jedoch in Einzelverhandlungen statt und führte im Ergebnis zu Umzügen einzelner an unterschiedliche Orte. Eine gemeinsame Umsiedlung fand nicht statt. Hierdurch wurde eine jahrzehntelange Nachbarschaft mit ihren bestehenden sozialen Netzwerken aufgelöst (zu weiterführenden Informationen und dem aktuellen Stand der Sanierung siehe EPA (2015), zu einer Schilderung aus Sicht einer Betroffenen: Oliver (1994)).

Ergebnisgerechtigkeit wird derzeit kaum diskutiert, ist aber eine realisierbare Möglichkeit, um in spezifischen Situationen umweltbezogene Ungerechtigkeiten zu lindern. Zudem kann sie in der Stadtplanung als Begründung für eine Priorisierung von Maßnahmen oder Orten dienen.

2.1.4 Vom Unterschied zur Ungerechtigkeit

Bislang ging es in diesem Kapitel um Unterschiede bei der Verteilung von Umweltfaktoren, der Teilhabe an Entscheidungsprozessen oder Kompensationslösungen. Umweltbezogene Gerechtigkeit hört jedoch nicht bei der Beschreibung von Ungleichheit auf, sondern bewertet diese Ungleichheit als gerecht oder ungerecht. So stellt Höffe (2001, S. 26) in seiner philosophischen Einführung zu Gerechtigkeit fest: „Worin Gerechtigkeit des näheren besteht, ist sowohl im Alltag als auch in der Philosophie heftig umstritten." Ganz in diesem Sinne arbeitet Amartya Sen in seinem Buch „Die Idee der Gerechtigkeit" heraus, dass nach seiner Auffassung nicht die Entwicklung einer Theorie der vollkommenen Gerechtigkeit zentral ist, sondern es vielmehr um eine Handlungsorientierung auf der Basis erkannter Ungerechtigkeiten geht. So betont er bereits im Vorwort: „Nicht die Erkenntnis, dass die Gerechtigkeit auf der Welt unvollkommen ist – vollkommene Gerechtigkeit erwarten nur wenige von uns – treibt uns zum Handeln, sondern die Tatsache, dass es [...] Ungerechtigkeiten gibt, die sich ausräumen lassen und die wir beenden wollen" (Sen, 2012, S. 7). In diesem Sinne argumentiert Davy (1997, Preface VIII) bezogen auf Institutionen: „Suitable institutions cannot be derived form a commitment to a particular concept of justice (as many political philosophers believe), but only from a heightened sense of injustice (a proposition invented by Juth Shklar)."

Sen führt anhand seines Beispiels „Drei Kinder und eine Flöte" aus, dass es verschiedene Perspektiven auf Gerechtigkeit gibt (Sen & Krüger, 2012, S. 41ff). In diesem Beispiel geht es um die Frage, ob Bob, das ärmste Kind, oder Carla, die die Flöte selbst angefertigt hat, oder Anne, die als Einzige der der drei Kinder Flöte spielen kann, diese eine Flöte bekommt. Sen (2012, S. 44) schließt sein Beispiel mit dem Fazit: „Es kann sein, dass es tatsächlich keine erkennbare vollkommen gerechte soziale Regelung gibt, aus der eine unparteiische Einigung hervorginge."

Vielleicht sind es Beispiele wie diese, die die Komplexität von Gerechtigkeit zeigen und dazu führen, mit Analysen zu umweltbezogenen Unterschieden zu enden und eine Auseinandersetzung mit verschiedenen Gerechtigkeitsansätzen erst gar nicht stattfinden zu lassen. Auch wenn in der Forschung zu umweltbezogener Gerechtigkeit nicht jede und jeder die Kenntnisse hat für eine philosophische Abhandlung von Unterschieden, und hier schließe ich mich explizit ein, erlässt es nicht die Auseinandersetzung mit diesen. Allein das Aufzeigen von Differenzen macht Forschung noch nicht zu Forschung umweltbezogener Gerechtigkeit. Dementsprechend beinhaltet das Claim Making, wie Gordon Walker es beschreibt, neben einer Evidenz zu Unterschieden das Element der Gerechtigkeit oder, wie er es umschreibt, „how things ought to be" (Walker, 2012, S. 40). Mit dem, wie etwas sein sollte, wird der Leitbildcharakter von umweltbezogener Gerechtigkeit, welcher zu konkreten Interventionen führen soll, deutlich. Auch bezogen auf Interventionen sind Sens Arbeiten sehr einschlägig, da er immer wieder betont, dass eine Auseinandersetzung nicht in einer rein theoretischen Debatte verbleiben soll. Vielmehr sieht er seine Theorie als eine „Richtlinie für praxisorientierte Überlegungen" (Sen & Krüger, 2012, S. 9).

In Studien umweltbezogener Verteilungsgerechtigkeit wird häufig eine statistisch ermittelte umweltbezogene Ungleichheit (environmental inequality) mit einer umweltbezogenen Ungerechtigkeit (envionmental inequity/injustice) gleichgesetzt. Hierbei wird ein Unterschied in der Regel jedoch nur dann als ungerecht bezeichnet, wenn diejenigen, die negativen Umweltfaktoren ausgesetzt sind, einer Gruppe angehören, die als benachteiligt gilt. So kommen beispielsweise Lakes und Klimeczek (2011, S. 42) zu dem Ergebnis: „Die Korrelation dieser Mehrfachbelastung der Umweltvariablen mit dem Entwicklungsindex [Berliner Sozialindex, HK] zeigt den Grad der Umweltungerechtigkeit in Berlin."

In einer Analyse zu sozialen Ungleichheiten in Bezug auf Überflutungsrisiken in Großbritannien macht Walker deutlich, dass eine Ungleichheit nicht zwingend eine Ungerechtigkeit ist. Er benennt verschiedene Faktoren, die relevant sein könnten, um eine Ungleichheit als Ungerechtigkeit einzuordnen:

> „the degree of inequality that exists; the degree to which individuals have been able to exercise choice in their exposure to an environmental good or bad; whether or not an inequality has been created through the exercising of power by a public or private body (e.g. in taking facility siting or flood protection decisions); whether or not a pattern of

inequality is combined with other patterns of inequality (an accumulation of unequal impacts), or with a greater degree of vulnerability or need amongst a social group, when compared to others; the degree to which those exposed to an impact or risk also have a role (direct or indirect) in, or benefit from, its creation" (Walker et al., 2006, S. 20).

Diese Kriterien greifen verschiedene Aspekte auf, die sich verschiedener Gerechtigkeitstheorien und -verständnisse bedienen und somit deren Vielschichtigkeit wiedergeben. Im Folgenden wird mit Environmental Racism und dem Fähigkeitsansatz auf zwei Ansätze eingegangen, die eine Grundlage für eine gerechtigkeitsbezogene Bewertung von Analysen zu sozialen Unterschieden in der Verteilung von Umweltfaktoren und umweltpolitisch relevanten Entscheidungsprozessen liefern. Diese beiden Ansätze werden nicht nur dargestellt, weil sie zu den intensiv diskutierten Ansätzen gehören, sondern insbesondere weil sie neben einer gerechtigkeitsbezogenen Bewertung auch solche auf einer ursachenbezogenen Ebene ermöglichen.

2.1.4.1 Environmental Racism

Abbildung 3 zeigt, dass verschiedene Faktoren zur Beschreibung von Sozialstruktur in Analysen zu umweltbezogener Verteilungsgerechtigkeit herangezogen werden. In einigen dieser Analysen werden ethnische Gruppen identifiziert, die in einer relativ schlechten Umweltgüte leben. In solchen Studien werden Indikatoren verwendet, die den Faktor ethnische Zugehörigkeit/Migrationshintergrund/Nationalität abbilden. Eine umweltbezogene Ungleichheit, die mit einer ethnischen Zugehörigkeit Betroffener einhergeht, widerspricht einem breiten Gerechtigkeitsverständnis und kann somit als umweltbezogene Ungerechtigkeit verstanden werden. Wichtig ist in diesem Zusammenhang, auf sich überlagernde Sozialfaktoren zu achten:

> „We do not subscribe to the idea that race or ethnicity ‚competes' with indicators of class or other socioeconomic characteristics to theoretically explain the distribution of environmental risk (cf. Downey 2003). Rather, we consider that factors such as race and class overlap and interact to produce patterns of environmental inequity" (Raddatz & Mennis, 2013, S. 507).

Ähnlich argumentieren Cook und Swyngedouw (2012, S. 1964):

> „[E]mpirical studies have moved beyond short-sighted debates over whether class or race are the key determinates of environmental inequality and injustice, to consider the multiple and intersecting axes of inequalities that are wrapped up in EJ. Gender, age, disability, sexuality and several other factors from access to health care and insurance have been shown to influence the vulnerability of individuals and communities to socio-environmental harm (for example, Buckingham and Kulcur, 2009; Walker, 2009b)."

In diesem Sinne sehe ich eine ethnische Zugehörigkeit, eine Nationalität oder einen spezifischen Migrationshintergrund nicht als erklärenden Faktor für umweltbezogene Ungerechtigkeit an. Vielmehr sind diese Faktoren Differenzmerkmale, an denen umweltbezogene Ungerechtigkeit als Diskriminierung festgemacht werden kann.

Aufgrund von Studien, die eine umweltbezogene Ungerechtigkeit gegenüber ethnischen Gruppen identifiziert haben, hat sich in den USA der Begriff des Environmental Racism herausgebildet (Bullard & Johnson, 2000; Cole & Foster, 2001; Cutter, 1995; Holifield, 2001). Das Konzept wird auch in anderen Ländern, wie Canada angewendet (Gosine & Teelucksingh, 2008). In Deutschland gibt es wenige Studien zu umweltbezogener Verteilungsgerechtigkeit, die ethnische Zugehörigkeit als Faktor berücksichtigen (Köckler, Katzschner, Kupski, Katzschner & Pelz, 2008; Kolahgar, 2006; Bolte & Fromme 2008; Raddatz & Mennis, 2013). Manche Analysen zeigen ein differenziertes Bild für verschiedene ethnische Gruppen. So konnten Buzzelli und Jerrett (2004) für Hamilton, Canada, nachweisen, dass Latein-Amerikaner im städtischen Vergleich mehr Luftbelastungen ausgesetzt sind, auch dann, wenn man in statistischen Analysen den Einfluss des sozialen Status kontrolliert. Es macht also einen Unterschied, ob jemand Latein-Amerikaner ist oder nicht, während asienstämmige Canadier weniger Luftbelastungen ausgesetzt waren und es für Black-Canadians keinen klaren statistischen Zusammenhang bezogen auf den Faktor Luftqualität gab. Diese Arbeit hebt zum einen hervor, dass der Faktor der ethnischen Zugehörigkeit relevant ist und zum anderen in sich differenziert betrachtet werden muss. Auch Szasz und Meuser (2000, S. 608) identifizieren Unterschiede in ihrer Längsschnittanalyse umweltbezogener Verteilungsgerechtigkeit für Santa Clara County, Californien (USA). So leben mehr Hispano-Amerikaner in der Nähe zu emittierenden Anlagen als weiße US-Amerikaner. Die Gruppe der asienstämmigen Amerikaner siedelte über den betrachteten Zeitraum von 1960 bis 1990 aus Wohngegenden in der Nähe emittierender Anlagen in weniger belastete Gebiete. Für die Hispano-Amerikaner hat sich die Situation nicht verändert. Sie weisen auf einen Zusammenhang zwischen ethnischer Zugehörigkeit und sozialem Status hin:

„[…] by any measure, there is a powerful relationship between a person's race or ethnicity and that person's position in the class structure. Hispanics in the county ranked far worse than either White, Non-Hispanics or Asian and Pacific Islanders on every measure. […] As a category, Asians and Pacific Islanders seem to have class positions comparable to, if not slightly better than, White, non-Hispanics. However, a more detailed look at the different groups that are added together to create that category—we display two of the largest such groups, Chinese and Vietnamese, in Table 4—shows tremendous variation in class position among the various strands of the Asian population" (Szasz & Meuser, 2000, S. 626).

Diese Untersuchungen arbeiten heraus, dass der Faktor der ethnischen Zugehörigkeit relevant ist und differenziert betrachtet werden muss. Pulido (2000) kritisiert an den meisten Studien zu umweltbezogener Verteilungsgerechtigkeit, dass ihnen ein verkürztes Verständnis von Rassismus und dessen Ursachen zugrunde liegt. „A [...] concern is that racism is not conceptualized as the dynamic sociospatial process that it is" (Pulido, 2000, S. 13, 17). Ein weiterer und auch kritischer Blick ist im Sinne Pulidos aber zentral, um bestehende Denkmuster nicht fortzusetzen: „A final problem with a narrow understanding of racism is that it limits claims, thereby reproducing a racist social order" (Pulido, 2000, S. 13). Daher fordert Pulido, die Breite und Tiefe von Rassismus zu erforschen. Sie arbeitet das Konzept der weißen Privilegierten als eine Ursache von Rassismus heraus: „I define white racism as those practices and ideologies, carried out by structures, institutions, and individuals, that reproduce racial inequality and systematically undermine the well-being of racially subordinated populations" (Pulido, 2000, S. 15). Mit den Fähigkeiten der weißen Mittelschicht kann auch die Aussage von Bullard, der auch den Begriff des Environmental Racism geprägt hat, in Verbindung gebracht werden: „Sociologist Robert Bullard has argued that protests against hazardous facilities in white middle-class neighborhoods in many cases prompted ‚public officials and private industry [to repsond] with the PIBBY principle: place in balcks' backyards'" (Darnovsky, 1992, S. 46). Bullard nimmt an, dass Entscheider aufgrund der Artikulationsschwäche von Schwarzen zu Entscheidungen kamen, die deren Umweltsituation belasten. Die Debatte um Rassismus in den USA ist aufgrund ihrer historischen Dimension von Sklaverei über die Bürgerrechtsbewegung bis hin zu gegenwärtiger Diskriminierung nicht unmittelbar auf Deutschland übertragbar, aber dennoch lehrreich. So hat sich in den USA die in Reaktion auf den Rassismus und die ehemals auch rechtlich abgesicherte Rassentrennung entstandene Bürgerrechtsbewegung auf das Environmental Justice Movement ausgewirkt:

> „They [environmental justice activists, HK] have borrowed many of their tactics from the civil rights movement. Environmental justice activists have not limited their tactics to demonstrations in the streets but have begun to mount legal challenges to uequal protection by government decision makers and industrial firms" (Bullard, 1994, S. xvii).

Gosine und Teelucksingh (2008, S. 6) beziehen sich auf Argumente von Pulido und tragen die Debatte zu Environmental Racism auf eine gesamtgesellschaftliche Ebene:

> „Second, treating class and ‚race' – different types of oppression – as competing factors misses the fact that both the social order and capitalism depend on the exploitation of all subordinate social relations and the environment in order to maintain hegemony. As

Laura Pulido (1996, p. 148) argues, we need to consider the broader context of capitalism that is responsible for creating all inequalities."

In Deutschland gibt es bislang nur wenige Studien, die analysieren, ob es Unterschiede bezogen auf Nationalität, ethnische Zugehörigkeit und/oder Migrationshintergrund gibt. Diese ersten Erkenntnisse zu umweltbezogener Verteilungsungerechtigkeit sowie die Debatte zu Environmental Racism in den USA lassen ursachenbezogene Erkenntnisgewinne auch in Deutschland erwarten. In Deutschland geht es, auch 60 Jahre nach Ende des 2. Weltkriegs und der damit verbundenen weitestgehenden Auslöschung ethnischer und kultureller Vielfalt in Deutschland weniger um die Betrachtung von historisch seit langem ansässigen gesellschaftlichen Gruppen, wie den Afro- oder Native Americans in den USA, sondern vielmehr um die Menschen, die seit den 1960er Jahren nach Deutschland zugewandert sind.

2.1.4.2 *Chancengerechtigkeit: Der Fähigkeitsansatz*

In der Debatte zu umweltbezogener Gerechtigkeit wird der Fähigkeitsansatz (*Capabilities Approach*) von vielen aufgrund der gerechtigkeitstheoretischen Grundlage, die er liefert, als eine Bereicherung des Diskurses umweltbezogener Gerechtigkeit gesehen. Der Fähigkeitsansatz wurde von Amartya Sen (2009) in der Ökonomie und Marta Nussbaum (2010) im Bereich der Philosophie ausgearbeitet. Walker (2009b, S. 205) beschreibt im Hinblick auf umweltbezogene Gerechtigkeit sehr treffend:

> „I similarly see much potential in using the capabilities approach to structure normative thinking about environmental concerns. Its key attraction is that it has an internal pluralism, incorporates a diversity of necessary forms of justice, rather than privileging only one, and retains flexibility in how functionings and flourishings are to be secured."

Daher gibt es verschiedene Vertreter und Vertreterinnen des Diskurses zu umweltbezogener Gerechtigkeit, die den Fähigkeitsansatz heranziehen. Hierzu zählen insbesondere Holland (2008), Schlosberg (2007), Schlosberg und Carruthers (2010), Tschakert (2009) sowie Antje Brock, Doktorandin an der Universität Bielefeld. Antje Brock arbeitet deutlich heraus, dass der Fähigkeitsansatz ein individuenbezogener ist, während sich umweltbezogene Gerechtigkeit an Gruppen orientiert. Daher ist es im Sinne von Sen und Nussbaum von Bedeutung, nicht nur Gruppen, sondern auch einzelne Personen zu betrachten.

Der Fähigkeitsansatz geht von Fähigkeiten (Capabilities) aus, die als grundlegende menschliche Ansprüche jedem Individuum zur Verfügung stehen sollten, um ein selbstbestimmtes Leben zu führen. Nussbaum benennt zehn zentrale menschliche Fähigkeiten, zu denen neben der körperlichen Gesundheit auch die Kontrolle über die eigene Umwelt zählt. Die politische Fähigkeit sieht Nussbaum als eine Möglichkeit der Kontrolle über die eigene Umwelt: „Die Fähigkeit, wirksam an den politischen Entscheidungen teilzunehmen, die das eigene Leben betreffen; ein Recht auf politische Partizipation, auf Schutz der freien Rede und auf politische Vereinigung zu haben" (Nussbaum 2010, 114). Diese Fähigkeit ist eine wichtige Grundlage für umweltbezogene Verfahrensgerechtigkeit.

Der Ansatz von Nussbaum und Sen versteht sich als eine Weiterentwicklung der Theorie der Gerechtigkeit nach Rawls. So betont Sen verschiedene Unterschiede zu Rawls. Insbesondere hebt sich ihr Ansatz von dem starken Bezug zu Institutionen als Grundlage für Gerechtigkeit ab: „[…] da die Erfordernisse der Gerechtigkeit [bei Rawls, HK] in Gerechtigkeitsgrundsätzen formuliert werden, die ausschließlich mit ‚gerechten Institutionen' befasst sind, wird die umfassendere Perspektive der sozialen Verwirklichung außer Acht gelassen" (Sen, 2012, S. 118).

Wie der Fähigkeitsansatz zur Bewertung von Ungleichheiten dienen kann, soll folgendes Beispiel illustrieren: Hungern kann ein Wille aufgrund eines Schönheitsideals sein, der Kühlschrank ist voll. Ein Mensch kann auch bedingt durch Mangel an Ressourcen aufgrund einer Dürre hungern. Überträgt man dieses Beispiel auf die Stadt, so ist diejenige Person, die über ausreichend Fähigkeiten verfügt, sich einen Wohnort in guter Umweltgüte zu leisten, aber andere Standortfaktoren höher gewichtet als die Umweltgüte, nicht benachteiligt. Dies ist nicht schwarz-weiß zu beantworten, da lokale Bodenmärkte zu Unterschieden führen, oder weitere Faktoren, geerbtes Elternhaus, Wegebeziehungen etc. Entscheidungen auch nicht frei sein lassen. Ähnlich dem Beispiel mit dem Hungern bei vollem Kühlschrank, das infolge einer psychischen Erkrankung geschehen kann. Sen und Nussbaum unterscheiden sich in ihren Auslegungen des Fähigkeitsansatzes:

> „Der Befähigungsansatz ist ein allgemeiner Ansatz, er konzentriert sich auf Informationen über individuelle Vorteile, die an realen Chancen gemessen werden, er ist jedoch kein spezifischer ‚Entwurf' für die Organisation einer Gesellschaft. Martha Nussbaum und andere haben sich in den letzten Jahren mit einer ganzen Reihe hervorragender Beiträge geäußert, wie der Befähigungsansatz wirkungsvoll für die Aufgaben sozialer Einschätzung und Politik genutzt werden kann" (Sen, 2012, S. 259f).

So hat Nussbaum eine Liste von Fähigkeiten moralphilosophisch abgeleitet, während Sens Fähigkeitsansatz als Monitoring-Instrument verwendet wird, um Interventionen und Förderprogramme zu entwickeln. Der Fähigkeitsansatz wird vor allem deshalb in den Diskurs zu umweltbezogener Gerechtigkeit eingebunden, weil er nicht allein auf Verteilungsgerechtigkeit bezogen ist und ihm eine starke erklärende Funktion zukommt. Es wird angenommen, dass fehlende

Fähigkeiten eine Ursache für umweltbezogene Ungerechtigkeit sind. In diesem Sinne bezeichnet Maschewsky Chancengerechtigkeit auch als „Startgerechtigkeit" und meint damit die „Gleichheit der Chancen und Risiken zu Beginn eines gesellschaftlichen Prozesses" (Maschewsky, 2001, S. 42). Die zentrale Rolle des Fähigkeitsansatzes für umweltbezogene Gerechtigkeit beschreibt Schlosberg (2007, S. 11): „Finally, I turn to capabilities theory, which can be seen as a link between distributive, procedural, and recognition-based conceptions of justice." Tschakert (2009, S. 709) zeigt auf, dass Capabilities nicht nur eine Vorassetzung für umweltbezogene Gerechtigkeit im Sinne von Maschewskys Startgerechtigkeit sind, vielmehr können sie gleichzeitig von Umweltfaktoren beeinflusst werden:

> „Following the capability approach [...] attention ought to be paid to how distributed goods and bads affect people's well-being, their functioning and agency, and how they can be transformed to support the flourishing of individuals and communities. Such flourishing depends on the particularities of any given social context. Injustice occurs when this flourishing is limited, undermined, or suppressed."

Diesen Zusammenhang sieht auch Breena Holland und vertritt schlussfolgernd die Auffassung, dass der Fähigkeitsansatz einer Weiterentwicklung bedarf. Sie schlägt daher vor, den Fähigkeitsansatz um eine umweltbezogene Meta Capability zu ergänzen: „However, because certain environmental conditions are necessary for producing and sustaining these material things, and indeed for making all human capabilities possible, I seek to establish these environmental conditions as an independent ‚meta-capability'" (Holland, 2008, S. 320). Diese Forderung gründet sie auf der mangelnden Berücksichtigung von sozialer Ungleichheit bei Umweltfaktoren (Holland, 2008, S. 320): „They reveal that [...] Rawls [...] fails to consider how inequities in the distribution of environmental benefits and burdens pose barriers to social justice." Holland kritisiert, dass Rawls Umweltfaktoren als universell verfügbar einordnet. Dass Umweltfaktoren nicht universell sind, zeigen die in Kapitel 2.1.1 zitierten Studien zu umweltbezogener Verteilungsgerechtigkeit.

Nussbaum betont, dass die Capabilities, die zur Verfügung stehen, nicht ausgehandelt, sondern moralisch begründet werden sollten. „Thus, where Rawls relies on procedural constraints to determine the content of justice, Nussbaum relies on independent moral argument about the capabilities widely recognized as necessary for life that is truly human" (Holland, 2008, S. 326). Dies zeigt, dass es Voraussetzungen bei den Individuen für Verhandlungen und Verfahrensgerechtigkeit geben muss, die nicht verhandelbar sind.

Daher argumentiert sie weiter, „Nussbaum (2000, 74; 2006, 71) insists that a threshold level of each of these capabilities must be protected for each person, treated as an end in its own right (Nussbaum 2000, 5–6; 2006, 71, 78, 166–67)" (Holland, 2008, S. 325).

Sen betont, dass die Beeinflussung von Umweltfaktoren nicht in der Gestaltungsmacht Einzelner liegt: „Also ist die Beziehung zwischen Ressourcen und Armut veränderlich und stark abhängig von den Besonderheiten der betroffenen Menschen und ihrer – natürlichen wie sozialen – Umwelt" (Sen, 2012, S. 282). Hierzu führt er weiter aus:

> „Wie weit ein bestimmtes Einkommen reicht, wird auch von Umweltbedingungen einschließlich Klima, Extremtemperaturen oder Überschwemmungen abhängen. Die Umweltbedingungen müssen nicht unabänderlich sein – sie könnten durch gemeinschaftliche Anstrengungen verbessert werden. Aber ein auf sich allein gestellter Einzelner wird Umweltbedingungen überwiegend als gegeben hinnehmen müssen, wenn er Einkommen und persönliche Ressourcen in Funktionsweisen und Lebensqualität umwandelt" (Sen, 2012, S. 283).

Allerdings können sich einige Menschen, je nach ihren Fähigkeiten, auch Umweltbedingungen durch Umzug (Wegzug aus dem Überflutungsgebiet) oder Schutzmaßnahmen (Schutz an Gebäuden gegen Überschwemmung, Abschluss einer Versicherung gegen Überschwemmung) entziehen oder die Schäden lindern, während andere diese Bewältigungshandlungen aufgrund mangelnder Fähigkeiten nicht wählen können. An einer grundlegenden Auseinandersetzung mit dem Umweltbegriff im Fähigkeitsansatz forscht Antje Brock (2014).

Mit dem Fähigkeitsansatz selbst, kann immer nur bewertet werden, ob ein Individuum ungerecht behandelt wird. Wenn jedoch Individuen einer gesellschaftlichen Gruppe bei bestimmten Fähigkeiten benachteiligt sind, so ist dies eine Ungerechtigkeit.

2.1.5 Teilkonzepte umweltbezogener Gerechtigkeit und deren Relationen, eine Strukturierung

Die bislang benannten Teilkonzepte umweltbezogener Gerechtigkeit stehen in einem Zusammenhang, den Abbildung 4 darstellt. Die Grundlage stellt Chancengerechtigkeit dar. Diese wird hier in Anlehnung an den Fähigkeitsansatz interpretiert und ist dann gegeben, wenn Personen die Fähigkeiten haben, selbstbestimmt zu leben. Chancengerechtigkeit wirkt zum einen unmittelbar auf Verteilungsgerechtigkeit. Als Beispiel kann hier der Wohnungsmarkt dienen, wobei Verteilungsgerechtigkeit hier nicht gleiche, sondern gleichwertige Lebensbedingungen meint: Werden Wohnungssuchende aufgrund ihrer ethnischen Zugehörigkeit diskriminiert, kann ihnen der Zugang zu einer Wohnung mit einer vergleichsweise guten Umweltgüte ebenso verwehrt bleiben wie

Haushalten mit Wohnungsberechtigungsschein, wenn Sozialwohnungen nur in stark belasteten Gebieten realisiert werden. Chancengerechtigkeit wirkt zudem vermittelt über Verfahrensgerechtigkeit. Denn im Idealfall liefert ein gerechtes Verfahren im Ergebnis auch einen Beitrag zu einer gerechten Verteilung. Da die Fähigkeiten nicht statisch sind, können sie und somit die Chancengerechtigkeit wiederum durch eine jeweilige Ausprägung verschiedener Formen von Gerechtigkeit beeinflusst werden. Dies wird in Abbildung 4 durch die gestrichelten Pfeile symbolisiert. Verfahrensgerechtigkeit wird als eine Determinante von umweltbezogener Verteilungs- und Ergebnisgerechtigkeit verstanden. So auch Amerasinghe et al. (2008, S. 10):

> „Unjust distribution of environmental costs and benefits often occurs as a result of the exclusion of those who will be most negatively affected from a decision-making process. Challenges in promoting environmental justice are also caused by the lack of institutional frameworks which include the voices of marginalized groups."

Abbildung 4: Teilkonzepte umweltbezogener Gerechtigkeit (verändert nach Köckler, 2011, S. 97)

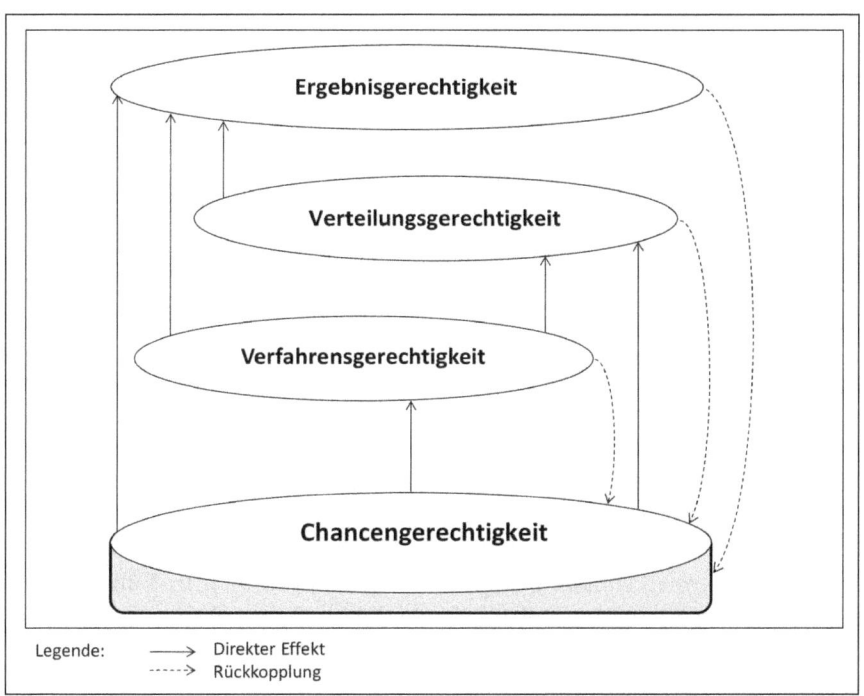

Ein Verfahren, das von den Beteiligten als gerecht eingeschätzt wird, im Ergebnis aber keinen Beitrag zu Verteilungs- oder Ergebnisgerechtigkeit liefert, kann somit im Sinne des Leitbildes umweltbezogener Gerechtigkeit nicht als ein gerechtes Verfahren verstanden werden. Denn das Verfahren wird – wie Abbildung 4 dargestellt – als Mittel zum Zweck verstanden. Diese Einordnung schmälert in keiner Weise die Bedeutung von umweltbezogener Verfahrensgerechtigkeit, sondern stellt vielmehr ihre zentrale Bedeutung offen heraus. Schlosberg (2007, S. 75) argumentiert dementsprechend: „For the environmental justice movement, the demand for more public participation and procedural equity in the development, implementation, and oversight of environmental policy is the key to address issues of distributional equity, recognition, and capabilities." Wichtig ist, welche Personen an Verfahren teilnehmen.

> „Environmental justice advocates have been committed to democratic and engaged community organizing at the grassroot level. This approach assumes that racial minorities and communitites of colour are not simply the subject of racism problems but also central agents of change in their communities" (Gosine & Teelucksingh, 2008, S. 13).

Die Voraussetzung, um solch ein Agent of Change zu sein, ist Chancengerechtigkeit. Daher ist es wichtig, mehr darüber zu lernen, welche Fähigkeiten relevant sind, um Verfahrensgerechtigkeit zu realisieren. Bei der Verfolgung umweltbezogener Gerechtigkeit spielt *Anerkennung*, die Schlosberg in den Diskurs der umweltbezogenen Gerechtigkeit eingeführt hat, eine zentrale Rolle:

> „Recognition is the central concern here, as both Young and Fraser – along with other theorists such as Honneth […] and Taylor […] – contend that a lack of recognition in the social and political realms, demonstrated by various forms of insults, degradation, and devaluation at both the individual and cultural level, inflicts damage to oppressed individuals and communities in the political and cultural realms" (Schlosberg, 2007, S. 14).

Davoudi und Brooks (2014, S. 2688) betonen die Bedeutung von Anerkennung aus einer handlungsbezogenen planerischen Perspektive: „Recognition implies seeking measures that enhance, rather than stigmatise, the standing of the beneficiaries of redistribution as full citizens." Anerkennung wird hier nicht als eigenes Teilkonzept von umweltbezogener Gerechtigkeit verstanden, sondern ein Mangel an Anerkennung als Ursache umweltbezogener Ungerechtigkeit. Daher sollte sich die Anerkennung marginalisierter Gruppen in allen Teilkonzepten umweltbezogener Gerechtigkeit niederschlagen und einer Stigmatisierung von Menschen und Orten entgegenwirken: „In the context of environmental justice, misrecognition can have a spatial dimension and be applied to both people and places" (Davoudi & Brooks, 2014, S. 2688).

2.1.6 Umweltbezogene Gerechtigkeit und zukunftsfähige Entwicklung

Susan Cutter sieht Mitte der 1990er Jahre, also wenige Jahre nach der UN-Konferenz für Umwelt und Entwicklung, in zukunftsfähiger Entwicklung einen Förderer für umweltbezogene Gerechtigkeit auch außerhalb der USA: „[T]he issue of environmental justice in other regions [than North America; HK] will intensify in the years to come as nations implement international accords for sustainable development" (Cutter, 1995, S. 111).

Diese Einschätzung gründet sich sicherlich in den offensichtlichen Parallelen zwischen umweltbezogener Gerechtigkeit und zukunftsfähiger Entwicklung. Zukunftsfähige Entwicklung wird hier im Sinne von Sustainable Development verstanden und im Deutschen auch als nachhaltige Entwicklung bezeichnet (siehe Köckler, 2005, Kapitel 3). Zukunftsfähige Entwicklung ist wie umweltbezogene Gerechtigkeit ein positiv besetztes Leitbild, das in seinem Kern neben dem Schutz der natürlichen Umwelt auch Gerechtigkeit verfolgt (Diefenbacher, 2001). Somit ist die Verbindung zwischen Umwelt- und sozialen Faktoren in beiden Leitbildern zentral.

> „EJ [environmental justice, HK] has many connections with the concepts of environmental sustainability and social justice. According to Dobson (1998), these concepts overlap substantially although their agendas may be fundamentally different. It is possible to imagine a situation of perfect equality which is destructive of the environment, and also a situation of perfect environmental sustainability which is inequitable. Given the problems in defining sustainability, and the lack of targets for resource consumption reductions in developed countries, Scandrett (2000) suggests that EJ provides an alternative discourse to sustainable development. EJ emphasises commitment to the struggle of communities who suffer most environmental damage and gives them a voice to access decision-making, which links with social justice to ensure sustainable and equitable development" (Todd & Zografos, 2005, S. 484f).

Dieses Zitat macht bereits Gemeinsamkeiten und Unterschiede zwischen umweltbezogener Gerechtigkeit und zukunftsfähiger Entwicklung deutlich, wenngleich zu beachten ist, dass er den Begriff der Environmental Sustainability verwendet, der stärker den Schutz natürlicher Ressourcen betont als das Konzept der Sustainability, welches hier mit zukunftsfähiger Entwicklung übersetzt wird. Im deutschen Diskurs ist der Schutz natürlicher Ressourcen Teil des Verständnisses von umweltbezogener Gerechtigkeit: „Generell sollten alle Maßnahmen zur Förderung von Chancengleichheit bei Umwelt und Gesundheit im Sinne einer nachhaltigen Entwicklung nicht dem Umweltschutz entgegenstehen" (Bolte, Bunge, Hornberg, Köckler & Mielck, 2012, S. 23).

Agyeman (2005, S. 1) kommt zu dem Fazit: „The relationship between environmental justice and sustainability groups has traditionally been uneasy." Für diese Gesamtbewertung führt er verschiedene Gründe an. So charakterisiert er Gruppen, die sich für eine zukunftsfähige Entwicklung engagieren, als proaktiv und diejenigen, die sich gegen umweltbezogene Ungerechtigkeiten engagieren, als reaktiv (Agyeman, 2005, S. 3). Viele Initiativen für umweltbezogene Gerechtigkeit sind, beziehungsweise waren, vor allem lokal ausgerichtet, während die globale Perspektive ein Charakteristikum zukunftsfähiger Entwicklung ist. Hinzu kommt, dass das Environmental Justice Movement seine Ursprünge in einer Bottom-up-Bewegung hat, während Sustainability als eine Top-down-Initiative entstanden ist.

Das Argument, umweltbezogene Gerechtigkeit sei eine Bottom-up-Bewegung, lässt sich mehr aus Agyemans US-amerikanischer als aus seiner britischen Perspektive nachvollziehen. Denn in Europa gibt es keine Bottom-up-Bewegung, die sich für umweltbezogene Gerechtigkeit einsetzt (siehe Kapitel 1). Diejenigen, die von umweltbezogenen Ungerechtigkeiten betroffen sind, sind nicht organisiert. Diejenigen, die in solchen Basisbewegungen aktiv sind, welche eine zukunftsfähige Entwicklung verfolgen, sind in der Regel keine benachteiligten Gruppe (Elvers & Butler, 2012). Dies mag daran liegen, dass es in Europa keine den USA vergleichbare Bürgerrechtsbewegung gibt. In Kapitel 2.1.4.1 wurde bereits auf den Ursprung des US-amerikanischen Environmental Justice Movement in der Bürgerrechtsbewegung verwiesen.

Auch Pearsall und Pierce (2010) sehen inhaltliche Verbindungen zwischen umweltbezogener Gerechtigkeit und zukunftsfähiger Entwicklung. Um herauszufinden, ob diese Verbindung auch in der kommunalen Praxis zum Tragen kommt, analysieren sie kommunale Pläne für zukunftsfähige Entwicklung und müssen feststellen, dass diese nur selten umweltbezogene Gerechtigkeit berücksichtigen: „The results of our web research indicate that while 80 of the 107 cities had sustainability plans, only 31 included environmental justice as a conceptual component of their sustainability plan" (Pearsall & Pierce, 2010, S. 573).

Angesichts der vielen Parallelen haben Agyeman, Bullard und Evans das Konzept der Just Sustainabilities wie folgt definiert:

„A just sustainability, we argued, is therefore: ‚the need to ensure a better quality of life for all, now and into the future, in a just and equitable manner, whilst living within the limits of supporting ecosystems'" (Agyeman, 2013, S. 5). Hiermit integriert er Lebensqualität in zukunftsfähige Entwicklung. Agyeman (2013, S. 58) zeigt mit seiner Schlussfolgerung zu dem Ansatz der Just Sustainabilities klar die Handlungsorientierung als weitere Gemeinsamkeit beider Leitbilder:

„What this chapter has demonstrated, I hope, is that in terms of just sustainabilities, we have a pretty clear roadmap – we know what to do, but we're simply not doing it."

Eine weitere Parallele zwischen zukunftsfähiger Entwicklung und umweltbezogener Gerechtigkeit ist das Verständnis von Partizipation und Teilhabe. Den Ursprung der im Kapitel 2.1.2 als zentral für umweltbezogene Verfahrensgerechtigkeit eingeordneten Aarhus-Konvention sieht Ebbesson (2002) bereits im 10. Grundsatz der Rio-Erklärung enthalten. Umweltbezogene Verfahrensgerechtigkeit ist somit zentrales Element sowohl umweltbezogener Gerechtigkeit als auch zukunftsfähiger Entwicklung. Wie in Kapitel 2.4 herausgearbeitet wird, bieten Stadtplanung und planerischer Umweltschutz hierfür ein wichtiges Handlungsfeld.

2.2 Umweltgüte

Der im Rahmen dieser Forschung verwendete Begriff der *Umweltgüte* leitet sich aus einer raumplanerischen Perspektive und dem Leitbild der umweltbezogenen Gerechtigkeit ab. Aus planerischer und damit verbunden auch institutioneller und instrumentenbezogener Perspektive orientiert sich der hier verwendete Umweltbegriff an dem, was Umweltpolitik und planerischen Umweltschutz ausmacht, nämlich „die Summe der öffentlichen Maßnahmen […], die die Beseitigung, Reduzierung oder Vermeidung von Umweltbelastungen zum Ziel hat" (Jänicke, Kunig, Phillip & Stitzel, 2003, S. 14) sowie die Förderung von Umweltqualität.

Der Umweltbegriff der Umweltpolitik umfasst die natürlich-ökologische Umwelt, welche verschiedene Schutzgüter, zu denen auch der Mensch zählt, umfasst. Um Zusammenhänge umweltbezogener Gerechtigkeit aus planerischer Perspektive zu analysieren, wird der allgemeine Umweltbegriff mit dem Begriff Umweltgüte spzeifiziert.

Der Begriff Umweltgüte steht für eine qualitative Bewertung verschiedener Umweltaspekte aus anthropozentrischer Sicht. Umweltgüte ist somit ein umfassendes Konstrukt, das solche Umweltfaktoren erfasst, die sich auf den Menschen positiv oder negativ auswirken können. Der Begriff Umweltgüte wurde vor allem in den 1980er und 1990er Jahren im Kontext von räumlicher Planung, insbesondere bezogen auf Umweltqualitätsziele, verwendet, beispielsweise von Finke (Brösse, 1988) oder d'Alleux (Ahuis, 1993). Der Begriff geriet vielleicht unter dem Einfluss der dann einsetzenden Nachhaltigkeitsdebatte in Vergessenheit, er soll aufgrund seiner treffenden Bedeutung für den im Folgenden beschriebenen Zusammenhang wieder aufgegriffen werden (siehe erste Überlegungen hierzu in Köckler, 2008).

Die folgende Strukturierung des Begriffs der Umweltgüte dient als Rahmen einer umfassenden Analyse von solchen Umweltfaktoren, die für die Lebensqualität von Menschen in Städten relevant sind und gleichzeitig in bestehende Akteurs- und Verwaltungsstrukturen integrierbar sind. Umweltgüte kann in drei Bereiche untergliedert werden, die sich hinsichtlich ihres Wirkungszusammenhangs zum Menschen unterscheiden:

a) *Umweltgüter*, die für den Menschen nutzbare oder positiv wirkende Faktoren umfassen,
b) *Umweltbelastungen*, die anthropogen verursachte negative Einflüsse auf die Umwelt darstellen,
c) *Katastrophen*, die für selten auftretende Extremereignisse in der Natur oder durch Menschen verursacht mit gravierenden akuten Auswirkungen auf den Menschen stehen.

Umweltgüter umfassen Boden, Wasser, Luft, Klima, Tiere, Pflanzen und Landschaft und somit die Schutzgüter des planerischen Umweltschutzes. Angesichts der anthropozentrischen Perspektive menschlicher Lebensqualität werden sie als Güter verstanden, die von dem Menschen als Ressource genutzt werden können. Dies bedeutet nicht, dass sie nicht um ihrer selbst willen schützenwert sind. Planungsrechtlich sind die Schutzgüter vor allem über das Bundesnaturschutzgesetz und das Bodenschutzgesetz geschützt und werden im Verfahren der Umweltprüfung systematisch aufbereitet.

Umweltbelastungen umfassen verschiedene Emissionen wie Luftschadstoffe, Lärm, klimarelevante Gase oder wasserbelastende Stoffe. Sie können für alle Schutzgüter des planerischen Umweltschutzes und somit auch für den Menschen schädlich sein. Diese Emissionen sind externe, auf Menschen einwirkende Faktoren und werden auch als Stressoren (Krohne, 2001) bezeichnet. Diese Belastungen treten häufig dauerhaft auf und bilden somit einen permanenten Stressor für den Menschen, wenngleich auch in diesen Bereichen Grundbelastungen von Spitzenbelastungen zu unterscheiden sind, wie in den folgenden Unterkapiteln jeweils für den Bereich Lärm und Luft kurz erläutert wird. Im planerischen Umweltschutz wird eine Vermeidung und Verringerung von Umweltbelastungen vor allem über die Regelungen des Bundesimmissionsschutzgesetzes und die Umweltprüfung verfolgt.

Katastrophen beziehen sich sowohl auf Naturkatastrophen wie Erdbeben, die rein naturbedingt sind, aber auch etwa auf Hurrikane, deren Auftreten auch anthropogen mit verursacht ist, oder Störfälle in Industrieanlagen (einschließlich Atomkraftwerken), die rein anthropogen bedingt sind. Dass auch Mischformen auftreten können, hat nicht zuletzt das Erdbeben in Japan mit der anschließenden

Reaktorkatastrophe von Fukushima-Daichi gezeigt. Aufgrund des eigenen Charakters von Katastrophen wird diesen auch mit spezifischen Regelungen begegnet. So gibt es beispielsweise für den Störfallschutz die SEVESO-Richtlinie und zum Schutz vor Hochwasser Managementkonzepte. Für den Menschen haben Katastrophen auch einen eigenen Charakter, der sich sowohl in der Belastung als auch den Möglichkeiten, mit diesen umzugehen, deutlich von dem dauerhaft einwirkender Umweltbelastungen unterscheidet. Hierauf wird in Kapitel 2.5.1 noch vertiefend eingegangen. Naturkatastrophen werden zunehmend unter dem Aspekt umweltbezogener Gerechtigkeit betrachtet. Nicht zuletzt der Hurrikan Katrina im Sommer des Jahres 2005 hat gezeigt, dass für die Betroffenheit von Naturkatastrophen soziale Faktoren eine bedeutende Rolle spielen (Cutter, 2006; Katzschner & Köckler, 2009; Jakob & Schorb, 2008). Erste Analysen wurden auch zur Reaktorkatastrophe in Fukushima-Daichi veröffentlicht (Shrader-Frechette, 2012).

In Analysen zu umweltbezogener Gerechtigkeit werden verschiedene Umweltfaktoren betrachtet (siehe Abbildung 3). Gosine und Teelucksingh (2008, S. 11) verwenden entsprechend dem hier verwendeten Umweltbegriff die anthropozentrische Umweltsicht. Sie lassen aber auch einen weiteren neben dem hier verwendeten Umweltbegriff durchscheinen:

„[…] environmental justice groups the environment not as a distant, uninhabited wilderness, but as a place where people ‚live, work, play and worship'. A consideration of justice matters demands that the environment be viewed not simply as a place of green spaces and conservation, but more broadly as a place that comprises everyday social experience."

Dies zeigt, dass der Umweltbegriff je nach Disziplin unterschiedlich definiert ist. In vielen Sozialwissenschaften wie der Psychologie, aber auch den Gesundheitswissenschaften wird zum Beispiel alles, was den Menschen umgibt, als Umwelt bezeichnet. Dieser Umweltbegriff kann seinerseits in gebaute, soziale und natürliche Umwelt unterschieden werden. In dem Buch „Umweltgerechtigkeit", das ich als Planerin gemeinsam mit einer vorwiegend von Public-Health-Wissenschaftlern geprägten Gruppe herausgegeben habe, konnten wir uns auf folgenden Umweltbegriff verständigen, der über den hier verwendeten Begriff hinaus geht, da er auch Gültigkeit für den Bereich der Gesundheitswissenschaften hat: *„In Anlehnung an den Sprachgebrauch der Weltgesundheitsorganisation (WHO) umfasst der Begriff environment demnach sämtliche physikalischen, chemischen, biologischen sowie psychosozialen Umweltfaktoren, die potenziell Einfluss auf die Gesundheit nehmen können"* (Bolte, Bunge, Hornberg, Köckler & Mielck, 2012, S. 20). Der Wert eines umfassenden Umweltbegriffs ist für Modelle, die beispielsweise in der Epidemiologie eingesetzt werden, um Gesundheits- und Krankheitsbilder zu erklären, unbenommen wichtig.

In Analysen umweltbezogener Gerechtigkeit werden sowohl objektive als auch subjektiv wahrgenommene Umweltfaktoren aufgenommen (siehe Abbildung 3), da sie beide zu Krankheitsbildern führen können oder die Lebensqualität von Menschen beeinflussen. Darüber hinaus liegt die Verwendung der jeweiligen Indikatoren zum einen in der Datenverfügbarkeit und zum anderen in den methodischen Kompetenzen der Forschenden begründet. In dieser Arbeit erfolgt eine Fokussierung auf die beiden Faktoren Lärm und Luftbelastung. Hierbei handelt es sich um aktuelle Themen in kommunalem planerischen Umweltschutz, da sie prägend für die aktuelle Immissionssituation in deutschen Städten sind. Die Datenlage zur räumlichen Situation ist aufgrund von gesetzlichen Vorgaben seitens der EU vergleichsweise gut und zwischen verschiedenen Städten vergleichbar. Zudem gibt es im planerischen Umweltschutz deutliche Unterschiede in der Beteiligung im Rahmen von Luftreinhalte- und Lärmminderungsplänen, was aus der Perspektive umweltbezogener Verfahrensgerechtigkeit interessant ist und im Kapitel 2.4.3 erläutert wird.

2.2.1 Objektive Umweltgüte

Die Strukturierung von Umweltgüte kann eine Grundlage liefern, um die Wirkung mehrerer für den Menschen relevanter objektiver Umweltfaktoren zu erfassen. Analysen zu umweltbezogener Verteilungsgerechtigkeit haben gezeigt, dass Menschen häufig von mehreren Belastungen betroffen sind und verringerten Zugang zu Umweltgütern haben (Klimeczek, 2014; Kühling, 2012; Sexton & Linder, 2010). In der Regel wird dies unter dem Begriff Mehrfachbelastung gefasst, wobei entsprechend dem hier verwendeten Umweltbegriff Umweltbelastungen, Naturkatastrophen und ein Mangel an Umweltgüte in der Summe als Mehrfachbelastung eingeordnet werden. Um Mehrfachbelastungen zu erfassen, müssen verschiedene im entsprechenden räumlichen Kontext relevante Indikatoren erhoben und integriert betrachtet werden. Gemeinsam mit Johannes Flacke habe ich in diesem Kontext das Modell *Spatial Urban Health Equity Indicators* (SUHEI) zur Diskussion gestellt: „The framework combines elements of cause effect indicator frameworks with elements of health equity models. It is composed of two spatial levels distinguishing city and neighbourhood level for mapping indicators" (Flacke & Köckler, 2015, S. 369). Das SUHEI-Modell bietet einen Rahmen um Zustandsindikatoren zu „stressors" (Umweltbelastungen und Katastrophen) sowie „ressources" (Umweltgüter) mit sozialen Kontextindikatoren, die die soziale Umwelt repräsentieren, auf derselben räumlichen Ebene zu erfassen. Hiermit wird in der Summe die Exposition dargestellt. Das Modell verzichtet darauf, Gesundheitsindikatoren zu erheben, da diese kleinräumig in der

Regel nicht in ausreichender Qualität und Quantität verfügbar sind. Mögliche gesundheitliche Effekte werden über Kenntnisse zu Ursache-Wirkungs-Zusammenhängen aus epidemiologischen Studien adressiert:

> „Health outcome indicators are not included in the framework, although it is assumed that the improvement of the same is the main goal from a planning perspective. Instead, by including indicators based on strict cause effect relationships as derived from existing models, it is assured that health outcomes are addressed" (Flacke & Köckler, 2015, S. 369).

2.2.1.1 Lärmbelastung – Vertiefung

Lärm wird in vielen Studien zu umweltbezogener Verteilungsgerechtigkeit als ein Faktor der Umweltbelastung betrachtet (siehe Abbildung 3). Das Bild, das es bezüglich sozialer Ungleichheit bei Lärm gibt, ist, zumindest bezogen auf verkehrsbedingten Lärm, nicht eindeutig: „Bezüglich Verkehrslärmexposition kommen die wenigen Studien, die Exposition in Zusammenhang mit sozialen Faktoren analysiert haben, zu unterschiedlichen Ergebnissen. Die meisten konnten keinen eindeutigen Zusammenhang zwischen hoher Belastung und niedriger sozialer Lage feststellen" (Kohlhuber, Schenk & Weiland, 2012, S. 89). In dem gemeinsamen Aufsatz mit Riedel, Becker und Scheiner beschreiben wir die folgenden Ergebnisse:

> „Some studies give evidence of an inverse social gradient in residential traffic noise exposure („the lower the social position, the higher the exposure') (e.g. Forkenbrock and Schweitzer 1999; Mielck 2004; Kohlhuber et al. 2006), whereas another study demonstrated the opposite pattern (Harvard et al. 2011). A recent study revealed highest noise exposures for those subgroups who are socially „in-between' (Bocquier et al. 2012). However, scaling of research and study design (ecological, individual or multilevel), exposure classification and data resolution may veil (or unveil) socio-spatial differences (Lakes and Bruckner 2011) and partially account for the mixed evidence" (Riedel, Scheiner, Müller & Köckler, 2013, S. 1400).

Als Ursache für diese verschiedenen Ergebnisse beschreiben wir in diesem Aufsatz weiter verschiedene methodische Zugänge. Kloepfer systematisiert die Wirkungen von Lärm wie folgt:

> „Die Wirkungen des Lärms manifestieren sich auf verschiedenen Ebenen. Sie betreffen zunächst das Gehör, darüber hinaus aber auch physiologische Funktionen des Herz-Kreislaufsystems und des hormonellen Systems sowie das psychosoziale Wohlbefinden und damit die Lebensqualität, die durch Störungen von Kommunikation, Leistung und Schlaf beeinträchtigt wird" (Kloepfer et al., 2006, S. 125).

Gesundheitliche Effekte von Lärm sind umfänglich untersucht, allgemein anerkannter Stand der Forschung und treten teilweise auch unabhängig von einer subjektiv wahrgenommenen Belästigung durch Lärm auf (Basner et al., 2014; Niemann & Maschke, 2004; Riedel, Köckler, Scheiner & Berger, 2013; van Kamp & Davies, 2013; WHO Regional Office for Europe, 2011).

Die Ermittlung von Schallpegeln ist methodisch aufgrund von dessen logarithmischem Charakter und seiner Ausbreitung eine große Herausforderung. Die Lärmpegel variieren kleinräumig stark, da die Ausbreitung von Lärm beispielsweise durch Gebäude und Bepflanzungen stark beeinflusst werden kann. Hinzu kommt, dass Lärm sich ausgehend von der Lärmquelle nur kurzfristig ausbreitet. So ist das Schlagen einer Autotür ein sehr kurzes und lautes Ereignis und schlägt sich in Spitzenpegeln nieder, während sich das andauernde Rauschen durch den Verkehr auf einer Autobahn als Dauerschallpegel ausdrückt. Hinzu kommt, dass es verschiedene Methoden gibt, Lärm zu modellieren oder zu messen. Mit der Einführung der EG-Umgebungslärmrichtlinie (European Parliament and Council, 2002) wurden einheitliche methodische Vorgaben verabschiedet, um Lärm im Bestand zu erfassen, die zu relativ vergleichbaren Lärmimmissionsdaten innerhalb der EU führen. Die Lärmsituation wird auf Umgebungslärmkarten festgehalten. Diese Vorgaben dienen einer Harmonisierung der Lärmkartierung in der Europäischen Union. Die Lärmbelastung wird für die Quellen Straße, Schiene (Bund), Schiene (Sonstige), Flugverkehr und Industrie modelliert und in Lärmkarten dargestellt. Hierbei wird EU-weit zwischen L_{den}- und L_{night}-Werten unterschieden. L_{den} ist ein Durchschnittswert für den gesamten Tag (den = day evening night). Da die Nachtruhe als besonders schützenswert gilt, gibt es den nachtspezifischen L_{night}-Wert. Dieser Wert fließt mit einer im Vergleich zu den Tag- (day) und Abend-Werten (evening) höheren Gewichtung in den Lärm-Index L_{den} ein (Expert Panel on Noise (EPoN), 2010, S. 6). In den Umgebungslärmkarten werden L_{den}-Werte in 5er-Schritten ab 55 dB(A) dargestellt. Die höchste Kategorie ist >75 dB(A). Verschiedene Studien gehen von gesundheitlichen Effekten ab einer Lärmbelastung von 55 dB(A) aus (Expert Panel on Noise (EPoN), 2010, S. 23, 25). Für Umgebungslärm wurden in der Richtlinie keine Grenzwerte festgeschrieben. Um dennoch Orientierungswerte für die Verwaltung bereitzustellen, wurde in NRW das Umweltministerium aktiv:

> „Für NRW hat das Umweltministerium im Runderlass ‚Lärmaktionsplanung' Auslösewerte festgelegt. Sie kennzeichnen die Gebiete mit dem dringlichsten Handlungsbedarf. Danach sind in Nordrhein-Westfalen Lärmaktionspläne aufzustellen, wenn an Wohnungen, Schulen, Krankenhäusern oder anderen schutzwürdigen Gebäuden der L_{den} von 70 dB(A) oder der L_{night} von 60 dB(A) erreicht oder überschritten wird. Für Gewerbe- und Industriegebiete gilt dies nicht. Planungen zum Schutz einzelner Objekte sind nicht erforderlich. Die Kommunen können weitergehende Kriterien, auch zur Festlegung von eigenen Prioritäten, festlegen" (LANUV).

2.2.1.2 Luftbelastung – Vertiefung

Luftbelastungen sind als weiterer Faktor der Umweltbelastung ebenso wie Lärm Gegenstand verschiedener Analysen umweltbezogener Verteilungsgerechtigkeit. Zum einen werden Luftschadstoffe wie Feinstaub und Stickstoffdioxid betrachtet (siehe Abbildung 3, Studien zu Luft (objektiv)), zum anderen emittierende Betriebe, denen eine Emissionslast unterstellt wird, die auch Luftbelastungen einschließt (siehe Abbildung 3, Studien zu emittierenden/gefährlichen Anlagen). Bezogen auf den Verkehrsbereich kommen Kohlhuber et al. (2012, S. 89) zu dem folgenden Ergebnis hinsichtlich Luftbelastungen:

> „Analysen einschlägiger Studien ergaben, dass die Belastung durch verkehrsbedingte Luftschadstoffe in der Regel bei sozial benachteiligten Personen höher ist als bei Personen mit mittlerem und hohem Sozialstatus. Bei kleinräumigen Betrachtungen ist dieser Zusammenhang jedoch nicht immer feststellbar, beziehungsweise werden auch höhere Luftbelastungen bei Gruppen mit höherem Sozialstatus beobachtet (O'Neill et al. 2003; Kinney, O'Neill 2006; Bolte, Kohlhuber 2008; Bunge, Katzschner 2009; WHO 2010; Hornberg et al. 2011; Gaffron 2011)."

In einer aktuellen Studie stellen Fecht et al. (2015) für Großbritannien und die Niederlande Zusammenhänge zwischen einer erhöhten Luftbelastung und ethnischen Gruppen fest:

> „Ethnic composition of neighbourhoods was also associated with air pollution concentrations. We found that at the national level neighbourhoods with >20% non-White had statistically significantly higher mean PM_{10} and NO_2 concentrations than neighbourhoods with 20% non-White; in England the difference for PM_{10} was 4.2 mg/m^3, in the Netherlands 1.4 mg/m^3 and respectively for NO_2 13.5 mg/m^3 and 10.4 mg/m^{3}" (Fecht et al., 2015, S. 204).

Als ursächlich für die Luftbelastungen sehen viele Autoren insbesondere den Verkehrsbereich an (Brugge et al., 2015; Fecht et al., 2015, S. 204), der in der Regel auch mit einer erhöhten Lärmbelastung einhergeht.

Luftbelastungen haben verschiedene gesundheitliche Auswirkungen. Zunächst sind hier Herz-Kreislauf-Erkrankungen zu nennen (Hoffmann et al., 2006). Wolf (2002) zeigt ferner für Köln den Zusammenhang zwischen Asthma bronchiale und Luftbelastung auf. Wichmann, Thiering & Heinrich (2011) zeigen in einer Kohortenstudie mit Frauen für Ruhrgebietsstädte eine Wirkung verkehrsbedingter Luftbelastungen (insbesondere Feinstaub und Stickstoffdioxid) für Herz-Kreislauf-Erkrankungen, Atemwegserkrankungen und Lungenkrebs auf.

Aufgrund ihrer gesundheitlichen Relevanz werden Konzentrationen von Feinstaub (PM_{10}, $PM_{2,5}$) und NO_2 in der Außenluft regelmäßig beobachtet (Kloog et al., 2012; Wichmann et al., 2011). Für Luftschadstoffe wurden EU-weit gültige

Mess-/Berechnungsmethoden, Grenzwerte sowie im Falle einer Grenzwertüberschreitung zu ergreifende Maßnahmen festgelegt (Europäisches Parlament und Rat der Europäischen Union, 2008). Dies führt wiederum zu einer guten Datenlage, weshalb sich diese umweltbelastenden Faktoren in vielfachen (europäischen) Studien zu umweltbezogener Verteilungsgerechtigkeit wiederfinden. Auch Studien, die Zusammenhänge in verschiedenen Nationen vergleichen, wie die von Fecht et al. (2015), werden aufgrund der vereinheitlichten Datenlage erst möglich. Die EU-Vorgaben wurden in der 39. Verordnung des Bundesimmissionsschutzgesetzes in deutsches Recht übertragen. Als Grenzwerte für Feinstäube gelten bei einer Größe von 10 µm der Jahresmittelwert von 40 µg/m^3 sowie die Anzahl von 35 Tagen, an denen der Tagesmittelwert von 50 µg/m^3 nicht überschritten werden darf. Die Grenzwerte für NO_2 liegen bei einem Stundenmittelwert von 200 µg/m^3, der an 18 Tagen pro Jahr überschritten werden darf, einem Alarmwert im Stundenmittel von 400 µg/m^3 sowie einem einzuhaltenden Jahresmittelwert von 40 µg/m^3.

2.2.2 Subjektiv wahrgenommene Umweltgüte

In Analysen umweltbezogener Verteilungsgerechtigkeit werden neben den in Kapitel 2.2.1 beschriebenen objektiven Lärm- und Luftbelastungsindikatoren immer wieder auch Indikatoren subjektiv wahrgenommener Luft- und Lärmbelastung verwendet (siehe Abbildung 3). Häufig stehen aus Gründen der Datenverfügbarkeit oder des methodischen Zugangs entweder Daten für die objektive oder die subjektiv wahrgenommene Belastungssituation zur Verfügung, selten werden beide Faktoren in Analysen umweltbezogener Gerechtigkeit betrachtet.

Niemann und Maschke (2004, S. 3) bezeichnen Belästigung als ein Gefühl des Unbehagens: „Annoyance is defined as a feeling of discomfort which is related to adverse influencing of an individual or a group by any substances or circumstances." Die Bezeichnung subjektiv wahrgenommene Belästigung beschreibt, dass eine objektiv gemessene Belastung, wie sie in Kapitel 2.2.1 für Luftbelastungen und Lärm beschrieben wurde, von einzelnen Personen als Belästigen wahrgenommen werden kann. Maschke, Laußmann, Eis & Wolf (1999, S. S158) verwenden in diesem Zusammenhang die Bezeichnung unangenehmes Lärmerleben.

Diese Definitionen sehen immer einen Zusammenhang zwischen dem objektiv messbaren Umweltfaktor und dessen subjektiver Wahrnehmung. Dieser Zusammenhang gilt jedoch nur bedingt. So habe ich gemeinsam mit Thomas Weible in einem Beitrag zur Aussagekraft verschiedener Indikatoren aufbauend auf einer Studie zu umweltbezogener Gerechtigkeit in Kassel (Köckler, Katzschner, Kupski, Katzschner & Pelz, 2008) ausgeführt, „dass in dieser Studie für einen

Großteil derjenigen, die angaben, nicht belastet zu sein, die objektive Situation eine andere war" (Köckler & Weible, 2011, S. 97). Wie Abbildung 5 zeigt, fühlen sich eine Vielzahl von Befragten überhaupt nicht durch Lärm belästigt. Allerdings unterscheidet sich das Antwortverhalten hinsichtlich der Belästigung je nach Belastungssituation. „Die Varianzanalyse (ANOVA) zeigt einen statistisch signifikanten Unterschied zwischen der objektiven Belastung im Wohnumfeld und der subjektiv wahrgenommenen Belästigung in der Wohnung ($F = 5{,}182$, $p = {,}025$)" (Köckler & Weible, 2011, S. 97).

Der vorhandene, aber begrenzte Einfluss einer Umweltbelastung auf ihre subjektive Wahrnehmung wird auch für die subjektive Wahrnehmung anderer Umweltbelastungen als Lärm gesehen. Es ist zudem davon auszugehen, dass die subjektive Wahrnehmung von Umweltfaktoren auch von Eigenschaften der jeweiligen Umweltbelastung abhängt. So ist davon auszugehen, dass sensorisch wahrnehmbare Belastungen wie Lärm stärker als Belästigung empfunden werden als sensorisch nicht wahrnehmbare Luftbelastungen. Dies gilt umso mehr, als Luftbelastungen nicht immer mit Gerüchen oder unmittelbar mit Symptomen wie Atemnot verbunden sind.

Abbildung 5: Subjektiv empfundene Belästigung und objektive Belastung durch Lärm in Kassel, Quelle: Köckler & Weible (2011, S. 97)

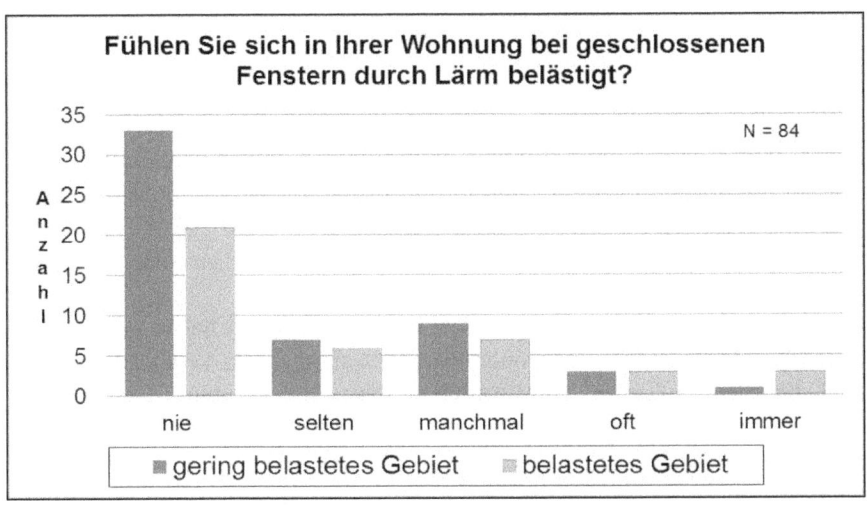

Die subjektiv wahrgenommene Belästigung wird mit verschiedenen Erhebungsinstrumenten erfasst. So erfasst das Umweltbundesamt regelmäßig die Belästigung durch Lärm in ihren Studien zu Umweltbewusstsein in Deutschland

(Umweltbundesamt, 2013) und es gibt eine diesbezügliche ISO-Norm (ISO-Norm ISO/TS 15666). Zudem hat die Weltgesundheitsorganisation in der LARES-Studie (Large Analysis and Review of European housing and health Status) in acht europäischen Städten verschiedene Kontextfaktoren und deren Einfluss auf die Gesundheit untersucht (Ormandy, 2009). Die subjektiv wahrgenommene Lärmbelästigung wurde in dieser Studie als eine Gesundheitsdeterminante erfasst. Bewohner dieser acht Städte wurden gefragt, wie intensiv und wie häufig sie sich durch verschiedene Lärmquellen belästigt fühlten. In der LARES-Studie wurden aufgrund des gesundheitswissenschaftlichen, weiter gefassten Umweltbegriffs weitere Quellen neben denjenigen, die in den in Kapitel 2.2.1 beschriebenen Umgebungslärmkarten dargestellt sind, abgefragt. So ist gerade für eine Lärmbelastung in der Wohnung Nachbarschaftslärm eine wichtige Quelle. Zudem wurden verschiedene insbesondere auf Dämmung bezogene Gebäudemerkmale aufgenommen. Ergebnisse der LARES-Studie wurden auch im Kontext umweltbezogener Gerechtigkeit diskutiert (Braubach & Fairburn, 2010; Braubach & Savelsberg, 2009).

Um Unterschiede in der subjektiv wahrgenommenen Lärmbelästigung zu erklären, gibt es vielfältige Forschungsansätze. Nicht zuletzt weil die objektive Lärmbelastung die Varianz in der wahrgenommenen Belastung nur zu 20% erklärt (Berglund, Lindvall & Schewla, 1999). Dies ist stimmig mit der in Abbildung 5 für Kassel dargestellten gefühlten Belästigung, unterschieden nach hoch und gering belasteten Gebieten. In dieselbe Richtung argumentieren Kloepfer et al. (2006, S. 67): „Das Phänomen des verkehrsverursachten Lärms ist unter den Gesichtspunkten der von außen her messbaren Belastung und der erlebten oder subjektiv erfahrbaren Belästigung zu analysieren." Neben der objektiven Lärmbelastung werden verschiedene Determinanten von Lärmbelästigung in Studien diskutiert. In dem gemeinsam mit Riedel, Berger und Scheiner veröffentlichten Aufsatz haben wir den Stand der Forschung zur subjektiven Wahrnehmung von Lärm umfassend beschrieben (Riedel, Scheiner et al., 2013), der im Folgenden verkürzt wiedergegeben wird:

Van Gerven, Vos, van Boxtel, Janssen & Miedema (2009) haben in einer niederländischen Studie die wahrgenommene Belastung durch Verkehrslärm über die Lebensdauer untersucht und kamen zu folgendem Ergebnis: „Our analyses consistently show that annoyance from noise follows an inverted U-shaped pattern as a function of age, where the youngest and oldest respondends report the lowest, and poeple in their mid-40s report the highest levels of annyoance" (van Gerven et al., 2009, S. 193). Hinsichtlich des Geschlechts kommen Maschke et al. (1999, S. S158) zu dem Ergebnis, dass sich Frauen häufiger durch Lärm belästigt fühlen als Männer. Im Gegensatz zu van Gerven et al. sowie Maschke et al. konnten Fyhri & Klaeboe (2006, S. 35) keinen erklärenden Gehalt dieser und weiterer Variablen feststellen: „We did not find any effect of age, gender, income, education or employment status on noise annoyance in either of the models." Auch Miedema und Vos (1999) konnten keine geschlechtsbezogenen Unterschiede feststellen, wohingegen Björk et al. (2006) geschlechtsbezogene Unterschiede ausmachen konnten. Im Gegensatz zu Fyhri und Klaeboe konnten Miedema und Vos (1999) dahingehende Unterschiede bezüglich der Bildung ausmachen, dass höher Gebildete sich stärker belästigt fühlten als gering Gebildete. Fyhri und Klaeboe (2006, S. 35) schränken ihre allgemeine Aussage, keinen Einfluss des Einkommens auf die Lärmwahrnehmung gefunden zu haben, hinsichtlich der Stadtgröße ein: „Whereas we failed to show any indirect effect of income on noise annoyance mediated by noise exposure in the larger city, we succeeded in substantiating the research hypothesis for a medium size city."

Maschke et al. (1999) finden in ihren Analysen auf Basis des Bundes-Gesundheitssurveys 1998 einen Zusammenhang zwischen Zufriedenheit mit dem Wohngebiet und empfundener Stärke des Lärms im Wohngebiet, die sie wie folgt interpretieren: „Sehr starker Lärm bzw. häufige nächtliche Störungen führen zu einer deutlich erhöhten Unzufriedenheit mit der Wohnung und dem Wohngebiet und können Auslöser für Segregationseffekte sein" (Maschke et al., 1999, S. S161).

In verschiedenen Studien wird diskutiert, dass die Analyse psychologischer Variablen in einer möglichen Wirkungskette von Exposition, Wahrnehmung und gesundheitlicher Wirkung eine zentrale Rolle spielt, jene aber nur unzureichend identifiziert sind (Job, 1996). In dieser Wirkungskette wird auch davon ausgegangen, dass lärmbedingte Schlafstörungen ihrerseits zu einer Bewertung des Lärms als belästigend führen. Diesen Zusammenhang haben wir umfassend in Riedel, Köckler et al. (2013) dargelegt.

Da sich Lärm, wie bereits oben beschrieben, sehr kleinräumig unterscheiden kann, liegt es nahe, die Belastungssituation vor und hinter dem Haus zu unterscheiden. Ferner könnte der Gebäudetyp, die Größe der Wohnung und Anzahl sowie Anordnung der Räume, Formen des passiven Schallschutzes beispielsweise durch Rollläden, Dämmung oder Schallschutzfenster als bauliche physische Faktoren die subjektive Wahrnehmung einer Lärmbelastung beeinflussen.

Den Stand der Forschung zu subjektiv wahrgenommener Lärmbelastung im Wohnumfeld fasst Abbildung 6 zusammen. Es kann davon ausgegangen werden, dass die Exposition selbst eine Wirkung hat. Diese wird bestimmt durch die objektive Lärmbelastung, das Einzugsjahr, da Gewöhnungseffekte über die Zeit auftreten können, sowie die Anwesenheit im Wohnumfeld. Eine unmittelbar im Zusammenhang stehende gesundheitliche Wirkung (Impact) durch Lärm ist eine durch diesen bedingte Schlafstörung. Weitere im Zusammenhang stehende Faktoren sind nach dem Stand der Forschung die Bewertung des Wohnumfeldes sowie sozio-demographische Faktoren.

Abbildung 6: Einflussfaktoren der subjektiven Wahrnehmung von Lärm

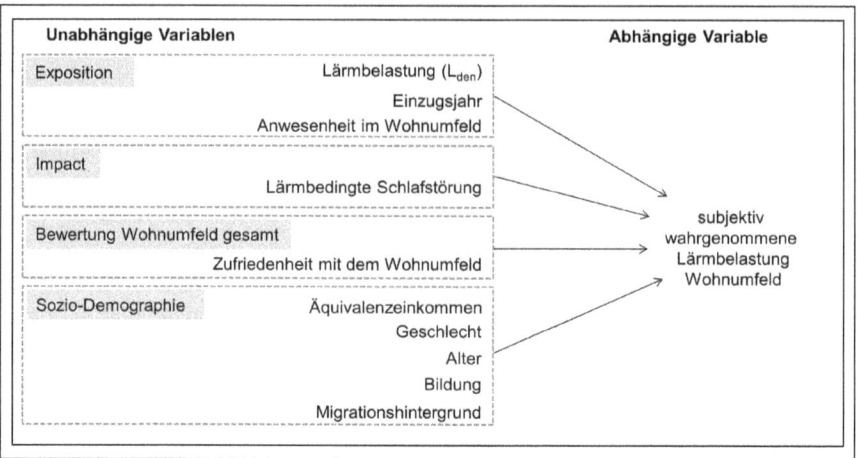

Die Wahrnehmung von Luftbelastungen ist weniger ein Forschungsthema als die von Lärm. Sie wird nicht in der Umweltbewusstseinsstudie des Umweltbundesamtes thematisiert (Umweltbundesamt, 2013) und auch in LARES nicht. Llop et al. (2008) haben in einer Studie für Valencia die Belästigung Schwangerer durch Luft und Lärm untersucht und unter anderem einen positiven Zusammenhang zwischen Dauer der Anwesenheit zu Hause und Belästigung beobachtet.

Rotko et al. (2002) haben in sechs europäischen Städten die Belästigung durch NO_2 und Feinstaub am Arbeitsplatz, in der Wohnung und im Straßenraum erhoben und mit der objektiven Belastung abgeglichen. Sie konnten mit ihren statistischen Modellen rund 20% der Varianz in der Wahrnehmung der Luftbelastung als Belästigung erklären. „The significant determinants of air pollution annoyance were the city, self-reported sensitivity to air pollution and respiratory symptoms, downtown residence and gender of the subject" (Rotko et al., 2002, S. 4601).

Abschließend bleibt festzuhalten, dass der Stand der Forschung zur Wahrnehmung von Umweltbelastungen zugleich umfangreich und unvollständig ist, da zum Vorgang der Wahrnehmung mit den bislang identifizierten Variablen nur geringe Teile des komplexen Vorgangs erklärt werden.

2.3 Vulnerabilität

Das Konzept der Vulnerabilität bezeichnet generell die Verletzlichkeit eines betrachteten Objektes, beispielsweise eines Haushalts, gegenüber externen Einflussfaktoren. Die Grundidee von Vulnerabilität ist, dass das betrachtete Objekt bestimmte Eigenschaften hat, die bedingen, dass es dem externen Einfluss unterschiedlich gut oder schlecht begegnen kann. Es geht also um das Zusammenspiel von Eigenschaften des Objektes sowie der Art und Weise des externen Einflusses.

Bereits Anfang der 1990er Jahre haben Watts und Bohle (1993, S. 117) das Vulnerabilitätskonzept zur Erklärung von Hunger angewendet und deutlich gemacht, dass es eines erweiterten Problemverständnisses bedarf: „But not all poor people are equally vulnerable to hunger; indeed it is not necessarily the poorest who face the greatest risk." Daher fordern sie weiter: „Poor people are usually among the most vulnerable by definition, but a nuanced understanding of vulnerability rests on a careful disaggregation of the structure of poverty itself" (Watts & Bohle, 1993, S. 118). Es geht ihnen also darum, mit Vulnerabilität ein umfassendes Verständnis von Armut zu gewinnen, um Ursachen von Hunger zu verstehen. Ausgehend von dieser Grundidee wird noch immer an einem umfassenden Verständnis von Vulnerabilität geforscht (Birkmann, 2013). In den letzten Jahren wird insbesondere im Bereich der Klimaanpassungsforschung, teilweise in Ergänzung und teilweise in Abgrenzung zu dem Vulnerabilitätsansatz, das Konzept der Resilienz verfolgt. Turner, Kasperson und Matson (2003, S. 8075) beschreiben den systemwissenschaftlichen Charakter der Resilienzforschung: „[...] the resilience of the system is often evaluated in terms of the amount of change a given system can undergo [...] and still remain within the set of natural or desirable states [...]." Eine grundlegende Aufbereitung von Resilienz aus systemanalytischer Perspektive findet sich auch in dem Aufsatz von Folke (2006). Er beschreibt dort einen „adaptive renewable cycle" als Heuristik, um Veränderungen in dem beobachteten System über die Zeit nachzuvollziehen: „This view emphasizes that disturbance is part of development, and that periods of gradual change and periods of rapid transition coexist and complement one another" (Folke, 2006, S. 258). Interessant an der Resilienzforschung ist die systemwissenschaftliche Berücksichtigung von dynamischen Elementen.

In den umweltbezogenen Sozialwissenschaften wird Vulnerabilität zumeist auf Extremereignisse wie Naturkatastrophen bezogen (Blaikie, Cannon, Davis & Wisner, 1994; Cutter, 2006). Es wird mithilfe von Faktoren wie Haushaltseinkommen, Eigentumsstrukturen, aber auch sozialen Netzwerken oder der Verfügbarkeit von Autos erklärt, welche Personengruppen wenig Fähigkeiten haben, beispielsweise mit Naturkatastrophen umzugehen (Dow & Cutter, 2006). Blaikie et al. (1994, S. 9) haben diesen Forschungsbereich geprägt und vertreten folgendes Verständnis von Vulnerabilität:

> „By ‚vulnerability' we mean the characteristics of a person or group in terms of their capacity to anticipate, cope with, resist and recover from the impact of a natural hazard. It involves a combination of factors that determine the degree to which someone's life and livelihood is put at risk by a discrete and identifiable event in nature or in society."

In ihrem „Pressure and Release Model", das vereinfacht in Abbildung 7 dargestellt ist, zeigen Blaikie et al. (1994) auf, dass ein Hazard dann zu einem Risiko wird, wenn er auf unsichere Bedingungen (wie eine Wohnbebauung in (hochwasser-)gefährdeten Gebieten oder mangelnde Vorbereitung auf Extremereignisse der öffentlichen Hand) trifft. Diese entstehen ihrerseits aus grundlegenden Ursachen (wie dem politischen oder wirtschaftlichen System sowie Machtstrukturen), die durch dynamische Treiber (wie Urbanisierung und Bevölkerungswachstum) verstärkt werden können. Cutter bringt denselben Gedanken, nämlich, dass nicht der betrachtete Umweltfaktor, sondern seine Auswirkung eine soziale Dimension hat, zum Ausdruck: „Disasters are income neutral and color-blind. Their impacts, however, are not" (Cutter, 2006). Eventuelle Schäden hängen demnach wesentlich von den unsicheren Bedingungen und ihren Ursachen sowie dynamischen Treibern ab, die die Vulnerabilität des betrachteten Objekts kennzeichnen. Für diese Forschung ist die Grundlogik des in Abbildung 7 dargestellten Pressure and Release Models von Interesse, nicht jedoch der Anwendungsbereich des Modells, da es die Verletzlichkeit von Menschen in Asien gegenüber Naturkatastrophen und Epidemien zu erklären sucht. Vulnerabilität wird im psychologischen Kontext auch auf die Verletzlichkeit gegenüber psychischen Stressoren (Zimbardo & Gerrig, 1996) verwendet. In den Raum- und Umweltwissenschaften wird auch die Verletzlichkeit von Öko-Systemen (Birkmann, 2013) oder technischer Infrastruktur unter dem Begriff Vulnerabilität gefasst (Fakhruddin, Babel & Kawasaki, 2015).

Abbildung 7: Pressure and Release Model von Blaikie et al. 1994, (eigene vereinfachte Darstellung)

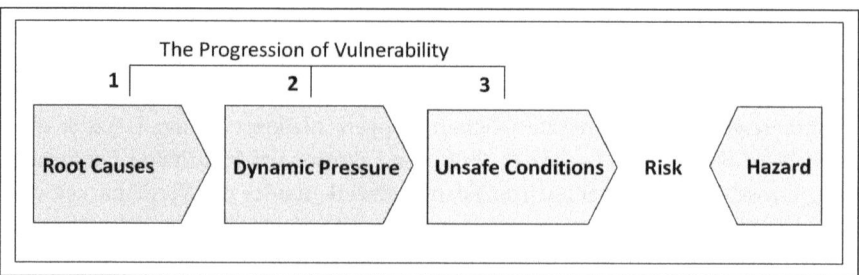

In dieser Forschung wird das sozialwissenschaftliche Konzept der Vulnerabilität genutzt, da es ein ursachenbezogenes Konzept ist, das erklärt, welche Fähigkeiten Individuen oder Gemeinschaften haben, um Umwelteinflüssen begegnen zu können. Menschen werden dann als vulnerabel gegenüber bestimmten Umwelteinflüssen angesehen, wenn sie nicht die individuellen oder kollektiven Fähigkeiten haben, diesen zu begegnen (siehe ausführlicher auch in Bezug auf Risiko: Köckler & Hornberg, 2012, S. 84). Da Vulnerabilität von solchen Faktoren abhängt, die sich individuell unterschiedlich ausprägen, kann derselbe Umwelteinfluss unterschiedliche Wirkungen auf individueller Ebene haben. Dieselbe Umweltexposition kann demnach bei verschiedenen Individuen zu unterschiedlichen gesundheitlichen Effekten führen. Auch wenn sich diese Faktoren individuell unterschiedlich ausprägen, lassen sich Gruppen identifizieren, die vulnerabler sind als andere (Bolte, Pauli & Hornberg, 2011). So wirkt sich eine erhöhte Feinstaubbelastung im Wohnumfeld für Menschen, die aufgrund einer längeren Exposition bereits an einer chronischen Atemwegserkrankung leiden, stärker aus, als bei Menschen, die keine Vorbelastung haben (siehe Kapitel 2.2.1.2).

Auch im Kontext umweltbezogener Gerechtigkeit gibt es Modelle, die sich der Vulnerabilität widmen (für einen Überblick siehe Bolte, Voigtländer, Razum & Mielck, 2012; Kruize, Droomers, van Kamp & Ruijsbroek, 2014). Eines der Modelle ist das in Abbildung 8 dargestellte Modell zur Beschreibung des Zusammenhangs zwischen sozialer Lage, Umwelt und Gesundheit, das sich auf den städtischen Kontext bezieht. Das Modell habe ich gemeinsam mit Gesundheitswissenschaftlern im Kontext des Buchprojekts Umweltgerechtigkeit entwickelt (Bolte, Bunge, Hornberg, Köckler & Mielck, 2012, S. 26). Dieses Modell hat aufgrund seiner gesundheitswissenschaftlichen Perspektive einen umfassenderen Umweltbegriff als den in Kapitel 2 beschriebenen Begriff der Umweltgüte und bezieht auch die soziale Umwelt mit ein.

Das Modell beschreibt, dass Gesundheit sowohl von einer individuellen Exposition als auch von der individuellen Vulnerabilität abhängt. Hiermit entspricht auch dieses Modell der in Abbildung 7 dargestellten Grundidee von Vulnerabilität. Das Modell wird im Folgenden am vereinfachten Beispiel des gesundheitlichen Effekts einer Atemwegserkrankung einer allein lebenden älteren Frau veranschaulicht werden. Die individuelle Vulnerabilität dieser Frau wird bestimmt durch 1) individuelle Belastungen, wie eine psychosoziale Belastung aufgrund sozialer Exklusion oder Vorerkrankungen, 2) Ressourcen, wie fehlendes Geld oder soziale Netzwerke, die ihr eine Erholung am Meer ermöglichen, sowie 3) das Gesundheitsverhalten, wie Rauchen oder Lüftungsverhalten in der Wohnung. Die individuelle Vulnerabilität wird ihrerseits, ebenso wie die lokale Lebensumwelt durch die individuelle soziale Lage bestimmt, welche ihrerseits durch Merkmale der vertikalen (z. B. Bildung, Einkommen) und der horizontalen Differenzierung (z. B. Geschlecht, Migrationshintergrund), gekennzeichnet ist. Die soziale Lage beeinflusst nicht nur die individuelle Vulnerabilität, sondern auch die lokale Lebensumwelt, also die Verhältnisse, in denen die Frau lebt. Ganz wesentlich beeinflusst die soziale Lage die Wohnstandortwahl und somit die Lebensumwelt und wiederum die Exposition. Wenn die alte Dame also ein geringes Einkommen hat und sich nur eine Wohnung an einer stark befahrenen Straße leisten kann, ist sie diesen Umweltbelastungen exponiert (siehe Bolte, Bunge et al., 2012, S. 26f).

Abbildung 8: Modell zur Beschreibung des Zusammenhangs zwischen sozialer Lage, Umwelt und Gesundheit, (vereinfacht nach Bolte, Bunge et al., 2012, S. 26)

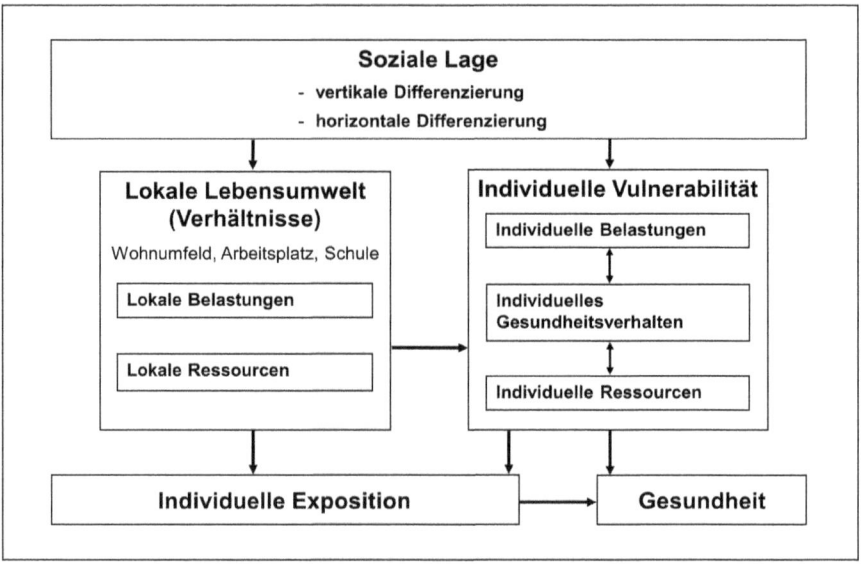

Vulnerabilität kann sich in verschiedensten Formen ausdrücken. Die individuelle Vulnerabilität drückt sich in dem in Abbildung 8 gezeigten Modell in individuellen Belastungen, Gesundheitsverhalten und Ressourcen aus. In einer ganz anderen Situation, nämlich während einer Evakuierung bei Naturkatastrophen, hängt das Verhalten Betroffener unter anderem von der Anzahl verfügbarer Fahrzeuge pro Haushalt ab (Dow & Cutter, 2006, S. 386). Dieses Verhalten konnte auch nach dem Hurrikan Katrina im Jahr 2005 beobachtet werden: Menschen die über entsprechende Ressourcen verfügten, zu denen auch die Verfügbarkeit eines Autos zählte, waren fähig, zeitnah nach New Orleans zurückzukehren (Katzschner & Köckler, 2009, S. 113ff).

In dieser Forschung wird die Teilhabe an umweltpolitisch relevanten Entscheidungsprozessen als eine Möglichkeit gesehen, Umweltbelastungen zu begegnen. Ein Mangel an Ressourcen und Fähigkeiten, dies zu tun, ist Ausdruck von Vulnerabilität. Für den US-amerikanischen Diskurs zu umweltbezogener Gerechtigkeit hält Maantay (2001, S. 1038) diesbezüglich fest: „Anecdotal evidence suggests that political power, relative affluence, and property owner status all affect the amount of influence wielded by a particular community." Bereits im Kapitel 2.1.4.1 wurde mit Bezug auf „Environmental Racism" auf umweltbezogene Verfahrensungerechtigkeit und ethnische Zugehörigkeit eingegangen. Genauso wie Watts und Bohle (1993, S. 118) fordern, die Struktur von Armut zu disaggregieren, so gilt es, für den Faktor Migrationshintergrund oder ethnische Zugehörigkeit zu verstehen, was die Handlungsmöglichkeiten von Menschen mit Migrationshintergrund determiniert. Es mag sein, dass Migranten in der Summe vulnerabler gegenüber externen Einflüssen sind und dies als ungerecht bewertet wird. Jedoch macht Migration per se nicht vulnerabel. Ganz im Gegenteil kann die Migration in ein anderes Land Ausdruck einer guten Bewältigungskapazität sein. In den Gesundheitswissenschaften ist beispielsweise der sogenannte „healthy-migrant"-Effekt bekannt: Es wurde festgestellt, dass „die beobachtete Sterblichkeit von zugewanderten Personen (und in einigen Fällen auch ihre Erkrankungshäufigkeit) niedriger als die der Mehrheitsbevölkerung [liegt, HK]. Man bezeichnet dieses Phänomen als ‚Healthy-migrant' Effekt und vermutet Auswahleffekte bei der Migration als Ursache" (Razum et al., 2008, S. 23).

In der hier verwendeten Vulnerabilitätsdefinition geht es um Ressourcen, die neben den individuellen auch kollektive Fähigkeiten bedingen, um Umwelteinflüssen zu begegnen. So sind bei der Auseinandersetzung mit Umweltgüte im Wohnumfeld auch kollektive Fähigkeiten in der direkten Nachbarschaft bedeutend. Denn in der Nachbarschaft ist die Umweltqualität vergleichbar und könnte ein gemeinsames Anliegen der Bewohner und Bewohnerinnen sein. Die kollektiven Fähigkeiten haben einen Einfluss auf die Vulnerabilität, wie Mix (2011, S. 176) in einem Aufsatz zur Rolle von Basisbewegungen für umweltbezogene Gerechtigkeit herausgearbeitet hat: „Researchers argue that while communities may receive both positive and negative outcomes of social capital, neighborhoods with diverse social network capacity and strong civic associations are in a better position to confront conflict and respond to vulnerability (Woolcock and Narayan 2000)." Sozialkapital ist ein Faktor, der in gesundheitswissenschaftlichen Modellen als Teil der sozialen Umwelt eingeordnet wird und von Gee und

Payne-Sturges (2004, S. 1649) wie folgt definiert wird: „,Social capital' can be considered a type of resource that emerges from socially cohesive groups that facilitates collective action. These resources include norms of reciprocity, aid, and interpersonal trust." Dieser Aspekt ist bislang in wenigen Modellen zu umweltbezogener Gerechtigkeit integriert. In den Gesundheitswissenschaften wird das Sozialkapital als ein Kontextfaktor der sozialen Umwelt und zugleich als ein Prädiktor sozialer Ungleichheit bei Gesundheit verstanden (CSDH (Commission on Social Determinants of Health), 2008; Putland, Baum, Ziersch, Arthurson & Pomagalska, 2013). Somit kann ein Mangel an Sozialkapital im Sinne des Pressure and Release Models den unsicheren Bedingungen zugeordnet werden.

2.4 Einflussmöglichkeiten von Stadtplanung und planerischem Umweltschutz auf umweltbezogene Gerechtigkeit

Stadtplanung kommt innerhalb der Entwicklung von Städten eine steuernde Funktion zu, die vor allem konkurrierende räumliche Interessen aufeinander abstimmt. Somit ist Stadtplanung eine „Bezeichnung für die vorausschauende Lenkung der räumlichen Entwicklung einer Stadt" (Albers, 1995, S. 899). Was als „vorausschauend" verstanden wird und in welche Richtung die räumliche Entwicklung „gelenkt" wird, unterliegt einem stetigen Anpassungsprozess, der seinen Ausdruck in den planungsfachlichen und öffentlichen Diskursen, gesetzlichen Grundlagen wie auch in Plänen und Programmen findet. Eine zentrale Rolle nehmen Leitbilder ein, die eine Richtung der Entwicklung angeben und sowohl Ausdruck als auch Motor dieses stetigen Anpassungsprozesses sind. Während das Leitbild der autogerechten Stadt den Wiederaufbau in vielen deutschen Städten nach dem zweiten Weltkrieg steuerte, prägen heute Leitbilder wie die nachhaltige Stadt, die Stadt der kurzen Wege oder auch die klimagerechte Stadt die planerische Debatte und das planerische Handeln.

Der planerische Umweltschutz ist mit der Stadtplanung verzahnt und umfasst sowohl sektorale Planungen als auch anlagenbezogene Genehmigungen, die beide dem Schutz, dem Erhalt und der Weiterentwicklung seiner Schutzgüter dienen, zu denen neben anderen der Mensch zählt (Köckler, 2006). Zum planerischen Umweltschutz zählen insbesondere auch die sektoralen, da auf einzelne Umweltmedien ausgerichteten Fachpläne wie Luftreinhalte-, Lärmminderungs-, Abfallwirtschafts- oder Grünordnungspläne. Auch im planerischen Umweltschutz haben Leitbilder eine orientierende Wirkung; so liegen die Ursprünge des Umweltschutzes in der Gefahrenabwehr, während heute Leitbilder wie nachhaltige Entwicklung, Kreislaufwirtschaft und vorsorgender Umweltschutz eine zentrale Rolle einnehmen. Diese Leitbilder werden teilweise in Gesetze überführt und in Prinzipien konkretisiert, die als eine grundlegende Handlungsorientierung dienen sollen. So beschreiben Jänicke, Kunig, Phillip und Stitzel (2003) Prinzipien und Grundsätze der Umweltpolitik, die vom Nachsorgeprinzip in den 1970er Jahren zum Kooperationsprinzip heute reichen. Kloepfer et al. (2006, S. 389) ordnen den Charakter von Prinzipien der Umweltpolitik aus juristischer Perspektive ein: „Neben den verfassungsrechtlichen Anforderungen haben Gesetz- und Verordnungsgeber, Verwaltung und Rechtsprechung bei der Abwägung allgemeine umweltrechtliche Prinzipien zu beachten. Hier sind das Vorsorgeprinzip, das Verursacherprinzip und das Kooperationsprinzip, ferner das Integrationsprinzip zu nennen."

Im Folgenden wird die Funktionsweise von Stadtplanung und planerischem Umweltschutz dargelegt, um Anforderungen für mehr umweltbezogene Gerechtigkeit an diese Handlungsfelder formulieren zu können. Hierzu werden in Kapitel 2.4.2 verschiedene Instrumente und Verfahren in ihren Grundlogiken aufgezeigt. Zentrale Elemente planerischer Verfahren sind die Abwägung verschiedener Belange sowie die Rolle der Beteiligung von Akteuren. Aufgrund des Fokus auf umweltbezogene Verfahrensgerechtigkeit wird dieser Aspekt vertiefend behandelt und die Rolle von Akteuren, die in der Stadtplanung beteiligt werden, in Kapitel 2.4.3 ausgeführt. Einleitend wird in Kapitel 2.4.1 kurz die Relevanz von Stadtplanung und planerischem Umweltschutz für umweltbezogene Gerechtigkeit dargestellt.

2.4.1 Relevanz von Stadtplanung und planerischem Umweltschutz für umweltbezogene Gerechtigkeit

In der US-amerikanischen Debatte wird Stadtplanung häufig als eine Ursache für umweltbezogene Ungerechtigkeit verstanden. Maantay (2001, S. 1037) führt hierzu mehrere Beispiele an:

> „Indeed, as many see it, the original purpose of zoning in this country [USA, HK] was to promote exclusion. Some early zoning ordinances, such as San Francisco's 1885 prohibition against laundries in residential areas, were blatant attempts to prevent Chinese people from living in White neighborhoods. One of the main purposes of New York City's 1916 Zoning Resolution was to keep the factory worker rabble away from the wealthy ladies shopping on Fifth Avenue by creating an exclusive zone for the ‚better' commercial and residential uses."

Das Zitat von Maantay zeigt auf, dass über räumliche Planung die Ansiedlung von Bevölkerungsgruppen in gewissem Umfang gesteuert und somit auch die räumliche Verortung der sozialen Faktoren, die in Abbildung 3 dargestellt sind. Gleiches gilt für die Verortung von Umweltfaktoren. Standorte für Gewerbe oder

Trassen für Schienen- und Straßenverkehr werden von der Stadtplanung vorbereitet. Stadtplanung steuert die faktische räumliche Nutzung nicht allein, da die Implementation ihrer räumlichen Vorgaben von mehreren Faktoren abhängt, wie im Folgenden noch erläutert wird. Sie kann aber zweifelsohne einen Einfluss auf die räumliche Verteilung von Nutzungen haben, die sich in solchen Umwelt- und Sozialfaktoren abbilden lassen, die in Analysen zu umweltbezogener Verteilungsgerechtigkeit herangezogen werden. Die räumliche Nähe von Bevölkerung zu gesundheitsbelastenden Umweltfaktoren, die häufig als externer Effekt einer anderen Nutzung wie Verkehr oder Industrie entstehen, fußt in konkurrierenden räumlichen Interessen (Wohnen versus Gewerbe oder Verkehr) und ist somit eine Aufgabe der Stadtplanung. In diese Argumentation einzuordnen ist die Einschätzung von Agyeman (2005, S. 111ff), der in Stadtplanung zugleich Ursache und Lösung für umweltbezogene Ungerechtigkeit sieht. Die sektoralen Instrumente des planerischen Umweltschutzes adressieren genau jene Faktoren der Umweltgüte, die in Analysen zu umweltbezogener Verteilungsgerechtigkeit herangezogen werden.

Das Instrumentarium von Stadtplanung und planerischem Umweltschutz adressiert eine Vielzahl von konkurrierenden räumlichen Interessen, die Gegenstand umweltbezogener Gerechtigkeit sind, und sollte, wie im Folgenden beschrieben wird, Ziele einer gesundheitsfördernden nachhaltigen Raumentwicklung verfolgen. Um nachzuvollziehen, warum trotz des bestehenden Umwelt- und Planungsrechts Situationen umweltbezogener Verteilungsungerechtigkeit bestehen oder auch bei neu aufgestellten Bauleitplänen geschaffen werden, bietet umweltbezogene Verfahrensungerechtigkeit einen wichtigen Erklärungsansatz.

Wichtig für die gesamte Debatte um Einflussfaktoren der Stadtplanung und des planerischen Umweltschutzes auf das Leitbild der umweltbezogenen Gerechtigkeit ist die Tatsache, dass viele der Räume, die als Orte umweltbezogener Ungerechtigkeit identifiziert werden, dem Bestand zuzuordnen sind. Dies ist aus der Perspektive einer Steuerung dieser Räume relevant. Denn häufig gibt es für diese Räume keine Bebauungspläne und bestehende Betriebe produzieren mit Altgenehmigungen, die nach heutigem (Umwelt-)Recht nicht mehr erlassen würden jedoch dem Bestandsschutz unterliegen. Daher ist eine Betrachtung von Instrumenten, die sich an den Bestand richten, für die Verfolgung des Leitbildes einer umweltbezogenen Gerechtigkeit zentral.

2.4.2 Instrumente der Stadtplanung und des planerischen Umweltschutzes

Stadtplanung ist eine dem Allgemeinwohl verpflichtete hoheitliche Aufgabe, die von den Gemeinden wahrgenommen wird. In diesem hoheitlichen Verständnis hat sie den Auftrag, im Sinne eines fürsorgenden Staates auch Aufgaben der Daseinsvorsorge zu erfüllen und sollte in diesem Kontext das Ziel der gleichwertigen Lebensverhältnisse verfolgen (Hahne & Stielike, 2013; Akademie für Raumforschung und Landesplanung, in Erarbeitung). Der räumlichen Planung stehen verschiedene Instrumente zur Verfügung, um ihre Ziele zu verfolgen. Diese formellen und informellen Instrumente bieten vielfältige Anknüpfungspunkte, um das Leitbild einer umweltbezogenen Gerechtigkeit zu verfolgen (Böhme & Bunzel, 2014; Kloepfer, 2006; Köckler, 2016). Teilaspekte umweltbezogener Gerechtigkeit sind bereits in den gesetzlichen Grundlagen der Stadtplanung, insbesondere im Baugesetzbuch, verankert. Ein explizites Ziel der Stadtentwicklung ist umweltbezogene Gerechtigkeit nicht.

Das Baugesetzbuch als die zentrale gesetzliche Grundlage für planerisches Handeln auf kommunaler Ebene benennt in seinem §1 verschiedene Ziele, die im Sinne des Leitbildes umweltbezogener Gerechtigkeit ausgelegt werden können. Hierzu zählt zweifelsohne die Schaffung gesunder Wohn- und Lebensverhältnisse angesichts der gesicherten Relevanz von umweltbezogener Verteilungsungerechtigkeit für Morbidität und Mortalität Betroffener (siehe Kapitel 2.1). Auch der §1 (5) Baugesetzbuch, in dem unter anderem eine nachhaltige Entwicklung als Ziel verankert ist, bietet gleich mehrere Anknüpfungspunkte. Hierzu zählt das Ziel einer sozialgerechten Bodennutzung, mit dem eine sozial ausgewogene Entwicklung von Städten verfolgt wird und insbesondere Haushalten mit niedrigen Einkommen ein Zugang zum Wohnungsmarkt, auch in prosperierenden Städten, gesichert werden soll. Die sozialgerechte Bodennutzung wird vor allem als Ziel für eine sozial ausgewogene Durchmischung von Stadtteilen eingeordnet, mit dem versucht wird, Segregationsprozessen entgegenzuwirken (Hunziker, 2012). Ebenfalls im §1 (5) des Baugesetzbuchs ist die Sicherung einer menschenwürdigen Umwelt benannt. Auf die inhaltlichen Parallelen zwischen zukunftsfähiger Entwicklung und umweltbezogener Gerechtigkeit wurde bereits in Kapitel 2.1.6 eingegangen. Die Relevanz solch unbestimmter Rechtsbegriffe wie Nachhaltigkeit, sozialgerechte Bodennutzung oder auch menschenwürdige Umwelt für die Planungspraxis in den einzelnen Kommunen hängt von vielfältigen Faktoren ab. Somit kann sie über Diskurse, Verwaltungsvorschriften und Gerichtsurteile ausgelegt und interpretiert werden.

Bezogen auf die formale Planung kann aus Situationen umweltbezogener Ungerechtigkeit aufgrund bestehender räumlicher Missstände für die Stadtplanung nach Einschätzung einiger Stadtplaner ein Handlungserfordernis entstehen. So kommt Dieckmann (2013, S. 1578) diesbezüglich zu folgendem Schluss: „Eine Mehrfachbelastung führt möglicherweise sogar zu einer Planungspflicht gem.

§ 1 III 1 BauGB, wonach die Gemeinden die Bauleitpläne aufstellen müssen, sobald und soweit es für die städtebauliche Entwicklung und Ordnung erforderlich ist." Hierbei argumentiert sie mit dem Belang der gesunden Wohnverhältnisse. Wenn umweltbezogene (gesundheitsrelevante) Verteilungsungerechtigkeiten in entsprechenden Analysen offensichtlich und ihre räumliche Dimension deutlich wird, so kann das bestehende Recht bereits genutzt werden, um über die Instrumente der Bauleitplanung Festsetzungen zu treffen, die in mehrfach belasteten Gebieten bestehende Belastungen verringern. Das Instrument des Bebauungsplans würde dann genutzt, um ein bestehendes Gebiet zu überplanen. Auch wenn diese Möglichkeit bereits besteht, entspricht die Einschätzung von Dieckmann nicht der gängigen Planungspraxis. Zudem ist der Regelungsgehalt von Bebauungsplänen, auf den hier nicht im Einzelnen eingegangen wird, limitiert und kann daher nur ein Instrument in einem Instrumentenmix sein. Kangsen Scammell, Montague und Raffensperger (2014, S. 103) sehen mit Blick auf die USA in der sektoralen Umweltpolitik eine Ursache für das Auftreten und den unzureichenden Umgang mit Mehrfachbelastungen. Dies ist aufgrund einer ähnlichen Struktur sicherlich auch auf Deutschland übertragbar. Daher kommt den integrierenden Instrumenten der räumlichen Planung hier traditionell ein hoher Stellenwert zu. Allerdings berücksichtigen diese nicht nur umweltbezogene, sondern zusätzlich alle räumlich relevanten Belange, was dazu führen kann, dass umweltbezogene Belange in der Abwägung anderen Belangen unterliegen.

Im Baugesetzbuch ist die kommunale Bauleitplanung als integrierende Gesamtplanung verankert, die Flächennutzungs- und Bebauungspläne umfasst. Die Instrumente der Bauleitplanung sind somit Instrumente der integrierenden Planung, in denen unterschiedliche konkurrierende Ansprüche an den Raum untereinander und gegeneinander abgewogen werden (Fürst, 2004). Der Flächennutzungsplan bezieht sich auf das gesamte Gemeindegebiet und dient vor allem der Festlegung der Art der Nutzung; also ob eine Fläche beispielsweise landwirtschaftlich, als Gewerbegebiet oder zum Wohnen genutzt wird. Bebauungspläne werden nur für Teilbereiche des Gemeindegebiets aufgestellt und beinhalten neben der Art der Nutzung auch das Maß der Nutzung. Das Maß der Nutzung regelt die Bebauungsdichte und gibt beispielsweise an, wieviel Fläche eines Grundstücks mit welcher Gebäudehöhe bebaut werden darf. Die Festsetzungsmöglichkeiten in beiden Plänen sind noch deutlich umfangreicher (siehe einführend: Albers & Wékel, 2008, S. 56ff).

Auch Instrumente des besonderen Städtebaurechts, zu denen neben *städtebaulichen Sanierungsmaßnahmen* das ebenfalls im Baugesetzbuch verankerte Programm Soziale Stadt zählt, haben ein großes Potenzial, um umweltbezogene

Gerechtigkeit zu verfolgen. Das Programm Soziale Stadt ermöglicht baulich investive Maßnahmen in solchen Stadtteilen, in denen Menschen leben, die gemessen an Sozialindikatoren als von der Gesellschaft benachteiligt eingestuft werden. Es adressiert also expliziert benachteiligte Stadtteile und deren Bewohnerschaft. Das Potenzial dieses Programms für umweltbezogene Gerechtigkeit wurde in einem Positionspapier der Akademie für Raumforschung und Landesplanung herausgearbeitet (Akademie für Raumforschung und Landesplanung, 2014) und drückt sich auch in aktuellen Ausschreibungen sowohl des Umweltbundesamtes als auch des Bundesinstituts für Bau-, Stadt- und Raumforschung aus.

Planung beschränkt sich nicht auf formelle Instrumente, sondern schließt eine Vielzahl informeller, das bedeutet gesetzlich nicht geregelter Instrumente und Konzepte ein. Hierzu zählen beispielsweise Rahmenpläne, die räumlich zwischen den das gesamte Gemeindegebiet umfassenden Flächennutzungsplänen und den kleinräumigen Bebauungsplänen angesiedelt sind. Auch die Entwicklung vieler sektoraler Pläne und Konzepte, wie Einzelhandelskonzepte oder Verkehrsentwicklungspläne, ist gesetzlich nicht vorgeschrieben. Dennoch verfügen die meisten Städte über solche freiwilligen Instrumente, um die Entwicklung ihrer Stadt zu steuern. Informelle Pläne können vom Stadtrat im Sinne kommunaler Selbstverwaltung verabschiedet werden. Dann sind sie als ein Belang in die Bauleitplanung einzustellen.

Für die Steuerung umweltrelevanter Nutzungskonflikte spielt neben der Stadtplanung der planerische Umweltschutz eine zentrale Rolle. Die gefahrenabwehrenden Instrumente des planerischen Umweltschutzes sind im Wesentlichen im Bundes-Immissionsschutzgesetz geregelt. Hierzu zählen insbesondere die Lärmminderungs- und Luftreinhalteplanung sowie die Anlagensicherheit mit spezifischen Vorschriften zum Störfallschutz. Eine Vielzahl umweltschützender und -fördernder Instrumente sind mit der Landschaftsplanung in den Naturschutzgesetzen von Bund und Ländern geregelt oder finden sich bezogen auf das Medium Wasser im Wasserhaushaltsgesetz sowie den Wassergesetzen der Länder wieder. Dem Schutzgut Boden widmet sich das Bodenschutzgesetz, das unter anderem den Umgang mit Altlasten regelt. Eine bedeutende Rolle im planerischen Umweltschutz kann der strategischen und projektbezogenen Umweltverträglichkeitsprüfung zukommen. Diese ist als unselbstständiger Verfahrensbestandteil an unterschiedliche Planungs- und Genehmigungsverfahren gekoppelt und stellt Auswirkungen eben dieser Planung oder Genehmigungen auf die Schutzgüter dar, bewertet diese Auswirkungen und bereitet umweltrelevante Belange für die Abwägungsentscheidung im Trägerverfahren, also dem eigentlichen Planungs- und Genehmigungsverfahren, auf (siehe zu

Umweltprüfung und umweltbezogener Gerechtigkeit: Köckler, 2014a; Sambo, 2012; Walker, Fay & Mitchell, 2005).

Die verschiedenen rechtlichen Grundlagen des planerischen Umweltschutzes sehen nicht vor, das Schutzgut Mensch sozialdifferenziert zu betrachten, wie es für Analysen umweltbezogener Gerechtigkeit jedoch erforderlich ist (siehe Kapitel 2.1). So finden sich in Luftreinhalte- und Lärmminderungsplänen Aussagen zur Anzahl Betroffener, jedoch nicht, ob diese gegenüber der betrachteten Umweltbelastung als besonders vulnerabel einzuschätzen sind. Insbesondere aus der Perspektive der Gesundheitsförderung wird eine differenziertere Betrachtung des Schutzgutes Mensch, beispielsweise bei Umweltprüfungen, gefordert (AG Menschliche Gesundheit der UVP-Gesellschaft e. V., 2014; Köckler, 2014a).

Die verschiedenen Instrumente der räumlichen Planung gehen immer auch mit einem Planungsverfahren einher, das aus einer Abfolge einzelner Schritte besteht. Abbildung 9 zeigt einen schematischen Ablauf eines Planungsverfahrens und ordnet dieses in die einzelnen Elemente eines Policy Cycles ein. Der Policy Cycle beschreibt einzelne Elemente eines Politikprozesses, eine einfache Strukturierung gliedert diesen Prozess in Problemwahrnehmung und -definition, Strategieentwicklung, Implementation und Evaluation. Das erste Element eines Policy Cycles bilden die Problemwahrnehmung und -definition. Dies entspricht in einem formalen Planungsverfahren der kommunalen Bauleitplanung einem Aufstellungsbeschluss, der im Gemeinderat verabschiedet wird und als Arbeitsauftrag an das Stadtplanungsamt verstanden wird. Ausgangspunkt für Planungsverfahren können verschiedene Planungsanlässe sein. Ein Planungsanlass ist gegeben, wenn räumliche Zusammenhänge in der Stadtentwicklung in eine gewünschte Richtung, beispielsweise im Sinne eines Leitbildes, entwickelt werden sollen und einer Steuerung über Instrumente der Stadtplanung erforderlich ist. Dies könnte die Entwicklung eines Wohngebietes auf einer ehemals landwirtschaftlich genutzten Fläche oder Industriebrache sein. In beiden Fällen ist es erforderlich, über die Bauleitplanung die geänderte Art der Flächennutzung (z. B. Landwirtschaft, Gewerbe oder Wohnen) zu ordnen. Ein Planungsanlass verdichtet sich zu einer Planungspflicht, wenn beispielsweise aufgrund gravierender räumlich begründeter Mängel eine städtebauliche Entwicklung und Ordnung erforderlich ist, wie bereits bezugnehmend auf die Argumentation von Dieckmann (2013) für umweltbezogene Gerechtigkeit dargestellt wurde.

Aufbauend auf einer Analyse werden konkrete Ziele formuliert und dann in dem Schritt der Strategieentwicklung in der Regel Planalternativen entwickelt. Diese werden bewertet und in einer Abwägung unterschiedlicher Belange zu einer Entscheidung geführt. Die Pläne werden von der Verwaltung vorbereitet und vom Stadtrat verabschiedet. Bebauungspläne werden als Ortssatzung verabschiedet und sind für jedermann verbindlich, wohingegen die gesamtstädtischen Flächennutzungspläne lediglich behördenverbindlich sind.

Im Rahmen der Bewertung verschiedener Ansprüche und Belange kommt es zur Abwägung. „Zweck der Abwägung ist es, unterschiedlichen Zielen und Belangen zu ihrem Recht zu verhelfen" (Scholles, 2004, S. 155). Die Abwägung ist zentrales Element der Planungsentscheidung und berücksichtigt die in der Bestandsaufnahme erfassten Informationen, zu denen je nach Plan- oder Genehmigungsverfahren auch der Umweltbericht zählt, welcher die Ergebnisse der Umweltprüfung enthält.

Abbildung 9: Planungsverfahren als Policy Cycle

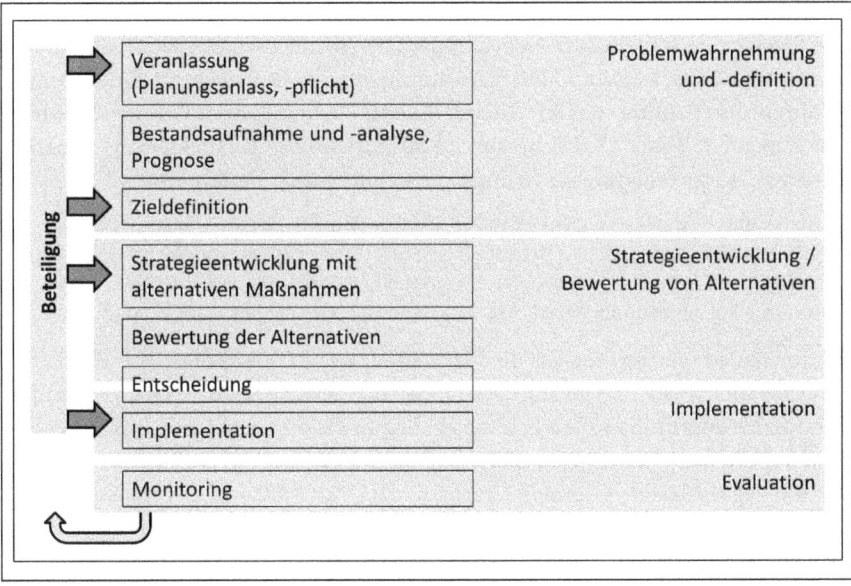

Der Schritt der Implementation einer Planung entzieht sich teilweise Verwaltung und Stadtrat, denn er ist von dem Verhalten insbesondere der Grundstückseigentümer und Investoren abhängig. Häufig kann Planung nur Angebote schaffen, die dann von diesen Akteuren implementiert werden. Daher ist an dieser Stelle zu betonen, dass Flächennutzungs- und Bebauungspläne nur eine gewünschte, nicht aber die reale Flächennutzung, welche in der Regel einen Bestandsschutz genießt, darstellen. Um die Umsetzung von Plänen zu fördern, kann Planung gemeinsam mit Investoren erfolgen. Hierzu wurde insbesondere der vorhabenbezogene Bebauungsplan, in dem gemeinsame konkrete Vorstellungen entwickelt werden, eingeführt.

Im Sinne eines kontinuierlichen Verbesserungsprozesses ist die Evaluation zentrales Element eines Policy Cycles und wirkt sich je nach Ergebnis auf die Problemwahrnehmung- und -definition aus. So können veränderte Rahmenbedingungen oder auch Erfahrungen aus der Implementation zu einer Neubewertung der Ausgangssituation führen. In der Planung werden hierzu verschiedene Indikatoren- und Monitoringsysteme herangezogen. Um veränderten Rahmenbedingungen Rechnung zu tragen, sollen Flächennutzungspläne und verschiedene Fachpläne regelmäßig fortgeschrieben werden, was immer auch eine Bewertung der vorherigen Pläne beinhaltet.

Bestandteil eines jeden Planungsverfahrens ist die Beteiligung verschiedener Akteure an den einzelnen Schritten des jeweiligen Verfahrens, was in Abbildung 9 schematisch durch Pfeile skizziert ist. Neben den formal vorgeschriebenen Beteiligungsverfahren ist es Politik und Verwaltung freigestellt, erweiterte Beteiligungsverfahren durchzuführen. Der Öffentlichkeitsbeteiligung kommen verschiedene Funktionen zu. Böhm (2013) beschreibt aus juristischer Perspektive als Funktionen der Bürgerbeteiligung: 1) Grundrechtsschutz durch Verfahren:

> „Zu beteiligen sind insoweit auf jeden Fall alle Personen, deren Grundrechte möglicherweise beeinträchtigt sind. [...] Betroffene Grundrechte der Bürger können insbesondere das Recht auf Leben und körperliche Unversehrtheit Art. 2 Abs. 2 S. 1 GG, die Berufs- sowie die Eigentumsfreiheit nach Art. 12 und 14 GG sein" (Böhm, 2013, S. 34).

2) Informationsgewinnung für die Planenden, wobei Böhm diese mit Bezug auf verschiedene Quellen als gering einstuft (ebd., S. 35). 3) Transparenz, verstanden als Information für die Öffentlichkeit, 4) Legitimation, wobei, wie Böhm betont, die Öffentlichkeitsbeteiligung nicht die Verabschiedung von Plänen in demokratisch legitimierten Gremien ersetzen darf. 5) Akzeptanz, verstanden „als Ausdruck einer demokratischen Gesellschaft [...], die um Zustimmung zu ihren Entscheidungen immer wieder neu werben muss. [...] Die Forderung nach Akzeptanz hat jedoch ebenfalls Grenzen. Nicht jeder Bürger und auch nicht jeder Umweltverband wird überzeugt werden können" (Böhm, 2013, S. 35).

In formellen Planungsverfahren sind sowohl der Zeitpunkt im Verfahren als auch die zu beteiligenden Akteure sowie die Berücksichtigung der auf diesem Wege generierten Eingaben gesetzlich geregelt. In Planungsverfahren werden nur solche Belange berücksichtigt, die sich entweder aus einer gesetzlichen Grundlage ergeben, sich von Amts wegen aufdrängen oder in Beteiligungsverfahren als Belang eingebracht werden. Dies kann über die Beteiligung von Behörden, sonstigen Trägern öffentlicher Belange oder der Öffentlichkeit erfolgen.

Werden Belange auf keinem dieser Wege eingebracht, so bleiben sie im Planungsverfahren unberücksichtigt (siehe weiterführend hierzu Köckler, 2014b). Die Öffentlichkeitsbeteiligung ist allen (betroffenen) Bürgerinnen und Bürgern sowie Behörden und sonstigen Trägern öffentlicher Belange in formalen Verfahren in gleicher Weise garantiert. Dies bedeutet, dass ein Recht auf Beteiligung, aber keine Pflicht zur Mitwirkung besteht. Wird die Öffentlichkeitsbeteiligung nicht entsprechend den gesetzlichen Vorgaben umgesetzt und eine Partei klagt diese ein, können Verfahrensfehler zur Unwirksamkeit der gesamten Planung führen. Aufgrund des Schwerpunkts auf umweltbezogene Verfahrensgerechtigkeit wird im Folgenden die Rolle verschiedener Akteure, die in Planungsverfahren beteiligt werden, vertiefend beschrieben.

2.4.3 Zur Rolle verschiedener Beteiligter in Planungsverfahren

Der Begriff „Beteiligte in Planungsverfahren" ist eine treffende Beschreibung der Einflussmöglichkeiten, die diese Akteure in formellen Planungsverfahren haben. Die für eine Planung Verantwortlichen, die in der Regel auf gesetzlicher Grundlage oder per Beschluss eines zumeist lokalen Parlaments tätig sind, führen die Verfahren durch und haben im Falle gebundener Entscheidungen auch die Entscheidungsmacht. In der Bebauungsplanung bereiten sie die Entscheidung der demokratisch legitimierten Gremien vor. Die Beteiligten sind eingeladen, ihre Belange in die Planung einzustellen, liefern also weitere Informationen, die von Planern berücksichtigt werden. Es können nur solche Belange berücksichtigt werden, die mit dem entsprechenden Planungsinstrument gesteuert oder beeinflusst werden können.

Arnstein (1969) beschreibt mit der Partizipationsleiter verschiedene Grade der Einflussnahme von Bürgerinnen und Bürgern in Planungs- und Stadterneuerungsverfahren. Die untersten Stufen der Leiter sind *Manipulation* und *Therapy*, die Arnstein als Nicht-Partizipation bezeichnet. Zu den nächsten Stufen, die als *Tokenism* (Alibipolitik) eingeordnet werden, zählen die *Information* der Bevölkerung, *Consultation*, in der Bürger hören und gehört werden, oder *Placation*, die Arnstein als einen höheren Level an Alibipolitik (*Tokenism*) beschreibt, in dem Beteiligte garantierte Rechte der Stellungnahme, aber wie in der gesamten Alibipolitik keine eigene Entscheidungs- und Verhandlungsmacht haben. Auf dieser Ebene ist auch die Öffentlichkeitsbeteiligung in der Bauleitplanung einzuordnen. Die höchsten Stufen der Leiter sind *Partnership*, *Delegated Power* und *Citizen Control*. Gemeinsam bilden sie die *Degrees of Citizen Power*, in denen die Bürger Entscheidungsmacht haben. Während Arnstein Formen der Nicht-Partizipation und Alibipolitik als sehr kritisch einordnet, sieht Wright (2010) sein Stufenmodell, das auf Arnstein aufbaut, als beschreibend an. Wright betont, dass es wichtig ist, den Grad der Einflussnahme bei einer Beteiligung zu klären. Wie schwierig dies ist und dass es immer wieder zu falschen Erwartungen Beteiligter kommt, ist in vielen Verfahren der Stadtplanung zu beobachten. Auch die reine Information, wie sie beispielsweise durch die Aarhus-Konvention im Umweltbereich ermöglicht wird, hat in dem Modell von Wright einen bedeutenden Wert, macht jedoch klar, dass sie nicht unmittelbar zu einer Einflussnahme auf Entscheidungen führt. Die gesetzliche Basis, auf der die Entscheidung gefällt wird, wird jedoch über die Wahl der Legislative mitbestimmt.

Die weitreichendsten Einflussmöglichkeiten sind nach Arnstein bei *Citizen Control* oder, wie Wright es nennt, Selbstorganisation gegeben. Dieses Maß an Einflussnahme setzt jedoch eine weitreichende Befähigung der Bürgerinnen und Bürger voraus, die auch als Empowerment bezeichnet wird. Für Lake (1996) bedeutet selbstbestimmte Teilhabe im Sinne einer umweltbezogenen Verfahrensgerechtigkeit eine ursachenbezogene Beteiligung, die sich nicht allein auf die Festlegung von Standorten beschränkt (siehe Kapitel 2.1.2). Dies bedeutet für Planungsverfahren, dass Beteiligung bereits in einem frühen Stadium stattfinden sollte.

Selbstorganisation führt im Ergebnis zur Selbstwirksamkeit, welche nicht nur Betroffene befähigt, ihre eigene Situation zu verbessern, sondern im Sinne der Salutogenese einen eigenen Beitrag zu deren Gesundheit liefert (Blättner, 2007). Selbstorganisation steht streng genommen im Gegensatz zu Fürsorge, der die Raumplanung in ihrer hoheitlichen Funktion nachkommt. Denn ein fürsorgender Staat entscheidet für seine Bürger beispielsweise, welche Angebote zur Daseinsvorsorge gehören oder auch welche Grenzwerte zum Schutz der Gesundheit verfolgt werden.

Akteure, die sich in Planungsverfahren einbringen, können in verschiedene Gruppen gegliedert werden. Im Folgenden werden drei Gruppen unterschieden: institutionalisierte Akteure, Basisorganisationen und Einzelpersonen: Eine Gruppe von Akteuren, die an Planungsverfahren beteiligt werden, sind institutionalisierte Akteure. Zu denen werden hier solche juristischen Personen gezählt, die auf gesetzlicher oder Satzungsebene bestimmte Funktionen wahrnehmen. Hierzu gehören neben Behörden auch Vereine und Verbände. Das Baugesetzbuch (§4) fasst hierunter Behörden und sonstige Träger öffentlicher Belange. In Verfahren der räumlichen Planung werden die sogenannten Träger öffentlicher Belange zu einer Stellungnahme im Rahmen des Planverfahrens aufgefordert. Träger öffentlicher Belange sind Behörden, die öffentliche Aufgaben wahrnehmen. Hierzu zählen ebenso Behörden der Gemeinde, wie das Umwelt-, Gesundheits- oder Wohnungsamt. Sonstige Träger öffentlicher

Belange sind private Akteure wie Energieversorger, Post und Telekom, aber auch Interessenvertreter wie Industrie- und Handels- oder Handwerkskammern und Kirchen. Außerdem werden Behörden benachbarter Gemeinden oder der Landes-, bzw. Bundesebene beteiligt. Umweltbezogene Aspekte, auch solche, die sich auf das Schutzgut Mensch beziehen, werden am häufigsten von Umweltämtern eingebracht, wenngleich diese, wie oben benannt, Menschen nicht sozialdifferenziert betrachten müssen (Köckler, 2006).

Das Ziel der gesunden Wohn- und Arbeitsverhältnisse liefert aber insbesondere Akteuren des Gesundheitswesens eine gute Basis, um Gesundheitsförderung in der Stadtentwicklung und insbesondere der Bauleitplanung zu fordern und zu fördern. So haben Gesundheitsämter die Möglichkeit, sich als ein Träger öffentlicher Belange an Planungsverfahren zu beteiligen. In Nordrhein-Westfalen haben diese im §8 Gesetz des Öffentlichen Gesundheitsdienstes gar einen gesetzlichen Auftrag zur Mitwirkung an Planungsverfahren. Dies geschieht jedoch nur selten (Rösler, 2005). Die aktuelle Debatte um eine gesundheitsfördernde Stadtentwicklung greift diesen Missstand auf und hat viele inhaltliche Parallelen zu umweltbezogener Gerechtigkeit, weshalb sie zum Teil von denselben Akteuren geführt wird. In Nordrhein-Westfalen ist derzeit ein informeller Fachplan Gesundheit in Erprobung, mit dem das Gesundheitsamt als ein Träger öffentlicher Belange seine Ziele räumlich spezifisch aufbereiten und somit den Belang Gesundheit gestärkt in Planungsverfahren einbringen kann. In den Fachplänen Gesundheit spielen Aspekte wie Mehrfachbelastung und Vulnerabilität eine zentrale Rolle. Im Auftrag des Landeszentrums Gesundheit Nordrhein-Westfalen, wurden Musterfachpläne entwickelt, die interessierten Gemeinden und Landkreisen als Anregung dienen können (Landeszentrum Gesundheit Nordrhein-Westfalen, 2012a, 2012b). Der Fachplan Gesundheit hat durchaus das Potenzial, umweltbezogene Gerechtigkeit in die räumliche Planung einzubringen (Köckler, Rüdiger & Baumgart, 2015).

Instrumente der räumlichen Planung können auch genutzt werden, um institutionalisierte Akteure, wie die demokratisch legitimierte Interessensvertretung in den lokalen Parlamenten, über das Leitbild der umweltbezogenen Gerechtigkeit zu unterrichten. In Berlin wurden Ergebnisse aus den Analysen zu umweltbezogener Verteilungsgerechtigkeit (siehe Kapitel 2.1.1) in die Begründung des Flächennutzungsplans aufgenommen und laut Aussagen von Dr. Klimeczek, Mitarbeiter der Senatsverwaltung für Stadtentwicklung und Umwelt, Land Berlin (beim ARL Expertenworkshop in Dortmund im Juni 2015) in dem entsprechenden Ausschuss des Berliner Senats diskutiert.

Institutionell nicht verfasste, aber organisierte Gruppen sind Basisorganisationen. Hierzu zählen beispielsweise Bürgerinitiativen. Diese bringen sich immer wieder fordernd und gestaltend in Stadtplanung und Umweltschutz ein. Häufig sind Missstände ein Grund für ihr Entstehen. Basisorganisationen arbeiten in der Regel unformalisiert mit einer auf Freiwilligkeit basierenden Zusammenarbeit verschiedener Einzelpersonen. In der Regel formieren sich Basisorganisationen zu Einzelfällen (Stuttgart 21, Tempelhofer Feld Berlin, Umgehungsstraße einer kleinen Gemeinde) und versuchen auf verschiedenen Wegen, die von öffentlichem Druck bis zur Formulierung von Eingaben in formalisierten Beteiligungsformen reichen, Einfluss auf Entscheidungen zu nehmen. Das Environmental Justice Movement in den USA ist häufig in Basisorganisationen formiert. Teilweise haben sich diese Organisationen als Vereine verstetigt und zu institutionalisierten Akteuren gewandelt.

Auch Einzelpersonen können an Stadtplanung und planerischem Umweltschutz beteiligt sein. Diese Gruppe umfasst Bewohner, Bürger, Eigentümer, Freizeitnutzer oder auch Arbeitende. Im Baugesetzbuch wird diese Gruppe als Öffentlichkeit zusammengefasst. Zur Öffentlichkeit, die im Baugesetzbuch nicht abschließend definiert ist, werden insbesondere Betroffene gezählt. Betroffene sind Eigentümer von den Grundstücken, die über die Bauleitplanung einer anderen Nutzung zugeführt werden, oder Bewohner eines Gebietes, das beplant wird. Ferner zählen die interessierte Bürgerschaft und Interessensverbände zur Öffentlichkeit. Die Beteiligungsrechte in der Stadtplanung wurden seit Gründung der Bundesrepublik Deutschland zunehmend ausgeweitet und dienen in den letzten Jahrzehnten auch der Umsetzung der Aarhus-Konvention in deutsches Recht (Meunier, 2006).

Die rechtlich garantierten Beteiligungsmöglichkeiten stehen der Öffentlichkeit zu und sind sogar einklagbar. Faktisch wahrgenommen werden sie jedoch nur von einer begrenzten Zahl an Akteuren (Köckler, 2014). Diese Tatsache ist in der Planung auch losgelöst von der Debatte um umweltbezogene Verfahrensgerechtigkeit ein Thema. So stellt Meunier (2006, S. 3) fest:

> „Öffentlichkeitsbeteiligung ist meist sozialstrukturell unausgewogen. Es dominieren Hochausgebildete, Angehörige höherer beruflicher Positionen und des öffentlichen Dienstes, Männer in den mittleren Jahrgängen und Vertreter(innen) von Parteien, Verbänden, Vereinen und Kirchen. Schwach vertreten sind dagegen ausländische Mitbürger(innen), Jugendliche, untere Einkommensschichten und Personen mit großen zeitlichen Abkömmlichkeitsproblemen, wie bpsw. allein erziehende Eltern und Arbeiter im Schichtdienst."

Ferner beschreibt Bertram bezogen auf die Proteste gegen Stuttgart 21 folgende Beobachtung von Walter:

> „Die Protestierenden kommen überwiegend aus Stuttgart (75%; sämtlich Ruch et al.; 18.10.2010; vgl. Baumgarten, 2010) oder Baden-Württemberg (98%), sie sind

überwiegend zwischen vierzig und 64 Jahre alt (62%, verglichen mit einem Anteil von 36% an der Gesamtbevölkerung), verfügen zur Hälfte über einen Hochschulabschluss, hatten großteils bei der vorangegangenen Bundestagswahl für Bündnis 90/ Die Grünen gestimmt (48,6%) und hätten dies bei einer anstehenden Wahl zu drei Vierteln (wieder) getan" (Bertram, 2014, S. 87).

Schlacke zeichnet zur Einordnung der Proteste gegen Stuttgart 21 die Fortentwicklung von Beteiligung nach:

„Es kann auf einen durch Gesetzgebung und Rechtsprechung fortentwickelten Rechtsbestand an Informations- und Mitwirkungsrechten zugunsten von Bürgerinnen und Bürgern sowie Verbänden, insbesondere in Verwaltungsverfahren zurückgegriffen werden, der mit der positiv-rechtlichen Situation in den 1970er Jahren nicht vergleichbar ist. Auch der Rechtsschutz wurde fortentwickelt, so dass der Zivilgesellschaft der Zugang zu Verwaltungsverfahren und Verwaltungsgerichten über ein ganz maßgeblich durch Völker- und Unionsrecht bedingtes, ausgeprägtes Beteiligungs- und Klageinstrumentarium eröffnet ist" (Schlacke, 2013, S. 32).

Die Aarhus-Konvention hat zu den von Schlacke beschriebenen Fortentwicklungen der Beteiligung in formellen Verfahren der räumlichen Planung bedeutend beigetragen (Meunier, 2006). Was die Aarhus-Konvention jedoch nicht beheben kann, sind unterschiedliche Fähigkeiten und Machtverhältnisse zwischen den verschiedenen Akteuren eines Planungsverfahrens. Wie relevant Fähigkeiten und Machtverhältnisse für Planungsprozesse sind, beschreibt Maantay (2001, S. 1038) bezogen auf die gesamträumliche Planung in New York: „Anecdotal evidence suggests that political power, relative affluence, and propertyowner status all affect the amount of influence wielded by a particular community." Und weiter: „However, there are great disparities in how successful various communities are in influencing the outcomes of planning decisions" (Maantay, 2001, S. 1038). Rösener und Selle (2007, 13) haben zwölf Grundsätze zur Gestaltung kommunikativer Prozesse in der Planung formuliert. In ihrem 6. Grundsatz widmen sie sich unterschiedlichen Fähigkeiten Beteiligter und verknüpfen dies in Anlehnung an einen Slogan der Inklusion mit einer Anforderung an die Planer:

„Ungleiche ungleich behandeln: Wer Selektivitäten im Beteiligtenkreis vermeiden will, wird selektieren und auf die Gewohnheiten und Anforderungen der unterschiedlichen Adressaten eingehen müssen. Um verschiedene Zielgruppen zu erreichen, müssen oft verschiedene Kommunikationsformen angeboten werden, die einander im Rahmen einer übergreifenden Strategie ergänzen."

In den Fachplanungen des planerischen Umweltschutzes gestaltet sich die Beteiligung der Öffentlichkeit durchaus unterschiedlich. Während in der Luftreinhalteplanung eine Beteiligung der Öffentlichkeit in der Aufstellung des Plans erfolgt, kommt ihr in der Lärmminderungsplanung eine zentrale Rolle bei der Ermittlung von Handlungsbedarfen zu. Denn anders als in der Luftreinhalteplanung gibt es bei der Lärmminderungsplanung keine auslösenden Grenzwerte, die ein Handeln der öffentlichen Hand erforderlich machen (Schulze-Fielitz, 2009). In zwei Aufsätzen habe ich den Bezug umweltbezogener Verfahrensungerechtigkeit zur Lärmminderungsplanung herausgearbeitet (Köckler, 2014b, 2014). Ich komme dort zu dem Fazit:

> „In dem am stärksten benachteiligten Stadtteil werden somit anteilig, trotz einer hohen Bevölkerungsdichte, die für eine Vielzahl möglicher Eingaben steht, und einer in Lärmkarten offensichtlichen Lärmbelastung die wenigsten Eingaben im Rahmen der Lärmaktionsplanung im gesamten Stadtgebiet von Dortmund gemacht" (Köckler, 2014b, S. 214f).

Diese Beobachtung ist nicht verallgemeinerbar, denn

> „[a]ufgrund des mangelnden Bewusstseins für umweltbezogene Verfahrensgerechtigkeit gibt es in diesem Zusammenhang bislang weder eine gezielte Ansprache Betroffener noch Analysen, ob und in welchem Ausmaß hier von umweltbezogener Verfahrensungerechtigkeit die Rede sein kann. Auch fehlt eine systematische Auswertung des Einflusses der Beiträge aus der Öffentlichkeit in der Lärmaktionsplanung" (Köckler, 2014, S. 46).

Um mehr darüber zu lernen, wer die Fähigkeiten hat, sich an Planungsverfahren zu beteiligen, werden im Folgenden verhaltenswissenschaftliche Theorien genutzt, um aus raumplanerischer Perspektive mehr über die Vulnerabilität von Haushalten gegenüber der Umwelt in ihrem Wohnumfeld zu erfahren.

2.5 Umweltbezogenes Handeln

Die Vulnerabilität von Menschen gegenüber Umweltfaktoren lässt sich wie in Kapitel 2.3 gezeigt unter anderem an deren Handlungen festmachen. Für den in dieser Arbeit behandelten inhaltlichen Schwerpunkt der umweltbezogenen Verfahrensgerechtigkeit aus der Perspektive von Stadtplanung und planerischem Umweltschutz soll das folgende vereinfachte Beispiel als Illustration dienen: Zwei Personen leben an stark befahrenen Straßen und sind von dementsprechenden Lärm- und Luftbelastungen betroffen. Die eine Person weiß um die Beteiligungsmöglichkeiten bei der aktuell laufenden Lärmminderungsplanung und bringt sich hierin ein, um ihre Situation zu verbessern. Die andere Person nutzt diese Möglichkeiten nicht und ist somit bezogen auf umweltbezogene Verfahrensgerechtigkeit vulnerabler als die andere Person, da sie diesen Weg des *Copings* (der *Bewältigung*) nicht wählen kann. Um die Vulnerabilität von Haushalten aus Perspektive umweltbezogener Verfahrensgerechtigkeit zu verstehen, geht es nicht darum, aus psychologischer Perspektive sämtliche Coping-Möglichkeiten zu identifizieren und zu erklären, sondern darum, aus planerischer Perspektive zu verstehen, von welchen Fähigkeiten es abhängt, ob jemand die Coping-Möglichkeit, sich an umweltpolitisch relevanten Entscheidungsprozessen zu beteiligen, nutzt oder nicht.

Das Interesse der Raumwissenschaften an den Verhaltenswissenschaften ist nicht neu. In den 1980er Jahren wurden verhaltenswissenschaftliche Ansätze durch Geographen in räumliche Kontexte gesetzt (Fliedner, Schmithüsen & Obst, 1993; Hard, 1990; Werlen, 1988; Wießner, 1978). Hard (1990) beschreibt die Parallelen zwischen Umweltpsychologie und Humangeographie aus geographischer Perspektive mit Bezug auf die Paradigmenwechsel in der Geographie und die damit einhergehenden Raumverständnisse, die von einem Naturraumverständnis bis zu einem Vergleich realer und mentaler Umwelt reichen. Weder die Wahrnehmungs- noch die Handlungsgeographie haben sich als eigene Teildisziplinen der Geographie etabliert (Dürr & Zepp, S. 79ff). Gleichwohl finden sie als Denkschulen der Verhaltenstheorie und der (akteurszentrierten) Handlungstheorie auch heute noch Berücksichtigung in der Sozialgeographie (Dürr & Zepp, S. 291). Den verschiedenen Ansätzen ist gemein, dass es um menschliches Verhalten bezogen auf externe Umwelt im räumlichen Sinne geht. Zudem wird unterschieden zwischen der Wahrnehmung des Raumes und dem Handeln im Raum. Die Unterscheidung in Wahrnehmung der objektiven Umwelt bzw. des Raumes und raumbezogene Handlungen wird auch in dieser Arbeit aufgegriffen. So wurde in Kapitel 2.2.2 bereits die subjektive Wahrnehmung der objektiven Umweltgüte thematisiert. Im Folgenden werden handlungsorientierte Ansätze, die raumrelevantes Handeln erklären, aufgezeigt. Dabei sollen im Stand der Forschung solche Modelle und Einzelfaktoren identifiziert werden, die Ursachen für soziale Ungleichheit bei der Beteiligung an umweltpolitisch relevanten Entscheidungsprozessen erklären.

Handlungen und Umgang mit Stress, der als Coping bezeichnet wird, sind zentrale Themen der Verhaltenswissenschaften. Dieser Forschungsbereich ist für das Thema der umweltbezogenen Gerechtigkeit bislang kaum erschlossen. Entweder werden in Analysen umweltbezogener Verteilungsgerechtigkeit räumliche Muster analysiert oder umweltpolitisch relevante Entscheidungsprozesse aus Perspektive der jeweiligen Entscheidungsprozesse analysiert (siehe Kapitel 2.1). Dabei bieten verhaltenswissenschaftliche Theorien Erklärungsansätze für Handeln oder Nicht-Handeln und ermöglichen die Identifikation von Faktoren, die Unterschiede in den Handlungsweisen erklären. In den Verhaltenswissenschaften gibt es einen umfassenden Forschungsbereich zum Umgang mit Stress, auf den in Kapitel 2.5.1 eingegangen wird. Hier wird herausgearbeitet, warum die Ressourcenerhaltungstheorie nach Stevan E. Hobfoll besonders geeignet für die Beschreibung und Erklärung möglicher Differenzen bei der Teilhabe an umweltpolitisch relevanten Entscheidungsprozessen ist. Ein weiterer Bereich der Verhaltenswissenschaften widmet sich der Beschreibung und Erklärung menschlichen Handelns. Als eine Theorie, die intendiertes Handeln erklärt, wird in Kapitel 2.5.2 auf die Theorie des geplanten Verhaltens von Icek Ajzen eingegangen.

2.5.1 Vom Stress und Ressourcen, diesem zu begegnen

Stress ist ein seit langem erforschtes Thema in den Verhaltenswissenschaften. Walter Canon hat 1932 erstmals den Stressbegriff in Anlehnung an die Physik auf Menschen übertragen. In den 1950er Jahren arbeitete Selye aus physiologischer Sicht zu Stress und entwickelte das General-Adaptation-Syndrom, was im Folgenden aber als zu generell kritisiert wurde (u. a. von Caplan, Lindeman und Lazarus) (vgl. Hobfoll, 1989). Selye definierte Stress wie folgt: „In most approaches it now designates bodily processes created by circumstances that place physical or psychological demands on an individual (Selye 1976)" (Krohne, 2001, S. 15163). Weiter führt Krohne (2001, S. 15163) zu Stress aus: „The external forces that impinge on the body are called stressors (McGrath 1982)." Bezieht man die von Krohne zusammengeführten allgemeinen Definitionen zentraler Stressbegriffe auf das in Kapitel 2.3 dargelegte Vulnerabilitätsverständnis, so geht es um externe Faktoren (*demands*), die derart auf ein Individuum einwirken, dass es zu Auswirkungen (*physical and psychological demands*) kommt. Stressmodelle korrespondieren von ihrer Grundlogik also generell mit dem Verständnis von Vulnerabilität und können somit Beiträge liefern, dementsprechendes Handeln zu verstehen. So beschreiben auch Zimbardo und Gerrig (1996, S. 370) die Bedeutung von Ressourcen zur Stressbewältigung als zentral, neben der Einschätzung einer Situation als Stress: „Die kognitive Bewertung eines Stressors – ob er als Bedrohung oder als Herausforderung gesehen wird – ist eine solche Moderatorvariable. Die Ressourcen, die zur Bewältigung von Streß zur Verfügung stehen, sind ein weiterer Moderator."

Ennis, Hobfoll und Schröder (2000, S. 151) unterscheiden zwischen chronischen und akuten Stresssituationen: „First, stressors can be viewed as discrete events, acute problems, that occur in individuals' lives (e.g. death of a loved one, job loss). [...] Stressors can alternatively be viewed as chronic conditions such as poverty or physical handicap." Die Unterscheidung in chronische und akute Stresssituationen ist auch für umweltbezogene Gerechtigkeit relevant, da es unterschiedliche Faktoren von Umweltgüte widerspiegelt, die auf Menschen einwirken. So sind Naturkatastrophen ebenso wie Störfälle, in denen Luftschadstoffe freigesetzt werden, als akute Stresssituationen einzuordnen. Wohingegen viele städtische Belastungen (Verkehr, Gewerbe, Nachbarschaftslärm) als chronische Stressoren einzuordnen wären. Wenngleich sie teilweise unterschiedliche Tagesläufe mit Belastungsspitzen haben.

In der Stressforschung gibt es verschiedene Modelle, um den Umgang mit Stress zu erklären. Im Folgenden wird einleitend mit dem transaktionalen Stressmodell das am weitesten verbreitete Modell vorgestellt und anschließend mit der Ressourcenerhaltungstheorie von Hobfoll ein für diese Forschung ergiebiges Modell vorgestellt.

2.5.1.1 Transaktionales Stressmodell

Das transaktionale Stressmodell, welches auf Lazarus zurückgeht, ist in den Verhaltenswissenschaften weit verbreitet und wird von Zimbardo und Gerrig (1996, S. 731) wie folgt beschrieben: „Nach dem transaktionalen Streßmodell schätzen Menschen Situationen unterschiedlich ein. Darüber hinaus verfügen sie über unterschiedliche Bewältigungsstrategien und -kompetenzen. Folglich gehen sie mit gleichen Situationen unterschiedlich um, was wiederum unterschiedlich auf die situativen und persönlichen Gegebenheiten zurückwirkt." Lazarus unterscheidet zwischen einer primären und einer sekundären Bewertung: „Primary appraisal concerns whether something of relevance to the individual's well being occurs, whereas secondary appraisal concerns coping options" (Krohne, 2001, S. 15165). Lazarus zeichnet ferner problemzentrierte und emotionszentrierte Bewältigungsstrategien als Taxiome der Bewältigungsstrategien auf: "Problemzentrierte Bewältigungsstrategien: Veränderung des Stressors oder der Beziehung zu ihm durch direkte Handlungen und/oder problemlösende Aktivitäten" (Zimbardo & Gerrig, 1996, S. 383). Hierunter fällt das aktive Einbringen in umweltpolitisch relevante Entscheidungsprozesse. „Emotionszentrierte Bewältigungsstrategien: Veränderung des Selbst durch ‚Aktivitäten', die zu einem besseren Befinden führen, den Stressor jedoch nicht beeinflussen" (Zimbardo & Gerrig, 1996, S. 383). In umweltbezogener Gerechtigkeit spielt emotionszentriertes Coping häufig sicherlich eine große Rolle, weil Betroffene keine Möglichkeit sehen, direkt am Stressor anzusetzen. Dennoch liegt der Fokus hier aus planerischer Perspektive auf den Möglichkeiten des problemzentrierten Copings.

Hobfoll hält das transaktionale Stressmodell von Lazarus für tautologisch, da es die zentralen Begriffe Bedarf (demand) und Bewältigungskapazität (coping capacity) nicht separat erklärt, sondern sie zirkulär begründet. Hierdurch verliert der Reiz (stimulus) jegliche Objektivität. Wenn der Stimulus objektiv bekannt ist, kann auch die subjektive Einschätzung besser erfasst werden. Ebenso argumentiert Buchwald (2002, S. 45), indem sie Kasl aufgreift: „Kasl (1978) beklagt eine Konfundierung zwischen der Wahrnehmung von Streß, der resultierenden emotionalen Reaktion und der wahrgenommenen Schwierigkeit, den Streß zu bewältigen." Ferner kritisiert Hobfoll, dass das transaktionale Stressmodell lediglich eine nachträgliche Bewertung ermöglicht, da die Bewertung eines Stimulus als Stress bewertet worden sein muss. „We only know that a resource aids coping capacity after it is observed to counteract some demand" (Hobfoll, 1989, S. 515). Somit ist es im transaktionalen Stressmodell nicht möglich, die zukünftige Bedeutung einzelner Ressourcen einzuschätzen: „This circularity, it has been argued, follows from their overemphasis on perception and their lack of emphasis on environmental contingencies" (Hobfoll 1989, S. 516). Aufbauend auf der Kritik an den verbreiteten Stressmodellen hat Hobfoll eine eigene Theorie entwickelt, die im Folgenden erläutert wird.

2.5.1.2 Ressourcenerhaltungstheorie

Stevan E. Hobfoll hat die *Conservation of Resources Theory* (Ressourcenerhaltungstheorie) entwickelt, deren Grundsatz er wie folgt beschreibt:

> „The model's basic tenet is that people strive to retain, protect, and build resources and that what is threatening to them is the potential or actual loss of these valued resources. I have termed it the model of conservation of resources" (Hobfoll, 1989, S. 516).

Hiermit stehen, wie der Name der Theorie zum Ausdruck bringt, Ressourcen und deren tatsächlicher oder möglicher Verlust im Mittelpunkt. Den Ressourcengedanken leitet Hobfoll aus der in der Psychologie akzeptierten Grundannahme ab, dass Menschen in ihrem Leben nach Behagen und Erfolg streben. Diese Grundannahme ist nach seiner Auffassung in der Stresstheorie nur wenig beachtet. Er bezieht sich hierbei unter anderem auf Freud, Maslow und Bandura. Auch der Fähigkeitsansatz von Sen und Nussbaum, welcher im Diskurs umweltbezogener Gerechtigkeit eine gerechtigkeitstheoretische Basis darstellt (siehe Kapitel 2.1.4.2), orientiert sich an einem positiven Ziel, dem selbstbestimmten Leben, das auf Fähigkeiten basiert. Somit zeigen die Ressourcen im Sinne von Hobfoll durchaus Parallelen zu den Fähigkeiten im Sinne von Sen und Nussbaum auf. Ressourcen können zu Fähigkeiten führen, die ein selbstbestimmtes Leben ermöglichen, oder eben nicht. Auch Klammer, Neukirch und Weßler-Poßberg (2012, Kapitel 5) verknüpfen die Ressourcenerhaltungstheorie und den Fähigkeitsansatz. Aufgrund ihres oben dargelegten Potenzials, ursachenbezogene Erklärungen für Stress zu liefern, kann die Ressourcenerhaltungstheorie möglicherweise als Heuristik dienen, um Ressourcen zu identifizieren, die im Sinne der Chancengerechtigkeit grundlegende Ursachen umweltbezogener Ungerechtigkeit erklären.

In der Ressourcenerhaltungstheorie werden Ressourcen klassifiziert als persönliche Ressourcen (z. B. Optimismus, Selbstwert), Bedingungsressourcen (z. B. Ehe, Arbeitsplatz), Objektressourcen (z. B. Haus, Auto) und Energieressourcen (z. B. Zeit, Geld). Die Verfügbarkeit dieser Ressourcen ist dynamisch und kann zu Gewinn- oder Verlustspiralen führen: "Loss spirals develop because they [vulnerable people, HK] lack the resources to offset loss" (Hobfoll & Jackson, 1991, S. 115). Hobfoll geht davon aus, dass für jeden Schutz vor Verlust einer Ressource oder den Gewinn einer neuen Ressource eine andere Ressource investiert werden muss. Hier nimmt er auch Bezug zur Vulnerabilität: „First, it follows that those rich in resources are less vulnerable to loss" (Hobfoll & Jackson, 1991, S. 115). Ferner schlussfolgert Hobfoll: „[…] losses can lead to further loss. Such loss spirals are especially common among people who are already vulnerable because they have limited resources or limited ability to employ their resources owing to constrained conditions" (Hobfoll & Jackson, 1991, S. 115). Auch Gewinnzyklen sind verbreitet, um sich vor zukünftigen Verlusten zu schützen, oder Komfort zu steigern. Um solche Spiralen nachzuweisen, sind Längsschnittstudien erforderlich.

Im Unterschied zu Stresstheorien, die allein von subjektiven Einschätzungen einer Situation ausgehen, betont die Ressourcenerhaltungstheorie das reale, objektive Zusammenspiel von Ressourcen und deren subjektive Bewertung. Buchwald (2002, S. 45) betont: „Hobfoll negiert bei seiner Argumentation keineswegs die Wichtigkeit individueller Einschätzungen, sondern versteht individuelle Einschätzungen vorrangig als ein Produkt der Bewertung von objektiven, beobachtbaren, physischen und sozialen Situationen." Das Zusammenspiel von objektiver Situation und deren subjektiver Wahrnehmung ist für die Fragestellung umweltbezogener Gerechtigkeit besonders geeignet, da es sowohl die objektive Umweltgüte (siehe Kapitel 2.2.1) als auch deren subjektive Wahrnehmung (siehe Kapitel 2.2.2), die beide in Analysen umweltbezogener Verteilungsgerechtigkeit verwendet werden, integrieren kann. Die in Abbildung 3 beschriebenen Faktoren der Sozialstruktur sind objektive Indikatoren. Eine Einschätzung eigener Ressourcen und Fähigkeiten schlägt sich bislang nicht in Analysen umweltbezogener Gerechtigkeit nieder. In Hobfolls Theorie ist die Bewertung der eigenen Ressourcenlage bereits angelegt.

Hobfolls Stresstheorie wird im Gesundheitsbereich als Grundlage für Interventionen zur Vermeidung belastender Situationen genutzt, was sie auch im Kontext von Stadtplanung für umweltbezogene Gerechtigkeit interessant macht. Bezogen auf kommunale Intervention ziehen Hobfoll und Jackson die folgende Konsequenz: „It suggests that people must first of all have a fairly strong level of resources in order to take advantages of many of our interventions" (Hobfoll & Jackson, 1991, S. 115f). Daher schlagen sie weiter vor: „[…] successful intervention depends on both on resources of the individual and the intensity of the intervention" (Hobfoll & Jackson, 1991, S. 119). Daher wird empfohlen, zunächst die Verlustzyklen zu stoppen und diese dann in Gewinnzyklen umzukehren. Ferner wird betont, dass Interventionen, die sich auf die Spiralen beziehen, im Gegensatz zu klassischen stresstheoretischen Ansätzen neue Möglichkeiten eröffnen. Hobfoll und Schumm (2004, S. 95) stellen dies ausführlicher für den Public-Health-Bereich dar:

> „Schließlich möchten wir auf einen Punkt hinweisen, der eher zwischen den Zeilen steht. Und zwar haben sich viele Arbeiten in der Gesundheitsförderung auf Kognition und Verhalten konzentriert, da der Zugang bzw. die Verfügbarkeit von Ressourcen von GesundheitspsychologInnen und Public Health-ForscherInnen als gegeben hingenommen wurde. Armut, niedriger sozialer Status, Rassismus, unzureichende Gesundheitsversorgung und andere fundamentale Ressourcen geraten dabei in vielen Gesundheitsförderungsprogrammen aus dem Blickfeld. Die COR-Theorie bezieht diese Faktoren zu einem gewissen Maße mit ein, denn es sind fundamentale Ressourcen, die zum einen den Erfolg eines Gesundheitsprogramms mitbestimmen und deren Einbeziehung zum anderen verhindert, dass man das Opfer zu Unrecht verantwortlich macht (blaming the victim). Kein Gesundheitsförderungsprogramm sollte das letztendlich verbleibende Ressourcenreservoir übersehen, über das Menschen verfügen können sowie die Wege zu diesen Ressourcen, die oft solchen nicht zugänglich sind, denen es an Ressourcen bzw. sozialem Status mangelt und die deshalb nicht in der Lage sind, die Ressourcen zu nutzen, die sie haben könnten."

Wertvoll an Hobfolls Arbeit ist zudem, dass er herausarbeitet, wie relevant soziale Unterstützung in Gemeinschaften beim Bewältigen von Stress ist. Gemeinsam mit Buchwald kommt er zu der folgenden Einschätzung:

> „Insgesamt möchten wir deutlich machen, dass die traditionellen Copingmodelle nur blasse Repräsentationen der Vielseitigkeit potenziell möglicher adaptiver Verhaltensweisen von Menschen sind. Eine kollektive Sichtweise von Stressbewältigung berücksichtigt, dass Individuen nicht nur autonom agieren, sondern eingebettet sind in ihre Familie, ihr Volk und ihre Kultur, wo bestimmte Regeln und Richtlinien für Einstellungen und Verhalten existieren. Bewältigungsforschung kann nicht in einem ‚sozialen Vakuum' stattfinden und muss die Werte, die Individuen innerhalb von sozialen Settings teilen, als das Verbindungsstück zwischen Person und Umwelt verstehen, die die Copingreaktion mitbestimmen" (Buchwald & Hobfoll, 2004, S. 16).

Vor diesem Hintergrund wurde unter anderem eine Skala zur Messung der Communal Mastery entwickelt, die Buchwald im Deutschen mit Teamwirksamkeitsskala übersetzt (Buchwald & Hobfoll, 2004). Die Teamwirksamkeitssala bildet ab, inwieweit jemand eine gemeinsame Problemlösung bevorzugt. Zur Bedeutung der sozialen Unterstützung beim Coping betonen Hobfoll, Lilly und Jackson (1992, S. 127):

„[…] social support is a major mechanism by which the availability of resources for the individual is widened beyond the level that is available to the self. […] There are two ways that this [social support, HK] is made possible: (a) by outright giving of a resource by another, or (b) by providing the complement to what an individual already possesses, but cannot otherwise place into action."

Eine Ebene, auf der soziale Unterstützung stattfinden kann oder auch nicht, ist der Haushalt, in dem eine Person lebt, sei es eine Familie, Wohngemeinschaft oder auch die Tatsache, in einem Ein-Personen-Haushalt zu leben.

Die Ressourcenerhaltungstheorie wird genutzt, um soziale Unterschiede aufzuzeigen, was ein zentrales Element des Claim Makings ist, auf das sich diese Arbeit bezieht (siehe Kapitel 1). So haben Ennis et al. (2000, S. 165) die Wirkungen dauerhafter Armut untersucht und haben folgenden Unterschied herausgearbeitet:

„Major ethnic differences were noted, even after controlling for educational and employment differences. Among African Americans, income was almost unrelated to any of its expected associates. It was not related to depressive mood, social support, or mastery. This suggests that African Americans' resources and adjustment may be more detached from other aspects of their life experience, which would be one sign of a kind of adjustment to chronic conditions of poverty."

Für die Fragestellung umweltbezogener Gerechtigkeit wäre es relevant, soziale Unterschiede im Umgang mit Umweltgüte und nicht mit dauerhafter Armut aufzuzeigen. Im Folgenden wird kurz eine Beschreibung der jeweiligen Ressourcengruppe gegeben sowie beschrieben, welche Ressourcen diese Gruppe bezogen auf den Umgang mit Umweltgüte im Wohnumfeld repräsentieren könnten. Die einzelnen aufgelisteten Ressourcen sind den von Hobfoll entwickelten Erhebungsinstrumenten (COR-E, SACS, Communal Mastery Scale, Hobfoll, 2007) entnommen. Einige der Ressourcen werden bereits als objektive Indikatoren zur Sozialstruktur in Analysen umweltbezogener Verteilungsgerechtigkeit verwendet (siehe Abbildung 3).

- „Bedingungsressourcen sind keine materiellen Dinge, sondern spezifizieren die Lagen, z. B. in Bezug auf Familienstand, Alter, Gesundheit oder berufliche Position. Sie werden mitunter hoch geschätzt, weil sie den Zugang zu anderen Ressourcen eröffnen können oder Ressourcen miteinander verbinden. Eine Besonderheit dieser Klasse ist, dass manche Bedingungsressource eine hohe Investition erfordert und dennoch relativ schnell verloren gehen kann, etwa beim Verlust eines Arbeitsplatzes oder Ehepartners" (Hobfoll & Buchwald, 2004, S. 13). In seinen Erhebungsinstrumenten erfasst Hobfoll unter anderem die folgenden Bedingungsressourcen:
  – Alter
  – Geschlecht

- Familienstand
- Soziale Netzwerke
- Gesundheitszustand
- Beruf
- Bildungsstand
- Sprachkompetenz

- „Persönliche Ressourcen umfassen sowohl bestimmte Fähigkeiten als auch Eigenschaften von Personen. Zu den Fähigkeiten zählen berufsbedingte Fähigkeiten oder soziale Kompetenzen, Persönlichkeitseigenschaften sind Variablen wie Selbstwirksamkeit oder Optimismus, die Stressresistenz beeinflussen" (Hobfoll & Buchwald, 2004, S. 13). In seinen Erhebungsinstrumenten erfasst Hobfoll unter anderem die folgende persönliche Ressource:
  - Teamwirksamkeit

- „Unter Energieressourcen sind Zeit, Geld oder Wissen zu verstehen, die danach beurteilt werden, ob sie beim Erwerb weiterer Ressourcen hilfreich sind" (Hobfoll & Buchwald, 2004, S. 13f). In seinen Erhebungsinstrumenten erfasst Hobfoll unter anderem die folgende Energieressource:
  - Haushaltseinkommen
  - Zeit
  - Wissen

- „Objektressourcen sind physischer Natur, z. B. Kleidung, das eigene Auto oder Haus. Sie werden nach ihrer äußerlichen Beschaffenheit bewertet oder nach ihrem sekundären Status, abhängig von Seltenheit oder Anschaffungskosten" (Hobfoll & Buchwald, 2004, S. 13). In seinen Erhebungsinstrumenten erfasst Hobfoll unter anderem die folgenden Objektressourcen:
  - Eigentum
  - Autoverfügbarkeit

Einschätzungen des Gewinns oder Verlusts dieser Ressourcen werden im Sinne der Ressourcenerhaltungstheorie genutzt, um Personen einschätzen zu lassen, ob sie eine Situation als stressreich empfinden. Sie dienen nicht dazu zu erklären, von welchen Determinanten es abhängt, ob eine Person handelt oder nicht. Daher wird im Folgenden die Theorie des geplanten Verhaltens erläutert.

2.5.2 Theorie des geplanten Verhaltens

Die Theorie des geplanten Verhaltens wurde von Ajzen (1991) entwickelt und baut auf Vorarbeiten von Ajzen und Fishbein (1980) auf. Sie dient dazu, sowohl die Intention als auch das selbstberichtete Verhalten einer Person in einer spezifischen Situation vorherzusagen. Es sind die drei Faktoren Einstellung (attitude towards behavior), subjektive Norm (subjective norm) und wahrgenommene Verhaltenskontrolle (self efficacy/perceived behavioral control), mit denen Intention und Verhalten vorhergesagt werden (siehe Abbildung 10):

> „Briefly, according to the theory of planned behavior, human action is influenced by three major factors: favourable or unfavourable evaluation of the behavior (attitude towards behavior), perceived social pressure to perform or not perform the behavior (subjective norm) and perceived capability to perform the behavior (self efficacy)" (Ajzen & Gilbert Cote, 2008, S. 301).

In die Einstellung gegenüber einem Verhalten fließt der Theorie nach ein, wie die Person dieses Verhalten bewertet und ob sie dem Verhalten eine Konsequenz zuordnet. Eine Person muss also eine Verhaltensweise als ihren allgemeinen Zielen dienlich bewerten. Nach Ajzen ist ferner die subjektive Norm relevant. Sie beschreibt, wie stark eine Person sozialen Druck empfindet, das untersuchte Verhalten auszuüben. Hierbei geht es um Erwartungen seitens Menschen, die der betrachteten Person wichtig sind. Die dritte Determinante ist die wahrgenommene Verhaltenskontrolle. Hier geht es um die subjektive Einschätzung, wie gut die betreffende Person das Verhalten ausführen kann (Ajzen, 1991; Ajzen & Gilbert Cote, 2008).

Abbildung 10: Theorie des geplanten Verhaltens, (vereinfachte Darstellung nach Ajzen (2006), eigene Übersetzung)

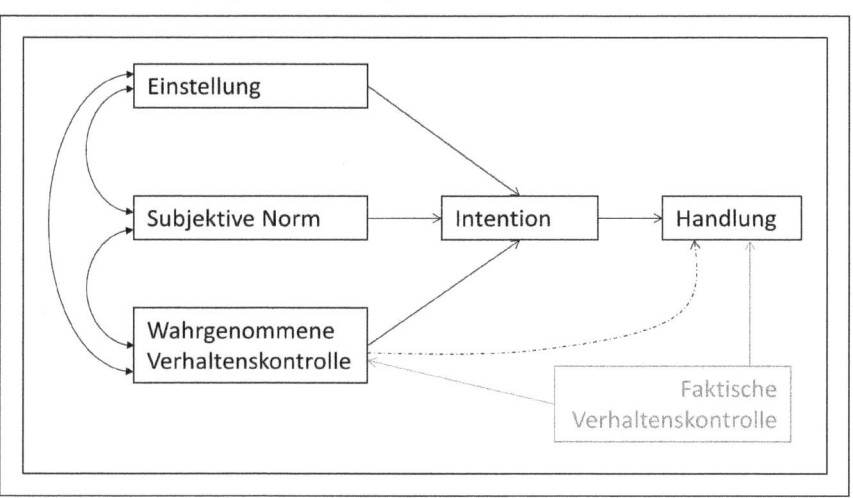

Die wahrgenommene Verhaltenskontrolle determiniert nicht nur die Intention, sie erklärt auch, ob eine Intention, also die bewusste Absicht, etwas zu tun, zu einer Handlung führt. Neben der wahrgenommenen Verhaltenskontrolle ist es auch die faktische Verhaltenskontrolle, die beeinflusst, ob eine Intention in eine Handlung überführt wird (Ajzen, Albarracín & Hornik, 2007). Die wahrgenommene Verhaltenskontrolle steht also für eine Bewertung der objektiv verfügbaren Ressourcen. Zudem sagt die faktische Verhaltenskontrolle Unterschiede in der wahrgenommenen Verhaltenskontrolle vorher.

Die faktische Verhaltenskontrolle wird von Ajzen nicht weiter operationalisiert und in den empirischen Analysen zur Theorie des geplanten Verhaltens nicht miterhoben. Daher ist die faktische Verhaltenskontrolle in Abbildung 10 grau dargestellt. Ajzen pflegt eine Homepage zur Theorie des geplanten Verhaltens. Dort findet sich eine kurze Beschreibung der faktischen Verhaltenskontrolle:

> „Actual behavioral control refers to the extent to which a person has the skills, resources, and other prerequisites needed to perform a given behavior. Successful performance of the behavior depends not only on a favorable intention but also on a sufficient level of behavioral control. To the extent that perceived behavioral control is accurate, it can serve as a proxy of actual control and can be used for the prediction of behavior" (Ajzen).

Auf eine Frage in der FAQ-Liste, wie die faktische Verhaltenskontrolle gemessen werden kann, antwortet Ajzen:

> „In the TPB, actual behavioral control (ABC) moderates the effect of intentions on behavior. An essential prerequisite for assessing a person's ABC is a good understanding of the various internal factors (skills, knowledge, physical stamina, intelligence, etc.) and external factors (legal barriers, money, equipment, cooperation by others, etc.) that are needed to perform the behavior or that can interfere with its performance; as well as a way to assess the extent to which the person has or can obtain the requisite resources and overcome potential barriers. Because it is usually much more difficult to measure actual behavioral control than perceived behavioral control (PBC), most studies rely on PBC as a proxy for ABC" (Ajzen, 2014).

Die Theorie des geplanten Verhaltens ist eine etablierte, in vielen Bereichen eingesetzte Theorie. Sie wird auch in den für umweltbezogene Gerechtigkeit relevanten Bereichen der Umwelt- (Hunecke & Haustein, 2007; Schwarz, 2007) und Gesundheitsforschung (Ajzen et al., 2007) angewendet. Für den jeweiligen Anwendungsbereich müssen die jeweiligen Determinanten der Theorie des geplanten Verhaltens spezifisch operationalisiert werden. Hierbei ist die sogenannte TACT-Regel einzuhalten, um das latente Konstrukt Handlung zu formulieren. „The behavior of interest is defined in term of its Target, Action, Context, and Time (TACT) elements" (Ajzen, 2006, S. 2). Stern (2000, S. 418) betont als einen Mangel der Theorie des geplanten Verhaltens, dass sie Fähigkeiten (Capabilities) nicht berücksichtigt:

„The field now needs synthetic theories or models that incorporate variables from more than one of the above broad classes, postulate relationships among them, and use them to explain one or more types of environmentally significant behavior. Researchers are beginning to propose such models (e.g., Dahlstrand & Biel, 1997; Fransson & Gärling, 1999; Gardner & Stern, 1996; Hines, Hungerford, & Tomera, 1987; Ölander & Thøgerson, 1995; Stern & Oskamp, 1987; Vlek, 2000). Some of the models expand on familiar theories of altruistic behavior (e.g., Schwartz, 1977) or planned behavior (e.g., Ajzen, 1991), which emphasize attitudinal factors almost exclusively. Because the new models also take into account personal capabilities, context, and habits, they are more suitable for explaining behaviors that have significant environmental impacts, which are often strongly influenced by such nonattitudinal factors."

Als Fähigkeiten benennt er die folgenden: „Personal capabilities, Literacy, Social status, Financial resources, Behavior-specific knowledge and skills" (Stern, 2000, S. 421). Eine Anwendung der Theorie des geplanten Verhaltens zur Erklärung von umweltbezogener Verfahrensungerechtigkeit legt vor dem Hintergrund des Verständnisses von Fähigkeiten und Vulnerabilität nahe, dass vor allem der faktischen und wahrgenommenen Verhaltenskontrolle eine bedeutende erklärende Funktion hinsichtlich umweltbezogener Gerechtigkeit zukommt.

Die Theorie des geplanten Verhaltens wurde bereits erfolgreich eingesetzt, um Unterschiede in Handlungsweisen verschiedener Gruppen zu erklären. So hat Nina Schwarz (2007) die Nutzung wassersparender Technologien mithilfe der Theorie des geplanten Verhaltens untersucht und unterschiedliche Verhaltensweisen verschiedener Milieus nachgewiesen. Auch Bamberg (2003) hat die Theorie des geplanten Verhaltens für Gruppenvergleiche angewendet und Unterschiede bei der Nutzung erneuerbarer Energien zwischen der Gruppe mit einem hohen Umweltbewusstsein und der mit einem geringen Umweltbewusstsein erklärt. Es kann also davon ausgegangen werden, dass Unterschiede im Verhalten von identifizierbaren Gruppen mit dieser Theorie aufgezeigt werden können.

Die Theorie des geplanten Verhaltens findet in vielen Bereichen Anwendung, was sicherlich auch darin begründet liegt, dass die Prädiktoren sehr allgemein gehalten sind und über die Operationalisierung durch die TACT-Regel an verschiedene Kontexte angepasst werden können. Daher kann sie auch einen Beitrag dazu liefern zu erklären, warum Menschen sich in umweltpolitisch relevante Entscheidungsprozesse einbringen oder nicht.

2.6 Forschungslücke

Angesichts des in Kapitel 1 benannten übergeordneten Ziels dieser Forschung, *aus dem Verhalten von Haushalten Anforderungen an die Raumplanung für mehr umweltbezogene Gerechtigkeit abzuleiten*, wurden in diesem Kapitel verschiedene theoretische Grundlagen im Hinblick auf die Fragestellung aufbereitet und die Forschungslücke konkretisiert.

Die Grundlagen zu umweltbezogener Gerechtigkeit (siehe Kapitel 2.1) und zu Einflussmöglichkeiten von Stadtplanung und planerischem Umweltschutz auf umweltbezogene Gerechtigkeit (siehe Kapitel 2.4) sind hierbei zentral, um im Sinne des Claim Makings Anforderung formulieren zu können. Hierbei wurde deutlich, dass räumliche Planung aufgrund des räumlichen Zusammenhangs von sozialer Ungleichheit bei Umwelt sowie der Relevanz von raumbedeutsamen Entscheidungsprozessen das Potenzial hat, im Sinne des Leitbildes einer umweltbezogenen Gerechtigkeit Lebensbedingungen mitzugestalten. Insbesondere die Stadtplanung und der planerische Umweltschutz bieten hierzu bedeutsame Handlungsfelder (siehe Kapitel 2.4). Wie mit den bestehenden Instrumenten und Verfahren das Leitbild einer umweltbezogenen Gerechtigkeit unterstützt werden kann, wurde erst in jüngster Vergangenheit in den deutschen Raumwissenschaften thematisiert und stellt nach wie vor eine Lücke dar, die durch ein Claim Making spezifiziert werden sollte.

In Verbindung von umweltbezogener Gerechtigkeit und räumlicher Planung wird insbesondere in der umweltbezogenen Verfahrensgerechtigkeit eine sinnvolle Fokussierung zur weiteren Forschung gesehen, da der Anspruch der räumlichen Planung, nicht zuletzt durch die Umsetzung der Aarhus-Konvention, auf eine umfassende Beteiligung der Öffentlichkeit ausgerichtet ist. Die bisherige Forschung zu umweltbezogener Verfahrensgerechtigkeit untersucht entweder räumliche Muster oder umweltpolitisch relevante Entscheidungsprozesse einschließlich der daran beteiligten Akteure. Da sich allerdings nur ein Bruchteil der Gesellschaft in umweltpolitisch relevante Entscheidungsprozesse einbringt, ist ein Großteil der Gesellschaft nicht Gegenstand dieser Analysen. Um ein umfassendes Bild von umweltbezogener Verfahrensgerechtigkeit zu erlangen, gibt es daher Bedarf an einer Perspektive auf die Betroffenen. Aus dieser Perspektive soll untersucht werden, warum Haushalte sich an umweltpolitisch relevanten Entscheidungsprozessen beteiligen oder diese initiieren. Hierdurch können mögliche selektive Prozesse, die schon vor Beginn des Verfahrens einsetzen, betrachtet werden. Zudem ist es von Interesse, generell zu untersuchen, wie Haushalte mit ihrer lokalen Umweltgüte umgehen, denn Teilhabe an umweltpolitisch relevanten Entscheidungsprozessen ist hier sicherlich nur eine Möglichkeit. In Kapitel 2.2 wurde herausgearbeitet, dass insbesondere der Umgang mit Lärm und Luftbelastungen relevant ist.

An verschiedenen Stellen wird beim Stand der Forschung zu umweltbezogener Gerechtigkeit gefordert, ursachenbezogene Analysen zu betreiben, die auch gängige Argumentationsmuster durchbrechen (siehe Kapitel 2.1, insbesondere

Gosine & Teelucksingh, 2008; Pulido, 2000; Walker, 2009). Pulido fordert beispielsweise im Kontext umweltbezogener Gerechtigkeit, die Breite und Tiefe von Rassismus anzuerkennen und zu erforschen. Es besteht also Forschungsbedarf, mehr über Differenzen, die mit ethnischer Zugehörigkeit verbunden sind, kennenzulernen: „As Cole and Foster (2001, p. 58) note, while unequal distribution studies can point to statistical correlations that highlight the significance of either ‚race' or class, the studies cannot demonstrate causalities" (Gosine & Teelucksingh, 2008, S. 6). In der deutschen Forschung zu umweltbezogener Gerechtigkeit gibt es bislang nur wenige Studien zu umweltbezogener Verteilungsgerechtigkeit, die untersuchen, ob es Differenzen zwischen Menschen mit und ohne Migrationshintergrund im Sinne umweltbezogener Ungerechtigkeit gibt. Erste Ergebnisse (siehe Kapitel 2.1) legen nahe, hierzu vertiefend zu forschen.

Im Stand der Forschung wurde auch herausgearbeitet, dass ein „lack of capacity to participate in the process" (Amerasinghe, Farrell, Jin, Shin & Stelljes, 2008, S. 11) dazu führen kann, dass sich bestimmte Gruppen nicht in Entscheidungsprozesse einbringen. Was dieses „lack of capacity" ausmacht, wird, wie in Kapitel 2.1.2 bereits als relevant betont, bislang jedoch nicht genauer untersucht. Hierzu erscheint es sinnvoll, die Potenziale verschiedener bestehender theoretischer Modelle und Konzepte zu integrieren. So ist hier das sozialwissenschaftliche Konzept der Vulnerabilität einschlägig, da es aufzeigt, wie Menschen mit externen Umwelteinflüssen umgehen können (siehe Kapitel 2.3). Hierbei wird auch im Sinne von Fähigkeiten, so wie im Fähigkeitsansatz von Sen und Nussbaum argumentiert (siehe Kapitel 2.1.4.2). Allerdings ist Vulnerabilität dadurch gekennzeichnet, dass sie sich im Gegensatz zu dem universellen Fähigkeitsansatz explizit auf einen externen Umweltfaktor bezieht. Dies ist der Zielsetzung dieser Arbeit, ein Verständnis von Handlungsmöglichkeiten eines Haushaltes im Umgang mit externen Umweltfaktoren zu erlangen, dienlich. Sen nimmt, wie in Kapitel 2.1.4.2 dargelegt, nur einen vagen Bezug auf den Einfluss der Umwelt auf die Entfaltung der Fähigkeiten. Das Vulnerabilitätskonzept ist zwar kein Gerechtigkeitskonzept, da es allein um die spezifische Vulnerabilität gegenüber einer Situation und nicht eine gerechtigkeitstheoretische Bewertung von Unterschieden in der Vulnerabilität geht. Dennoch kann es für eine Analyse umweltbezogener Gerechtigkeit angewendet werden: Denn ist vor allem eine klar identifizierbare Gruppe vulnerabler gegenüber einer spezifischen externen Stresssituation, so kann dies als umweltbezogene Ungerechtigkeit verstanden werden. Es gibt aufgrund des hohen Erklärungsgehalts, den das Konzept der Vulnerabilität für umweltbezogene Ungerechtigkeiten hat, vermehrt Ansätze, welche die beiden zunächst getrennt voneinander entstandenen Diskurse zu umweltbezogener

Gerechtigkeit und Vulnerabilität zueinander ins Verhältnis setzen (beispielsweise Satterfield, Mertz & Slovic, 2004; Cutter, 2006; Köckler, 2011).

Dass es zu den Zielen dieser Arbeit gehört *zu verstehen, welche Faktoren determinieren, ob sich ein Mitglied eines Haushalts in umweltpolitisch relevante Entscheidungsprozesse einbringt oder diese initialisiert*, ist es wertvoll, verhaltenswissenschaftliche Theorien zu nutzen. In Kapitel 2.5 wurde herausgearbeitet, dass die Theorie des geplanten Verhaltens eine Handlungstheorie ist, die auch zur Erklärung von umweltbezogenen Verhaltensweisen eingesetzt wird. Im Modell ist mit der faktischen Verhaltenskontrolle ein Element enthalten, dass objektive Ressourcen wie Einkommen oder Bildung einbezieht, wie sie sowohl in Vulnerabilitätskonzepten als auch in Analysen umweltbezogener Verteilungsgerechtigkeit verwendet werden. Eine Operationalisierung der faktischen Verhaltenskontrolle ist bislang kaum vorgenommen worden. Um diese Forschungslücke zu schließen, wird, wie in Kapitel 2.5.1 herausgearbeitet, der Ressourcenerhaltungstheorie ein großes Potenzial eingeräumt. Über die Anwendung verhaltenswissenschaftlicher Theorien und Modelle, die in ihren empirischen Erhebungen in der Regel mit subjektiven Einschätzungen von Einstellungen, aber auch einer Einschätzung der verfügbaren Ressourcen arbeiten, kann eine weitere Forschungslücke geschlossen werden. Denn bislang ist die Einschätzung eigener Ressourcen und Fähigkeiten nicht Gegenstand von Analysen umweltbezogener Gerechtigkeit.

Angesichts der verschiedenen aufgezeigten Forschungslücken wird im Folgenden aufbauend auf dem Stand der Forschung ein Modell entwickelt, das einen Beitrag zur Erklärung liefern soll, wie Haushalte in ihrem Wohnumfeld ihre Exposition gegenüber negativen Umweltfaktoren verringern beziehungsweise gegenüber positiven Faktoren erhöhen.

Konzeption

3 Model On households' Vulnerability towards the local Environment (MOVE)

Im Folgenden werden die theoretischen Grundlagen aus Kapitel 2 angesichts des identifizierten Forschungsbedarfs in einem Handlungsmodell zusammengeführt, das beschreibt, welche Faktoren in welchem Ausmaß erklären, wie Haushalte mit der Umweltgüte in ihrem Wohnumfeld umgehen. Dieses Modell nenne ich *MOVE-Modell*, was für „*Model On households' Vulnerabilty towards the local Environment*" steht. Haushalte, die nach der Logik des MOVE-Modells weniger Coping-Handlungen zur Bewältigung von Umweltbelastungen durchführen, sind vulnerabler als diejenigen, die mehr Coping-Handlungen umsetzen.

Das MOVE-Modell ist in Abbildung 11 dargestellt. Im Kern steht die Theorie des geplanten Verhaltens (TPB, Theory of Planned Behaviour) nach Ajzen (siehe Kapitel 2.5.2). Angesichts der Ausführungen zu umweltbezogener Gerechtigkeit (siehe Kapitel 2.1) und zu Vulnerabilität (siehe Kapitel 2.3) wird angenommen, dass die wahrgenommene Verhaltenskontrolle einen größeren erklärenden Einfluss bei der Vorhersage von Coping-Intention und -Handlung hat als die Einstellung und die subjektive Norm. Um die Wahl von Coping-Handlungen zu erklären, wird die Theorie des geplanten Verhaltens mit einem Stressmodell verbunden. Die Ressourcenerhaltungstheorie (COR, Conservation of Resource Theory) von Hobfoll (siehe Kapitel 2.5.1) liefert hier eine gute Systematik und erklärt ihrerseits, entsprechend der faktischen Verhaltenskontrolle (siehe Kapitel 2.5.2), die wahrgenommene Verhaltenskontrolle. Die Rolle der Umweltgüte, die auf den gesamten Haushalt einwirkt, und dessen Wahrnehmung werden als weiterer *Prädiktor*, also als vorhersagende beziehungsweise unabhängige Variable verstanden. Das MOVE-Modell geht davon aus, dass Coping-Handlungen Einzelner auf die Lebenssituation des gesamten Haushaltes wirken und Haushalte eine Ebene der sozialen Unterstützung darstellen, welche Hobfoll als eine zentrale Ressource ansieht (siehe Kapitel 2.5.1.2). In Kapitel 1 wurde bereits herausgearbeitet, dass die Haushaltsebene ein verbindendes Element zwischen individuellem Verhalten und räumlicher Planung ist.

In Anlehnung an die Gewinn- und Verlustspiralen nach Hobfoll (siehe Kapitel 2.5.1.2) hat das Modell Rückkopplungsschleifen, die davon ausgehen, dass erfolgreiche Coping-Handlungen entweder die Umweltgüte, deren Wahrnehmung oder die Bewältigungskapazität verändern. So könnte der Einbau von Schallschutzfenstern als erfolgreiche Coping-Handlung dazu führen, dass die

Lärmbelastung in der Wohnung reduziert wird, daraufhin Schlafstörungen abnehmen und sich der Gesundheitszustand als Bedingungsressource verbessert.

Abbildung 11: MOVE-Modell theoretisch

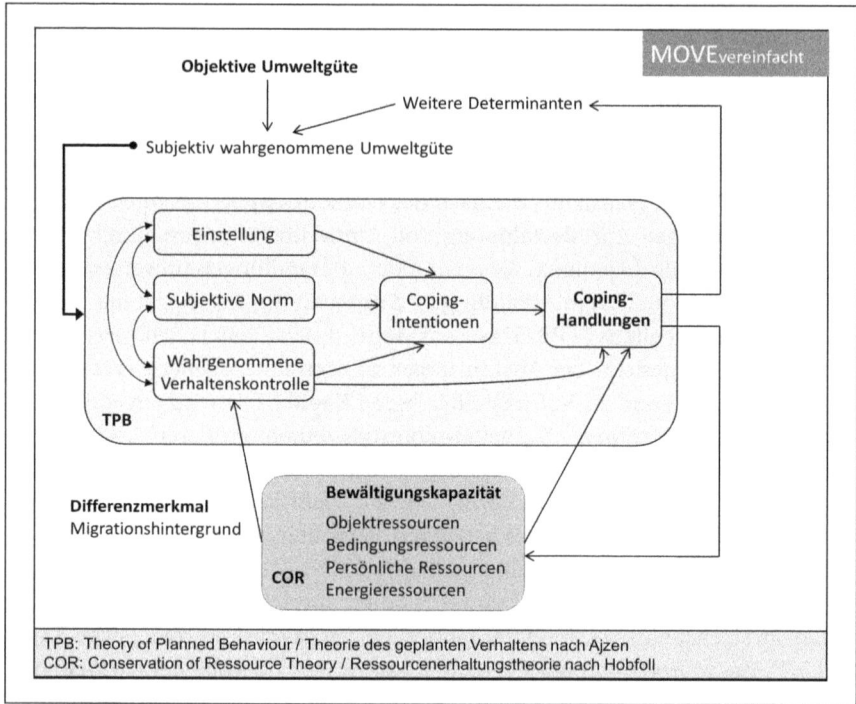

Im Folgenden werden die einzelnen Komponenten des MOVE-Modells erläutert: Einleitend wird in Kapitel 3.1 beschrieben, welche Coping-Möglichkeiten Haushalte zum Umgang mit Umweltbelastungen im Wohnumfeld wählen. Hierzu wurde in einer vorherigen Studie ein Coping-Inventar abgeleitet, welches im MOVE-Modell als abhängige Variable fungiert. Die erklärenden Variablen sind neben den Prädiktoren der Theorie des geplanten Verhaltens die subjektive Wahrnehmung der Umweltgüte sowie die Bewältigungskapazität (Kapitel 3.3). In Kapitel 3.4 wird im Sinne des Claim Makings auf den Migrationshintergrund als Differenzmerkmal eingegangen. Abschließend werden in Kapitel 3.4 basierend auf dem MOVE-Modell und den theoretischen Grundlagen Hypothesen für den empirischen Test benannt.

3.1 Möglichkeiten zum Coping mit Umweltgüte im Wohnumfeld: Das Coping-Inventar

Forschung zu umweltbezogener Verfahrensgerechtigkeit findet bislang vor allem aus Perspektive des jeweiligen umweltpolitisch relevanten Entscheidungsverfahrens statt und untersucht, wer beteiligt ist, oder wie gerecht die Beteiligten das Verfahren empfinden (siehe Kapitel 2.1.2). Die Perspektive, vom Verfahren auf Betroffene zu wechseln und zu analysieren, welche Coping-Intentionen und Coping-Handlungen Haushalte wählen beziehungsweise wählen können, die von umweltbezogener Ungerechtigkeit betroffen sind, greift die in Kapitel 2.6 identifizierte Forschungslücke auf.

Auf welche Art und Weise Haushalte auf die Umweltgüte vor Ort im Sinne von Coping reagieren, wurde im Rahmen einer eigenen Befragung explorativ erhoben (Katzschner & Köckler, 2008; Köckler, Katzschner, Kupski, Katzschner & Pelz, 2008, S. 40ff). Die Befragung fand in Kassel im Rahmen des Projektes *Umweltbezogene Gerechtigkeit und Immissionsbelastungen am Beispiel der Stadt Kassel* statt. Dieses Projekt wurde an der Universität Kassel gemeinsam vom Center for Environmental Systems Research und dem Fachgebiet Umweltmeteorologie durchgeführt und stellte eine integrierte Analyse von faktischer Umweltsituation (Luft, Lärm und Grün) sowie einer Haushaltsbefragung dar. Als Untersuchungsräume wurden mit den beiden Kasseler Stadtteilen Nord (Holland) und Harleshausen zwei sozial-strukturell (hinsichtlich Arbeitslosen- und Ausländeranteil) sowie baulich-räumlich (hinsichtlich Dichte und Grünflächenverfügbarkeit) unterschiedliche Stadtteile ausgewählt. In beiden Stadtteilen gibt es belastete Räume bezüglich Luft und Lärm an Hauptverkehrsstraßen und diesbezüglich relativ gering belastete Räume (siehe ausführlich Köckler et al., 2008).

In der Haushaltsbefragung wurden 115 Haushalte erreicht. Davon leben 61,7% der Haushalte im Stadtteil Nord. 56% der Befragten sind Frauen. Insgesamt haben 41% der Haushalte einen Migrationshintergrund, von den Befragten in Nord (Holland) sind dies 63%, in Harleshausen sind es 6% (zur Definition des Migrationshintergrunds und weiteren Stichprobenmerkmalen siehe Köckler et al., 2008, S. 28).

Um mögliche Coping-Intentionen und -Handlungen zu erfassen, wurden in der Haushaltsbefragung aufgrund fehlender Vorarbeiten in diesem Themenfeld offene Fragen gestellt. Die erste Frage zielt auf Coping-Handlungen, während die zweite Frage mögliche Coping-Ideen erfasst. Die Frage nach Ideen sollte zu vielfältigen Antworten möglicher Handlungen führen. Die Fragen lauteten:

1. „Machen Sie etwas, um Ihre Umweltsituation (also Luft, Lärm, Grünflächen) zu Hause, d.h. in ihrer Wohnung und ihrer Wohnumgebung zu verbessern?"

Die Antwort wurde in den zwei Pfaden „ja, und zwar …" sowie „nein, weil …" dokumentiert.

2. „Fällt Ihnen etwas ein, was Sie machen könnten, um Ihre Umweltsituation zu Hause, d.h. in Ihrer Wohnung und Ihrer Wohnumgebung zu verbessern?"

Die Antwort wurde in den zwei Pfaden „ja, und zwar …" sowie „nein, weil …" dokumentiert.

Die Antworten wurden anschließend thematisch gruppiert. Im Ergebnis wurden die drei Gruppen Alltagshandeln, bauliche Maßnahmen sowie institutionelles Handeln gebildet. Abbildung 12 gibt einen Überblick über die entwickelten Kategorien und die Anzahl der jeweils zugeordneten Begriffe (siehe zur Auswertung im Detail Köckler et al., 2008, Kapitel 5.4). Die drei Kategorien wurden wie folgt beschrieben:

> „Während sich Alltagshandeln auf alltägliches Handeln der Haushaltsmitglieder bezieht, werden bauliche Maßnahmen in der Regel einmalig oder selten umgesetzt, sind mit finanziellen Kosten verbunden und führen zu einer Veränderung der gebauten Umwelt. Zum institutionellen Handeln gehören sowohl die Anwendung von Ordnungsmechanismen auf der Basis bestehenden Rechts (beispielsweise Einhaltung von Grenzwerten des BImSchG oder der Hausordnung), sowie die Gründung neuer Institutionen (beispielsweise einer Bürgerinitiative oder einer Ortssatzung).
>
> Diese drei Kategorien können sich jeweils auf den Innenraum oder den Außenraum beziehen. Maßnahmen und Intentionen, die sich auf den Innenraum beziehen, wirken auf die eigene Wohnung bzw. die Mitglieder des eigenen Haushalts. Maßnahmen im Außenraum können hingegen auch auf andere Personen wirken. So sind bauliche Maßnahmen an der Gebäudehülle, wie der Einbau von Schallschutzfenstern, dem Innenbereich zuzuordnen, während eine polizeirechtlich gesicherte Verkehrsberuhigung (etwa Tempo-30-Zone) eine institutionelle Maßnahme des Außenbereichs ist. Im Innen- und Außenbereich können sowohl das Alltagshandeln als auch bauliche oder institutionelle Handlungen bzw. Intentionen auf verschiedene Bestandteile von Umweltgüte bezogen sein. In dieser Befragung wurden Aussagen zu Lärm, Luft, Grün und Sauberkeit gemacht. Für den Außenbereich wurden vielfach Aussagen zum Verkehrsbereich gemacht, der als eine Quelle für Luft- und Lärmbelastung zu verstehen ist. Da es sich hier um eindeutige Nennungen im Verkehrsbereich handelt, werden diese nicht Luft und Lärm zugeordnet, sondern als eigene Kategorie Verkehr ausgewertet" (Köckler et al., 2008, S. 41f).

Die identifizierten Kategorien wurden in das Coping-Inventar überführt, welches in vereinfachter Form in Abbildung 13 dargestellt ist. Hier wird der Begriff des Copings jeder einzelnen Kategorie klar zugeordnet. Entsprechend der Theorie des geplanten Verhaltens unterscheidet das MOVE-Modell zwischen Coping-Intention und Coping-Handlung. So kann eine Befragte Person die Intention haben, Schallschutzfenster einzubauen, oder berichten, dies als Coping-Handlung bereits getan zu haben. Ebenso kann sie im Bereich des Alltagshandelns die Absicht haben, sich regelmäßig außerhalb des Wohnumfeldes zu erholen, oder dies faktisch tun. Der Begriff des Inventars verdeutlicht, dass die Coping-Intentionen und -Handlungen alternativ zu verstehen sind. Ergänzend zu der ersten Veröffentlichung des Coping-Inventars (Katzschner & Köckler, 2008; Köckler et al., 2008) ist in Abbildung 13 zusätzlich Umzug als mögliche Form des Copings aufgenommen. Bereits in der Erhebung in Kassel wurde nach Umzugsabsichten gefragt und von den Befragten als eine Möglichkeit, auf schlechte Umweltgüte zu reagieren, benannt (Katzschner & Köckler, 2008, S. 43ff; Köckler et al., 2008). In dem abstrakten Coping-Inventar in Abbildung 13 wurden zudem nicht explizite Umweltbereiche benannt, auf die sich das Coping bezieht. Diese sind in Abbildung 12 Luft, Lärm, Grün, Sauberkeit. Im MOVE-Modell kann über die jeweils betrachtete Umweltgüte ein spezifischer Umweltbezug hergestellt werden.

Abbildung 12: Kategorien zu Coping-Handlungen und -Ideen (Quelle: Köckler et al., 2008, S. 41)

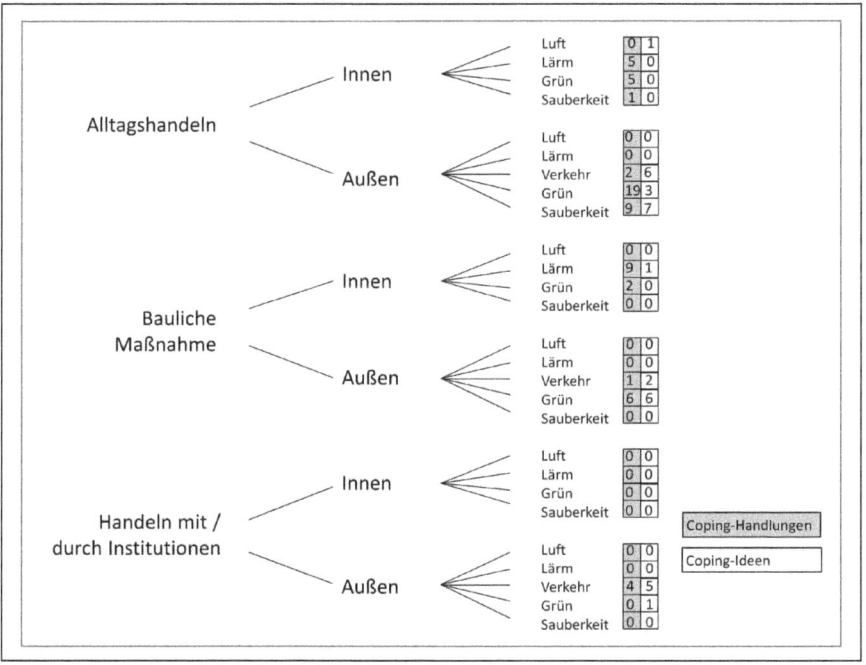

Abbildung 13: Coping-Inventar abstrahiert

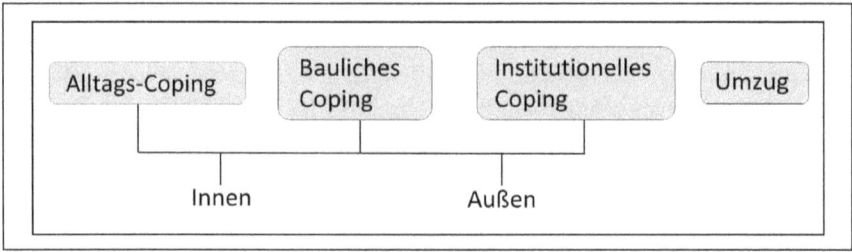

3.2 Umweltgüte und deren Wahrnehmung als Belästigung

In dem MOVE-Modell wird die externe Umweltgüte als ein Stressor verstanden, auf den Haushalte mit einer Coping-Handlung reagieren. Es wird somit in Anlehnung an psychologische Stressmodelle unterstellt, dass die Belastungssituation das Verhalten initialisiert (siehe Kapitel 2.4). Hierzu muss die objektive Umweltbelastung jedoch subjektiv als Belästigung und somit als Stress wahrgenommen werden. Der Stand der Forschung zeigt, dass nicht jede objektive Belastung als Belästigung wahrgenommen wird und dies von mehreren Determinanten abhängt. Daher werden im MOVE-Modell verschiedene Determinanten aufgenommen, die bereits im Stand der Forschung (siehe Kapitel 2.2.2) als relevant für Unterschiede in der subjektiv wahrgenommenen Belastung herausgearbeitet wurden. Hierzu zählen Faktoren, die die Situation des Gebäudes beschreiben, wie die Ausstattung mit Schallschutzfenstern oder unterschiedliche Umweltbelastungen an der Vorder- oder Rückseite des Gebäudes, aber auch die Einschätzung der Qualität des Wohnumfelds, Wissen über die objektive Umweltsituation sowie die Dauer der Anwesenheit im Wohnumfeld.

3.3 Bewältigungskapazität

In dem MOVE-Modell wird die Ressourcenerhaltungstheorie von Stevan E. Hobfoll als eine Systematik verstanden, anhand derer verschiedene Ressourcen abgeleitet werden können. Hierbei wird Hobfolls Gedanke, dass die Verfügbarkeit von Ressourcen die Möglichkeiten zum Coping bestimmt, aufgegriffen. Die Ausprägung der Ressourcen bestimmt somit die Vulnerabilität eines Haushaltes. Demnach repräsentieren diese Ressourcen Fähigkeiten im Sinne der Capabilities (siehe Kapitel 2.1.4.2).

Die Ressourcen erklären in dem MOVE-Modell sowohl Unterschiede in der wahrgenommenen Verhaltenskontrolle als auch der Coping-Handlung. Ajzen sieht an dieser Stelle in der Theorie des geplanten Verhaltens die faktische Verhaltenskontrolle vor (siehe Abbildung 10). Ajzen sieht die Bedeutung der faktischen Verhaltenskontrolle als offensichtlich und gibt an, dass der Begriff der faktischen Verhaltenskontrolle für Ressourcen, Möglichkeiten und Fähigkeiten steht (Ajzen, 1991, S. 183). Diese Einordnung Ajzens deckt sich mit dem hier verwendeten Verständnis. Ajzen hat die faktische Verhaltenskontrolle jedoch nicht operationalisiert, da sie für ihn über die wahrgenommene Verhaltenskontrolle in einer spezifischen Situation abgebildet wird. Aus Sicht umweltbezogener Gerechtigkeit wird die faktische Verhaltenskontrolle als relevanter Prädiktor verstanden, um die Vulnerabilität von Haushalten zu beschreiben und Unterschiede zwischen Gruppen von Haushalten erkennen zu können, die wiederum gerechtigkeitstheoretisch einzuordnen sind. In Kapitel 2.5.2 wurden die einzelnen Ressourcengruppen bereits beschrieben.

3.4 Der Migrationshintergrund als Differenzmerkmal

Das MOVE-Modell ist ein Erklärungsmodell, das über umweltbezogene Gerechtigkeit in einen weiteren Kontext eingebettet ist, und soll im Ergebnis einen Beitrag dazu leisten, Anforderungen an Stadtplanung und planerischen Umweltschutz für mehr umweltbezogene Gerechtigkeit vor dem Hintergrund der Vulnerabilität von Haushalten abzuleiten. Hierzu ist im Sinne des Claim Makings für umweltbezogene Gerechtigkeit (siehe Kapitel 1) das Aufzeigen von sozialen Differenzen zentral. Es können verschiedene soziale Faktoren (siehe Abbildung 3) als Differenzmerkmale herangezogen werden. Angesichts des Stands der Forschung, insbesondere zu Environmental Racism (siehe Kapitel 2.1.4.1) und Ergebnissen zu sozialer Ungleichheit bei der Verteilung von Umweltgüte hinsichtlich des Faktors Migrationshintergrund (siehe Kapitel 2.1.1) wird hier entsprechend der in Kapitel 2.6 herausgearbeiteten Forschungslücke nach Differenzen in der Vulnerabilität hinsichtlich des Migrationshintergrunds geschaut.

3.5 Das MOVE-Modell als Grundlage einer empirischen Untersuchung

In ihrer Summe stehen die Prädiktoren der Theorie des geplanten Verhaltens sowie die Bewältigungskapazität, operationalisiert durch Ressourcen, für die Vulnerabilität eines Haushaltes. Die Ausprägungen dieser Variablen können für verschiedene gesellschaftliche Gruppen verglichen werden, um im Sinne umweltbezogener Gerechtigkeit Differenzen erkennen zu können. Vor dem Hintergrund der Ausführungen zu umweltbezogener Gerechtigkeit und Vulnerabilität soll mithilfe des MOVE-Modells empirisch untersucht werden, ob Menschen mit Migrationshintergrund hinsichtlich der relevanten Determinanten benachteiligt sind.

Das MOVE-Modell soll empirisch getestet werden. Die Operationalisierung der hier beschriebenen Elemente des Modells für die empirische Erhebung erfolgt im anschließenden Kapitel 4. Im MOVE-Modell können generell unterschiedliche Formen der Umweltgüte allein oder in Kombination betrachtet werden. Im Sinne der TACT-Regel zur Entwicklung von Fragen im Rahmen der Theorie des geplanten Verhaltens (siehe Kapitel 2.5.2) ist eine Fokussierung auf einen Faktor wie Luft- oder Lärmbelastung sinnvoll, angesichts der Erkenntnisse zu Mehrfachbelastungen ist jedoch eine Betrachtung mehrerer Umweltgütefaktoren empfehlenswert.

Zusammenfassend ist festzuhalten, dass die folgenden Hypothesen des MOVE-Modells empirisch getestet werden sollen:

1. Die Prädiktoren der Theorie des geplanten Verhaltens haben einen positiven Einfluss auf Coping-Intention und Coping-Handlung. Hierbei hat die wahrgenommene Verhaltenskontrolle unter den Prädiktoren den stärksten Einfluss.
2. Die wahrgenommene Verhaltenskontrolle lässt sich durch Ressourcen, die im Sinne der Ressourcenerhaltungstheorie abgeleitet werden, vorhersagen. Eine bessere Ausstattung mit Ressourcen führt zu einer erhöhten wahrgenommenen Verhaltenskontrolle.
3. Die subjektiv wahrgenommene Umweltgüte wird von der objektiven Umweltgüte und weiteren Prädiktoren vorhergesagt.

Zudem wird geprüft, ob sich die verschiedenen Faktoren des MOVE-Modells in ihrer Ausprägung bei Menschen mit Migrationshintergrund von denen bei Menschen ohne Migrationshintergrund unterscheiden.

Empirie

4 Forschungsdesign: Methoden und Stichprobe

Um das MOVE-Modell und die forschungsleitenden Hypothesen (siehe Kapitel 3) empirisch zu testen, ist ein spezifisches Forschungsdesign erforderlich. Da es sich um ein Haushaltsmodell handelt, ist zunächst zu entscheiden, welche Haushalte befragt werden sollen. Um den Einfluss der Umweltsituation auf das Handeln von Haushalten berücksichtigen zu können, sollen Menschen an Standorten unterschiedlicher Umweltgüte befragt werden. Da ferner die Situation von Menschen mit Migrationshintergrund im Vergleich zu Menschen ohne Migrationshintergrund untersucht werden soll, ist eine Erhebung mit den zwei Quotierungsmerkmalen Umweltgüte im Wohnumfeld sowie Migrationshintergrund der befragten Person erforderlich.

Um die Relevanz von Mehrfachbelastungen zumindest im Ansatz zu berücksichtigen, wird das Quotierungsmerkmal Umweltgüte über die Umweltbelastungen Luftbelastung und Lärm repräsentiert. Die Quotierung macht sich hier an der objektiv modellierten bzw. gemessenen Situation fest. Die Daten sind aus Umgebungslärmkarten und Angaben aus Luftreinhalteplänen frei zugänglich. Da sowohl die Berechnung der Lärm- als auch die der Luftbelastung EU-weit geregelt ist (siehe Kapitel 2.2.1), sind diese objektiven Werte auch im internationalen Kontext vergleichbar. Dies ist für eine Einordnung in die internationale Debatte von besonderer Relevanz. Umweltgüter wie Grünflächen werden aufgrund ihrer Komplexität und einer fehlenden standardisierten Verfügbarkeit nicht als objektiver Faktor bei der Quotierung berücksichtigt.

Als zweites Quotierungsmerkmal sollten in belasteten und nicht belasteten Gebieten gleich viele Menschen mit und ohne Migrationshintergrund erreicht werden (siehe Tabelle 1). Aufgrund ihres großen Bevölkerungsanteils wurde auf die Gruppe mit türkischem Migrationshintergrund fokussiert. Um ausreichend viele Menschen mit türkischem Migrationshintergrund zu erreichen, wird ein ko-ethnisches Erhebungsdesign gewählt. Ein ko-ethnisches Erhebungsdesign zeichnet sich dadurch aus, dass Interviewer und Interviewerinnen der Kulturkreise zum Interviewerteam zählen, die mit dem Interview erreicht werden sollen, und dass der Fragebogen in der entsprechenden Sprache vorliegt. Erfahrungen aus vorherigen Befragungen haben gezeigt, dass der Einsatz von Interviewerinnen und Interviewern aus demselben Kulturkreis die Antwortbereitschaft deutlich erhöht (Köckler, Katzschner, Kupski, Katzschner & Pelz, 2008, S. 27). Baykara-Krumme (2010) beschreibt in ihrer Analyse verschiedener bilingualer ko-ethnischer Befragungen eine deutlich höhere Ausschöpfungsquote beim Einsatz ko-ethnischer Interviewer und Interviewerinnen. Als Methode sind ko-ethnische Erhebungsdesigns, zumindest in den Planungswissenschaften, noch nicht etabliert. Daher erfolgt im Kapitel 4.5.6 ein Exkurs zu dieser Methode vor dem Hintergrund der hier gewonnenen Erfahrungen.

Die Befragung wurde in Form von Telefoninterviews durchgeführt. Die finanziellen Mittel, die zur Durchführung der Studie zur Verfügung standen, reichten nicht aus, um in großem Umfang Face-to Face-Interviews durchzuführen. Von einer schriftlichen Befragung wurde aufgrund der gewünschten Zielgruppe abgesehen.

Tabelle 1: Quotierungsmerkmale der Befragung

	ohne Migrationshintergrund	türkischer Migrationshintergrund	gesamt
gering belastest	25%	25%	50%
hoch belastet	25%	25%	50%
gesamt	50%	50%	100%

Im Folgenden wird in Kapitel 4.1 die Analysestrategie mit den zentralen statistischen Verfahren beschrieben, bevor dann in Kapitel 4.2 die Entwicklung des Fragebogens erläutert wird. Die Telefoninterviews wurden mithilfe eines Online-Befragungssystems unterstützt, das in Kapitel 4.3 beschrieben wird. Der Pre-Test und die daraus gezogenen Schlussfolgerungen werden in Kapitel 4.4 dargelegt, bevor in Kapitel 4.5 die Durchführung der Haupterhebung, vorbereitende Datenanalysen sowie zentrale Stichprobenmerkmale beschrieben werden. Diese Ausführungen bilden die Grundlage für die Teilanalysen in Kapitel 5.

4.1 Analysestrategie

Um die in Kapitel 3 benannten Hypothesen testen zu können, sind verschiedene statistische Verfahren erforderlich, für deren Durchführung wiederum spezifische Voraussetzungen erfüllt sein müssen. Diese Anforderungen beispielsweise an Fallzahl, Datenniveau und Skalenbildung bestimmen neben den inhaltlichen Anforderungen die Fragebogenentwicklung mit.

An dieser Stelle werden die statistischen Verfahren nur sehr verkürzt im Hinblick auf die in Kapitel 5 folgenden Analysen und entsprechenden Anforderungen an die Fragebogenentwicklung beschrieben. Die Zugänge sind aufgrund der deutlichen Anlehnung an verhaltenswissenschaftliche Modelle stark von psychologischen Herangehensweisen geprägt. Je nach Disziplin werden unterschiedliche Analysemethoden verwendet, unterschiedliche Werte berichtet und auch deren Interpretation wird von der jeweiligen Disziplin geprägt. Da sich Raumplanung als interdisziplinäre Wissenschaft aus verschiedenen sozial-, natur- und ingenieurwissenschaftlichen Disziplinen speist, verweise ich im Folgenden auf disziplinäre Besonderheiten, wenn ich dies als Raumplanerin im Sinne der Nachvollziehbarkeit für erforderlich halte.

Für die Analysen wird das in den Sozialwissenschaften weit verbreitete Statistikprogramm SPSS verwendet. Die Analysen wurden mit den Versionen SPPSS 19–22 durchgeführt. Die Teilanalysen zur Rasch-Skalierung wurden mit WINMIRA (Demoversion 2001) gerechnet (siehe Kapitel 5.2.1).

4.1.1 Grundlegendes zu statistischen Analysen

Bevor auf verschiedene anzuwendende Analyseverfahren eingegangen wird, werden ein paar grundlegende, für die meisten Verfahren geltende Aussagen getroffen:

Für viele statistische Analysen wird eine *Normalverteilung* der Daten als Voraussetzung formuliert. Bei den hier verwendeten Daten ist die Normalverteilung häufig nicht gegeben, was teilweise in dem Untersuchungsgegenstand, der auf sozialer Ungleichheit und Extremsituationen basiert, begründet liegen mag. Dies bedeutet, dass bei Unterschiedshypothesen, die gerechnet werden, um Unterschiede zwischen Menschen mit und ohne Migrationshintergrund zu untersuchen, kein *t-Test* gerechnet werden kann, sondern der *Mann-Whitney U-Test* zur Anwendung kommt (Hatzinger & Nagel, 2009, S. 263). Bei zwei ordinalen und metrischen Variablen, die nicht normalverteilt sind, werden statistische Zusammenhänge mit der Rangkorrelation nach Spearman ermittelt (Hatzinger & Nagel, 2009, S. 221).

Um Aussagen statistischer Analysen einzuschätzen, werden neben inhaltlichen Überlegungen immer verschiedene statistische Werte betrachtet. Bei den folgenden Analysen sind dies häufig Signifikanz, Effektstärke und Modellgüte, auf die im Folgenden kurz eingegangen wird.

Signifikanz: Da es sich in dieser Studie um eine Zufallsstichprobe handelt, ist die Wahrscheinlichkeit, mit der die Ergebnisse zufällig zustande kommen, zu berichten. Die Irrtumswahrscheinlichkeit wird bei den meisten der oben benannten statistischen Verfahren als p berichtet. Die Grenze, die von der Irrtumswahrscheinlichkeit nicht überschritten werden darf, ist das Signifikanzniveau. In den folgenden Analysen wird, wie in den Sozialwissenschaften üblich, ein Signifikanzniveau von 5% akzeptiert (Bortz, 2005, S. 11). Dies bedeutet, dass die statistisch ermittelten Ergebnisse zu 95% nicht dem Zufall der Stichprobe unterliegen, sondern auch für die Grundgesamtheit gelten.

Effektstärke berücksichtigt die Größe der Stichprobe. Bei den Zusammenhangsmaßen ist r bzw. r_s das Maß der Effektstärke, bei der linearen Regression ist dies für einzelne unabhängige Variablen der Wert β. Für zwei dichotome Variablen kann die Stärke des Zusammenhangs mit *Phi* ermittelt werden (Baur & Fromm, 2004, S. 178) bzw. mit dem *Cramers V* bei einer dichotomen Variable und einer Variable mit mehreren Ausprägungen (ausführlich erläutert in Backhaus, 2008; Bortz, 2005).

Beim Mann-Whitney U-Test wird die Effektstärke nicht von SPSS ausgegeben. Daher wird sie in den entsprechenden Analysen nach dieser Formel selbst berechnet: ($r = \frac{U}{V \cdot N}$) (Field, 2013, S. 227). Der U-Wert ist die mittels Mann-Whitney U-Test ermittelte Prüfgröße. Zur Einordnung der Effektstärken werden jeweils Cohens Effektstärkemaße herangezogen, die er für r mit ‚1 = *klein*, ‚3 = *mittel* und ‚5 = *stark* einordnet (Cohen, 1992, Tabelle 1).

Modellgüte: Das korrigierte R-Quadrat gibt beispielsweise für multiple lineare Regressionen an, wie viel der Varianz in der abhängigen Variable mit einem Modell erklärt werden kann. Es liegt zwischen 0 und 1 (siehe auch Backhaus, 2008, S. 70). Ein korrigiertes R-Quadrat von 1 würde die Varianz zu 100% erklären. Ein korrigiertes R-Quadrat von ‚25 sagt also aus, dass dieses Modell 25% an Unterschieden in der Ausprägung der abhängigen Variable erklären kann. Ab welchem Wert von einem zufriedenstellenden Modell ausgegangen werden kann, ist stark abhängig vom Untersuchungsgegenstand. Während in naturwissenschaftlichen Modellen Gütewerte von ‚9 durchaus möglich sind, sind diese in sozialwissenschaftlichen Modellen auf der Individual- und Haushaltsebene deutlich geringer. So werden Modellgütewerte von ‚3 durchaus als vertretbar angesehen und zeigen gleichzeitig die Grenzen der Vorhersage sozialwissenschaftlicher Zusammenhänge an. Es gibt in diesem Fall also noch eine Vielzahl von Faktoren, die nicht erhoben wurden, oder die Variablen repräsentieren das, was eigentlich gemessen werden soll, nur unzureichend.

4.1.2 Modellbildung

Im empirischen Test des MOVE-Modells geht es darum zu prüfen, ob angenommene Verbindungen (Pfeile) sich auch statistisch nachweisen lassen. Hiermit wird statistisch überprüft, ob die theoretisch abgeleiteten unabhängigen Variablen, auch Prädiktoren genannt, die entsprechenden abhängigen Variablen, auch Outcome genannt, vorhersagen. Es sind im MOVE-Modell immer mehrere unabhängige Variablen, die eine abhängige Variable vorhersagen. Daher reichen bi-variate Zusammenhangsanalysen nicht aus, sondern multi-variate Analysen sind erforderlich.

Die Vorhersage von Unterschieden in der Ausprägung einer abhängigen Variablen, also der Varianz, kann mit einer multiplen linearen Regression ermittelt werden. Dieses Verfahren geht von linearen Zusammenhängen aus und berechnet Abstände (Residuen) zwischen einer erwarteten Geraden und den entsprechenden erhobenen Werten. Dieses Verfahren setzt voraus, dass die abhängige Variable ein metrisches Skalenniveau hat. In einer Regressionsanalyse ist einerseits statistisch zu testen, ob die gewählten Variablen in der Summe ein aussagekräftiges Modell ergeben, und dann, welchen Einfluss die unabhängigen Variablen auf die Erklärung der abhängigen Variablen haben. Die Aussagekraft des gesamten Regressionsmodells kann anhand globaler Modellgütemaße eingeordnet werden (siehe ausführlich Backhaus, 2008, S. 51ff.; Hatzinger & Nagel, 2009, S. 230ff. oder Fromm, 2004).

Die über die Varianzanalyse (ANOVA) – als Teil der linearen Regression – ausgegebene F-Statistik zeigt an, ob das geschätzte Modell über die Stichprobe hinaus Gültigkeit für die Grundgesamtheit besitzt. Ist der empirische F-Wert größer als der theoretische F-Wert, dann ist die Nullhypothese zu verwerfen (Backhaus, 2008, S. 94). Die Quadratsumme der Residuen liefert die Grundlage für das Modellgütemaß R-Quadrat. Da das korrigierte R-Quadrat die Größe der Stichprobe berücksichtigt, wird dies verwendet.

Die unabhängigen Variablen sollten nur in einem geringen Maß miteinander korrelieren, um einen eigenen Beitrag zur Erklärung der abhängigen Variable zu liefern. Dies wird mithilfe der Kollinearitätsanalyse untersucht, die den Konditionsindex ermittelt. Dieser ist mit einem Wert von über 30 als kritisch einzuordnen und das Modell zu optimieren. Eine Voraussetzung für ein lineares Regressionsmodell ist die gleichmäßige Streuung der Residuen um die Regressionsgerade. Ist dies nicht der Fall, wird dies als Heteroskedastizität bezeichnet. Die Verteilung der Residuen wird über ein Diagramm ausgegeben.

Sind diese verschiedenen Werte zur Güte des Modells geprüft, können Aussagen auf der Ebene einzelner Variablen interpretiert werden. Der Einfluss einer Variable im Zusammenspiel mit den anderen unabhängigen Variablen des Modells auf die Vorhersage der abhängigen Variable wird mit Koeffizienten ausgegeben. Hier können die nicht standardisierten (B) und die standardisierten Koeffizienten (β-Gewichte) interpretiert werden. Die nicht standardisierten Koeffizienten informieren darüber, um wie viel Einheiten sich die abhängige Variable verändert, wenn sich die unabhängige um eine Einheit verändert. Um Aussagen auf der Ebene der ursprünglichen Einheit (Euro, Alter oder Einstellung) beizubehalten, werden diese Werte nicht standardisiert. Sind die Werte standardisiert, kann auch bei unterschiedlichen Einheiten die Stärke des Einflusses auf die

Veränderung der abhängigen Variable beschrieben werden. Die β-Koeffizienten erlauben somit einen Vergleich der einzelnen Effektstärken.

Ziel der Modellentwicklung ist es, mit möglichst wenig Variablen eine möglichst genaue Aussage treffen zu können. Akaikes Informationskriterium (AIC) gibt hierüber Auskunft. Je kleiner der Wert, desto besser die Modellgüte im Verhältnis zur Anzahl der Variablen (Crawley, 2007, S. 353).

Die multiple Regression ist jedoch bezogen auf das MOVE-Modell ein forschungspragmatischer Ansatz. Denn so wie es in Kapitel 3 beschrieben wird, ist MOVE ein Pfadmodell, an dessen Ende die Coping-Handlung steht. Ein Pfadmodell, beispielsweise über ein Strukturgleichungsmodell zu rechnen, erfordert zum einen, dass bereits wenige relevante Skalen/Items identifiziert wurden. Zum anderen ist für verschiedene Vergleiche eine relativ hohe Fallzahl erforderlich, die mit den für diese Analyse zur Verfügung stehenden Mitteln nicht umsetzbar war.

Ferner beinhaltet das theoretische MOVE-Modell eine Rückkopplung, davon ausgehend, dass eine Coping-Handlung einen Einfluss auf die Umweltgüte und die Bewältigungskapazität hat. Solche Aussagen lassen sich nur in einer Längsschnittanalyse untersuchen. Auch dies ist mit der hier zugrunde liegenden empirischen Basis nicht möglich.

Daher wird in den Analysen das MOVE-Modell entsprechend den Hypothesen in Teilmodelle mit jeweils unterschiedlichen abhängigen Variablen gegliedert. Diese abhängigen Variablen sind *Coping-Intention* und *Coping-Handlung* (These 1), *wahrgenommene Verhaltenskontrolle* (These 2) sowie *subjektiv wahrgenommene Umweltgüte* (These 3) und sie sollten alle ein metrisches Datenniveau haben, damit lineare Regressionen gerechnet werden können.

4.1.3 Skalenbildung

Wenn in der Forschung ein Sachverhalt erfasst werden soll, der nicht direkt messbar ist, wird mit stellvertretenden Messgrößen gearbeitet. In der Raumplanung weitverbreitet ist die Verwendung von Indikatoren, die für ein nicht unmittelbar messbares Indikandum stehen (Köckler, 2005, S. 6f.). In der Psychologie wird häufig mit Skalen gearbeitet, die sich aus mehreren Items zusammensetzen (Bühner, 2006). So wird beispielsweise die Einstellung gegenüber einer Handlung nicht mit einer Frage erfasst werden. Dieser in der Indikatorenforschung als Indikandum bezeichnete Sachverhalt wird in der Psychologie latente Variable oder latentes Konstrukt genannt. Um dieses abzubilden, ist es erforderlich, mehrere Einzelelemente (Items) zu dem latenten Konstrukt zu erfassen und dann in eine neue Skala zusammenzuführen. In der Theorie des geplanten Verhaltens sind die drei Prädiktoren Einstellung, subjektive Norm und wahrgenommene

Verhaltenskontrolle solche latenten Konstrukte. Für diese latenten Konstrukte werden Items üblicherweise als Aussagen formuliert, zu denen die befragte Person unterschiedlich stark ihre Zustimmung bzw. Ablehnung ausdrücken kann. Hier wird mit einer 6er-Likert-Skala mit den folgenden Antwortmöglichkeiten gearbeitet: (1) *stimme überhaupt nicht zu*, (2) *stimme überwiegend nicht zu*, (3) *stimme eher nicht zu*, (4) *stimme eher zu*, (5) *stimme überwiegend zu*, (6) *stimme voll und ganz zu*. Aus so gewonnenen Einzelitems werden dann Skalen gebildet, welche die drei Prädiktoren Einstellung, subjektive Norm und wahrgenommene Verhaltenskontrolle repräsentieren. Hierzu werden die Werte der Einzelitems aufaddiert und durch die Anzahl der aufaddierten Items dividiert. Die Bildung von Skalen sollte vor allem inhaltlich begründet sein. Hinzu kommen statistische Tests, die aussagen, ob verschiedene Items einen statistischen Zusammenhang haben und somit die Voraussetzungen erfüllen, um zu einer Skala zusammengefasst zu werden.

Um den Zusammenhang einzelner Items zu prüfen, kann eingangs eine Faktorenanalyse gerechnet werden, da diese ein dimensionsreduzierendes Verfahren ist, welches einen Faktor ermittelt, der mehrere Variablen repräsentiert. Eine wichtige Voraussetzung, um Variablen zu einer Skala zusammenzufassen, ist deren Reliabilität. Dies bedeutet, dass die Skalen bei einer erneuten Erhebung mit denselben Probanden unter gleichen Bedingungen zu denselben Ergebnissen führen sollten (Atteslander & Cromm, 2000, S. 316; Bühner, 2006, Kapitel 4). Die Reliabilität wird in der Psychologie üblicherweise mit dem Cronbachs Alpha (α) als Maß der internen Konsistenz für Skalen verwendet. Skalen sind mit einem α von ,7 und größer als reliabel einzustufen. Ein weiteres relevantes Kriterium ist die Trennschärfe der einzelnen Items. Diese wird als Inter-Item-Korrelation ausgegeben. Die Werte können sich zwischen –1 und 1 ausprägen. Der Wert 0 sagt aus, dass ein Item mit den übrigen Variablen wenig gemeinsam hat (Bühner, 2006, Kapitel 4.5). Die Trennschärfe sollte mindestens einen Wert von ,3 aufweisen. Wenn diejenigen Items, die eine geringe Trennschärfe aufweisen, aus einer Skala herausgenommen werden, erhöht sich das Cronbachs Alpha.

4.1.4 Einfache Zusammenhangsanalysen

Auch in komplexen Modellen mit vielen Variablen ist die Analyse bi-variater Zusammenhänge wichtig, um die Daten kennenzulernen oder aber auch um Zusammenhänge zu erkennen, die im Gesamtmodell nicht mehr zum Tragen kommen. Letzteres kann zum einen daran liegen, dass einzelne Variablen im Zusammenspiel mit den anderen ihre Aussagekraft verlieren (Razum, Breckenkamp & Brzoska, 2011, S. 243) oder dass die Fallzahl in dieser Analyse zu gering ist und die Variable in einem multiplen Modell bei größerer Fallzahl einen statistischen Effekt haben könnte.

Je nach Datenniveau kommen verschiedene Zusammenhangsmaße zum Einsatz. In den folgenden Analysen werden das Korrelationsmaß nach Spearman (r_s) für ordinalskalierte Variablen verwendet, Cramers V zeigt den Zusammenhang zwischen einer dichotomen Variable und einer Variable mit mehreren Ausprägungen, während Phi das Zusammenhangsmaß für zwei dichotome Variablen ist. Es sind nur solche Werte von Interesse, die auch signifikant sind.

4.1.5 Unterschiedsanalysen

Teil der Analysestrategie ist es, bezogen auf die entsprechende Fragestellung zu analysieren, ob es Unterschiede zwischen Menschen mit und ohne Migrationshintergrund gibt. Daher ist der Migrationshintergrund im theoretischen Modell als Differenzmerkmal aufgenommen worden. Dies trägt dem Faktor Rechnung, dass Migrantinnen und Migranten als heterogene Gruppe verstanden werden. Daher ist es von Interesse zu verstehen, ob sich die Ressourcen der Ressourcenerhaltungstheorie oder die Ausprägungen der Prädiktoren der Theorie des geplanten Verhaltens zwischen Menschen mit und ohne Migrationshintergrund unterscheiden.

Um Unterschiede zwischen zwei Gruppen (Menschen mit oder Menschen ohne Migrationshintergrund) zu analysieren, werden bei metrischen Variablen graphische Darstellungen mittels Box-Plots erstellt. Diese geben erste Informationen über den Median, Quartile sowie Ausreißer. Zudem zeigen sie an, ob die abhängige Variable nicht normalverteilt ist. In Abhängigkeit davon wird der entsprechende statistische Test auf einen Unterschied zwischen beiden unabhängigen Gruppen gerechnet. Bei einer normalverteilten Variable wird das parametrische Verfahren t-Test gerechnet, das auf einem Vergleich der Mittelwerte basiert. Ist die Verteilung schief oder mit Ausreißern, lässt sich für den Fall, dass die abhängige Variable mindestens ordinal skaliert ist, der Mann-Whitney U-Test als nicht parametrisches Verfahren heranziehen, welcher auf dem Vergleich von Rangzahlen basiert (Hatzinger & Nagel, 2009, S. 263). Aufgrund ihrer Anschaulichkeit werden teilweise Demographie-Plots eingesetzt, die Unterschiede veranschaulichen.

4.2 Fragebogenentwicklung

Mit dem Fragebogen sollen in der Telefonbefragung die im Sinne der Analysestrategie relevanten Variablen erhoben werden. Im Folgenden werden zentrale Variablen beschrieben und abgeleitet. Da das MOVE-Modell erstmals einem empirischen Test unterzogen wird, kann nicht auf ein bestehendes und getestetes Erhebungsinstrument zurückgegriffen werden, viele Fragen sind neu zu entwickeln. Zentrales Element bei der Entwicklung eines Fragebogens ist die Durchführung eines Pre-Tests. In diesem wird der Fragebogen erstmalig angewendet und Rückschlüsse für die Haupterhebung werden gezogen. Im Folgenden werden die jeweiligen Fragen so dargestellt, dass insbesondere deutlich wird, was in der Haupterhebung gefragt wurde. Im Kapitel 4.4 wird der Pre-Test mit seinen zentralen Ergebnissen gesondert beschrieben. Der Fragebogen kann bei Bedarf bei der Autorin angefragt werden.

Die Befragung ist als Telefoninterview konzipiert. Dies bedeutet, dass Befragte durch die Fragen und deren Antwortmöglichkeiten geleitet werden und Rückfragen an Interviewer stellen können. Die Befragung sollte in 20 bis 30 Minuten durchführbar sein. Wo möglich, sollen bestehende Erhebungsinstrumente genutzt werden, um sich validierter Instrumente zu bedienen. Aus den im Forschungsdesign benannten Fragen ergeben sich verschiedene Blöcke an Fragen.

1. Theorie des geplanten Verhaltens
2. Ressourcen nach der Ressourcenerhaltungstheorie
3. Einflussfaktoren subjektiv wahrgenommene Luft- und Lärmbelastung
4. Migrationsspezifische Fragen

Die Abfolge der Blöcke ergibt nicht zwingend die Abfolge der Fragen im Fragebogen. Hierbei sind eine sinnvolle Gesprächsführung, ähnliche Antwortmöglichkeiten, aber auch eine mögliche Filterführung ausschlaggebend.

4.2.1 Theorie des geplanten Verhaltens

Ajzen (2006) hat eine Handreichung zur Entwicklung von Fragebögen im Sinne der Theorie des geplanten Verhaltens veröffentlicht. Bei der Formulierung der betrachteten Handlung, die als latentes Konstrukt verstanden wird, ist die „TACT-Regel" zu beachten: „The behavior of interest is defined in term of its Target, Action, Context, and Time (TACT) elements" (Ajzen, 2006, S. 2). Demnach soll die Handlung so klar wie möglich formuliert werden. Bezogen auf diese Handlungen werden dann entsprechende Fragen zu Einstellung, subjektiver Norm und wahrgenommener Verhaltenskontrolle entwickelt (Ajzen, 2006) (siehe Kapitel 2.5.2).

Die TACT-Regel ist innerhalb des MOVE-Modells, das nicht nur eine Handlung zum Gegenstand, sondern verschiedene alternative Coping-Handlungen in einem Coping-Inventar umfasst, nicht konsequent umsetzbar. Im Pre-Test wurden verschiedene Handlungen des Coping-Inventars möglichst konkret abgefragt. Es wurde die „finale Coping-Intention", wie auch vorgelagerte Intentionen und Handlungen (sich informieren, eine Finanzierung aufstellen) abgefragt. Teilweise wurden Fragen nur dann gestellt, wenn vorausgehende bejaht wurde. So werden beispielsweise nur diejenigen, die über den Einbau von Schallschutzfenstern nachdenken, gefragt, ob sie sich diesbezüglich bereits informiert haben.

Verschiedene Coping-Handlungen und -Intentionen umfassend abzufragen, hat sich im Pre-Test als wenig ergiebig herausgestellt (siehe Kapitel 4.4). Daher wurde eine Fokussierung auf institutionelles Coping als einem zentralen Aspekt aus der für Raumplanung relevanten Perspektive umweltbezogener Verfahrensgerechtigkeit gelegt.

Zudem handelt es sich bei vielen Coping-Handlungen (Einbau Schallschutz, hintenraus schlafen, ...) um einmalige Tätigkeiten, die nur mit einer Ja/Nein-Antwort erfasst werden können. Dies führte im Ergebnis zu dichotomen abhängigen Variablen. Daher wurden im Pre-Test Modelle mit logistischen Regressionen gerechnet. Die Zusammenhänge in der Theorie des geplanten Verhaltens werden in der Regel mithilfe linearer Regressionen oder Strukturgleichungsmodellen gerechnet. In der Haupterhebung wurden unterschiedlich schwierige Coping-Intentionen und -Handlungen nur für das institutionelle Coping im Außenbereich abgefragt. Diese sollen in der Summe eine Skala mit unterschiedlich schwierigen Handlungen ergeben. Die Items zu institutionellen Coping-Intentionen und -Handlungen sind in Tabelle 2 aufgeführt.

Da verschieden schwierige Coping-Handlungen erfasst werden, werden auch die Fragen thematisch zu Einstellung, subjektiver Norm und wahrgenommener Verhaltenskontrolle auf diese bezogen. Hierbei wird mit Aussagen gearbeitet, denen auf einer 6er-Skala zugestimmt werden kann. Diese reicht von (1) *stimme gar nicht zu* bis (6) *stimme voll und ganz zu*. Dies Aussagen gliedern sich in allgemeine Aussagen wie *Ein ruhiges Wohnumfeld ist mir wichtig* oder spezifische Aussagen wie *Wenn ich die Wohnung umräume, kann ich ruhiger schlafen*; beide Aussagen sollen die Einstellung zur Alltagshandlung hintenraus schlafen erfassen. Im Pre-Test wurden spezifische Aussagen für alle Coping-Handlungen formuliert. Diese sind aufgrund der Fokussierung auf institutionelles Coping im Außenraum in der Haupterhebung nicht mehr abgefragt worden.

Tabelle 2: Einzelitems zu institutionellen Coping-Intentionen und -Handlungen

Unterschriftenliste unterschreiben
Würden Sie bei einer Unterschriftenaktion, die sich für die Verbesserung oder den Erhalt ihres derzeitigen Wohnumfeldes einsetzt, unterschreiben? (*ja/nein*)
Haben Sie schon mal bei einer solchen Unterschriftenaktion unterschrieben? (*ja/nein*)
    Ging es dabei um ...? (*Lärmbelästigung/Luftbelästigung/etwas anderes*)

Unterschriften aktiv sammeln
Würden Sie selbst Unterschriften für eine Aktion sammeln, die sich für die Verbesserung oder den Erhalt ihres derzeitigen Wohnumfeldes einsetzt? (*ja/nein*)
Haben Sie schon mal selbst Unterschriften für solch eine Aktion gesammelt? (*ja/nein*)
    Ging es dabei um ...? (*Lärmbelästigung/Luftbelästigung/etwas anderes*)

Ehrenamtliche Tätigkeit im Quartier
Haben Sie bereits darüber nachgedacht, in Ihrem Stadtteil ehrenamtlich tätig zu werden? (*ja/nein*)
    Was würden Sie tun? (*offene Frage*)
Sind Sie in ihrem Stadtteil ehrenamtlich tätig? (*ja/nein*)
    Was machen Sie? (*offene Frage*)

Besuch städtischer Info-Veranstaltungen
Haben Sie bereits darüber nachgedacht, eine Informationsveranstaltung der Stadt, in der es um die Entwicklung Ihres Wohnumfeldes geht, zu besuchen? (*ja/nein*)
Haben Sie schon mal eine solche Informationsveranstaltung der Stadt besucht? (*ja/nein*)
    Ging es dabei um ...? (*Lärmbelästigung/Luftbelästigung/etwas anderes*)

Besuch Ortsbeiratssitzung
Haben Sie schon mal davon gehört, dass es in Ihrem Stadtteil einen Ortsbeirat gibt, der die Interessen Ihres Stadtteils gegenüber der gesamtstädtischen Verwaltung vertritt? (*ja/nein*)
Wissen Sie, wer der Ortsvorsteher Ihres Stadtteils ist? (*ja/nein*)
Kennen Sie jemanden persönlich, der im Ortsbeirat Ihres Stadtteils ist? (*ja/nein*)
Beabsichtigen Sie, zu einer der nächsten Sitzungen des Ortsbeirats zu gehen? (*ja/nein*)
Haben Sie schon mal eine Ortsbeiratssitzung in Ihrem derzeitigen Stadtteil besucht? (*ja/nein*)
    Ging es dabei um ...? (*Lärmbelästigung/Luftbelästigung/etwas anderes*)

Beschwerde bei Stadtverwaltung wegen Lärm
Haben Sie bereits darüber nachgedacht, sich wegen Lärmbelästigung in Ihrem Wohnumfeld bei der Stadt zu beschweren? (*ja/nein*)
Haben Sie sich schon mal wegen Lärmbelästigung bei der Stadt beschwert, seitdem Sie in diesem Stadtteil wohnen? (*ja/nein*)
    Haben Sie sich mündlich oder schriftliche beschwert? (*mündlich/schriftlich*)
    Haben Sie hierzu die Hilfe eines Dritten in Anspruch genommen? (*ja/nein*)
        Wer hat Ihnen geholfen, sich bei der Stadt wegen Lärmbelästigung zu beschweren? (*offene Frage*)

– Fortsetzung nächste Seite –

Beschwerde bei Stadtverwaltung wegen Luftbelastung
Haben Sie bereits darüber nachgedacht, sich wegen Luftbelastung in Ihrem Wohnumfeld bei der Stadt zu beschweren? (*ja/nein*)
Haben Sie sich schon mal wegen Luftbelastung bei der Stadt beschwert, seitdem Sie in diesem Stadtteil wohnen? (*ja/nein*)
    Haben Sie sich mündlich oder schriftlich beschwert? (*mündlich/schriftlich*)
    Haben Sie hierzu die Hilfe eines Dritten in Anspruch genommen? (*ja/nein*)
        Wer hat Ihnen geholfen, sich bei der Stadt wegen Luftbelastung zu beschweren? (*offene Frage*)

Formeller Einspruch
In einer Stadt gibt es verschiedene Projekte und Pläne, in deren Aufstellung und Entwicklung Sie die Möglichkeit haben, Stellung zu nehmen. Haben Sie bereits darüber nachgedacht, von solchen formellen Einspruchsmöglichkeiten Gebrauch zu machen? (*ja/nein*)
Haben Sie von solchen formellen Einspruchsmöglichkeiten Gebrauch gemacht, seitdem Sie in diesem Stadtteil wohnen? (*ja/nein*)
    Haben Sie einen mündlichen oder schriftlichen Einspruch gemacht? (*mündlich/schriftlich*)
    Haben Sie hierzu die Hilfe eines Dritten in Anspruch genommen? (*ja/nein*)
        Wer hat Ihnen geholfen, von formellen Einspruchsmöglichkeiten Gebrauch zu machen? (*offene Frage*)

Klage gegen Lärm-/ Luftbelastung
Haben Sie bereits darüber nachgedacht, gegen die Lärm- oder Luftbelästigung in Ihrem Wohnumfeld zu klagen? (*ja/nein*)
Haben Sie schon mal vor Gericht gegen die Lärm- oder Luftbelästigung in Ihrem Wohnumfeld geklagt? (*ja/nein*)
    Ging es dabei um …? (*Lärmbelästigung/Luftbelästigung/etwas anderes*)
    Haben Sie hierzu die Hilfe eines Dritten in Anspruch genommen? (*ja/nein*)
        Wer hat Ihnen geholfen, gegen die Luft- oder Lärmbelastung zu klagen? (*offene Frage*)

4.2.2 Ressourcen nach der Ressourcenerhaltungstheorie

Nach Hobfoll werden Objekt-, Bedingungs-, persönliche und Energieressourcen investiert, um stressreiche Situationen zu bewältigen oder diesen vorzubeugen. In Kapitel 2.5.1.2 wurden Ressourcen als relevant für den Umgang mit Lärm- und Luftbelastung im Sinne des Coping-Inventars identifiziert. Um die Frage zu beantworten, ob und wenn ja, welche Ressourcen die wahrgenommene Verhaltenskontrolle vorhersagen, werden diese Variablen als Prädiktoren fungieren.

Da die Ressourcenerhaltungstheorie bislang noch nicht im Themenfeld umweltbezogener Gerechtigkeit eingesetzt wurde, werden verschiedene Fragen theoretisch abgeleitet, um in der linearen Regression Variablen zu identifizieren, die auch einen statistischen Zusammenhang aufweisen. Tabelle 3 gibt einen

Überblick über die in Kapitel 2.5.1.2 abgeleiteten Ressourcen und deren Messung in der Haushaltsbefragung. Dort benannte Energieressourcen wie Zeit und Wissen werden im MOVE-Modell als Item der wahrgenommenen Verhaltenskontrolle erfasst.

Da sich das MOVE-Modell nicht als ein individuelles Handlungsmodell, sondern als ein Modell versteht, das die Ressourcen eines Haushaltes einbezieht, werden Fragen zu verschiedenen Variablen nicht nur von der befragten Person, sondern von allen Haushaltsmitgliedern erfasst. Fragen, die für alle Haushaltsmitglieder erfasst wurden, sind in Tabelle 3 markiert.

Einige der Items und Skalen wurden speziell für diese Befragung entwickelt. Hier sind die Skalen *Teamwirksamkeit* und *soziale Netzwerke* zu benennen. Mit anderen Variablen (*Miete, Bildungsabschluss, Beruf, Familienstand/zusammenlebend*) gab es bereits Erfahrungen aus vorherigen Befragungen in diesem Themenfeld (Köckler et al., 2008). Ferner wurden bestehende Messinstrumente genutzt.

Tabelle 3: Ressourcen und deren Messung in der Haupterhebung

Objektressourcen	
Eigentum/Miete	Wohnen Sie zur Miete oder in Ihrem Eigentum? (*Miete/Eigentum*) Verschiedene Detailfragen zur Miethöhe, Art des Eigentumserwerbs, …
PKW-Verfügbarkeit	Über wie viele PKW verfügt Ihr Haushalt?
Bedingungsressourcen	
Mit Partner zusammenlebend	Leben Sie mit einem Ehepartner bzw. Partner in einer Wohnung zusammen? (*ja/nein*) Welchen Familienstand haben Sie? (*verheiratet und mit Ehepartner zusammenlebend/verheiratet und getrennt lebend/eingetragene Lebenspartnerschaft/verwitwet/geschieden /ledig*)
Haushaltsgröße	Wie viele Personen leben in Ihrem Haushalt? (*offene Frage*)
Alter[2]	In welchem Jahr sind Sie geboren? (*offene Frage*)
Bildungsabschluss[2]	Im Folgenden möchte ich von Ihnen [und Ihren Haushaltsmitgliedern] den höchsten erlangten Bildungsabschluss erfahren. Damit meinen wir jegliche schulischen Abschlüsse oder Abschlüsse einer Hochschule, also Fachhochschule oder Universität. Was ist Ihr höchster erlangter Bildungsabschluss? (*kein Schulabschluss/Volks-, Hauptschulabschluss/Realschulabschluss/Fachhochschulreife/Abitur/Hochschulabschluss*)

– Fortsetzung nächste Seite –

Gesundheitszustand	Wie würden Sie Ihren Gesundheitszustand im Allgemeinen beschreiben? Würden Sie ihren allgemeinen Gesundheitszustand als ausgezeichnet, sehr gut, gut, weniger gut oder schlecht bezeichnen? Im Folgenden sind einige Tätigkeiten beschrieben, die Sie vielleicht an einem normalen Tag ausüben. Sind Sie durch Ihren derzeitigen Gesundheitszustand bei diesen Tätigkeiten eingeschränkt? a) Mittelschwere Tätigkeiten (z.B. einen Tisch verschieben, staubsaugen) b) mehrere Treppenabsätze steigen (*ja, stark eingeschränkt/ ja, etwas eingeschränkt/nein, überhaupt nicht eingeschränkt*)[1] Hatten Sie in den vergangenen 4 Wochen aufgrund Ihrer körperlichen Gesundheit irgendwelche Schwierigkeiten bei der Arbeit oder anderen Tätigkeiten im Beruf bzw. zu Hause? a) Ich habe weniger geschafft als ich wollte. b) Ich konnte nur bestimmte Dinge tun. (*ja/nein*)[1]
Beruf[2]	Welche Tätigkeit üben Sie aus? (*Auszubildender/Studierender/ Hausfrau, Hausmann/Angestellter/Beamter /Arbeite/selbstständig/ arbeitslos/Rentner, Pensionär, im Ruhestand/Kleinkind*)
Soziale Netzwerke[1]	Kennen Sie jemanden persönlich, der in einer politischen Partei aktiv ist? (*ja/nein*) Kennen Sie jemanden persönlich, der sich gut mit dem deutschen Rechts- und Verwaltungssystem auskennt? (*ja/nein*) Kennen Sie jemanden persönlich, der bei der Stadtverwaltung arbeitet? (*ja/nein*) Kennen Sie jemanden persönlich, der gute Kontakte zu den Medien (Zeitung, Radio, Fernsehen) hat? (*ja/nein*)
Deutschkenntnisse[1]	Wie schätzen Sie ihre deutschen Sprachkenntnisse ein … beim a) Verstehen, b) Sprechen, c) Schreiben (*je a–c: sehr gut/eher gut/ mittelmäßig/eher schlecht/sehr schlecht*)
Persönliche Ressourcen	
Teamwirksamkeit[1]	Wenn ich mit meinen Freunden und meiner Familie zusammenarbeite, kann ich viele Probleme, die ich mit meiner Wohnung oder meinem Wohnumfeld habe, lösen. (*von (1) stimme überhaupt nicht zu bis (6) stimme voll und ganz zu*) Es gibt nur wenig, was ich tun kann, um mein Wohnumfeld zu verändern, da können mir auch meine Freunde und meine Familie nicht helfen. (*von (1) stimme überhaupt nicht zu bis (6) stimme voll und ganz zu*) Was in der Zukunft mit meiner Wohnsituation passiert, hängt größtenteils von meiner Fähigkeit ab, gut mit anderen zusammenzuarbeiten. (*von (1) stimme überhaupt nicht zu bis (6) stimme voll und ganz zu*)

– Fortsetzung nächste Seite –

	Energieressourcen
	Wie viele Haushaltsmitglieder tragen zum gesamten Haushaltseinkommen bei? (*offene Frage*)
Haushaltseinkommen pro Kopf	Wenn Sie einmal alles zusammenrechnen: Wie hoch ist das monatliche Netto-Einkommen Ihres Haushalts insgesamt? Gemeint ist die Summe, die sich ergibt aus Lohn, Gehalt, Einkommen aus selbstständiger Tätigkeit, Rente oder Pension, jeweils nach Abzug der Steuern und Sozialversicherungsbeiträge. Mir reicht eine grobe Einordnung: (*unter 500/501 bis 1000/1001 bis 1500/1501 bis 2000/2001 bis 2500/2501 bis 3000/3001 bis 4000/4001 bis 5000/ über 5000/weiß nicht*)

[1] wurden erst in der Haupterhebung erfasst
[2] wurde für alle Haushaltsmitglieder erfasst

In den Gesundheitswissenschaften gibt es standardisierte Instrumente, um unabhängig von einer spezifischen Erkrankung den lebensqualitätsbezogenen Gesundheitszustand selbstberichtet zu erfassen. Weitverbreitet und akzeptiert ist hier der SF 36, der auch im Bundesgesundheitssurvey 1998 eingesetzt wurde (Ellert & Bellach, 1999). Eine Kurzform ist der zwölf Fragen umfassende SF 12, dem die in Tabelle 3 aufgeführten Fragen zu den Bereichen allgemeine Gesundheitswahrnehmung, körperliche Funktionsfähigkeit und körperliche Rollenfunktion entnommen wurden.

4.2.3 Einflussfaktoren subjektiv wahrgenommener Luft- und Lärmbelastung

Es gibt verschiedene Zugänge, um die subjektiv wahrgenommene Belastung durch Luftschadstoffe und Lärm zu messen. Im Stand der Forschung wurde bereits auf die LARES-Studie der WHO verwiesen, die in verschiedenen europäischen Städten die Luft- und Lärmbelästigung von Wohnbevölkerung erfasst hat. Der Vorteil dieser Erhebung ist, dass sie nach wahrgenommener Belastung im Innen- und Außenraum unterscheidet sowie verschiedene Lärmquellen differenziert erfasst. Die Perspektive auf Belastungen im Innen- und Außenraum korrespondiert sehr gut mit der Logik des Coping-Inventars, das in Bewältigungsstrategien für diese beiden Kategorien unterscheidet. In der LARES-Erhebung wurde die Belästigung für verschiedene Quellen sowohl nach deren Häufigkeit (*selten, manchmal, immer*) als auch Intensität (*schwach, mittel, stark*) abgefragt. Es werden Lärmquellen erfasst, die aus deutscher Perspektive ungewöhnlich scheinen wie *Lärm durch Vögel und Tiere*. Im Pre-Test wurde diese Variable beibehalten, in der Haupterhebung jedoch nicht mehr mit aufgenommen (siehe Kapitel 4.4).

Um nicht alle Befragten mit der umfangreichen Fragenbatterie zur subjektiv wahrgenommenen Belastung durch Luftschadstoffe und Lärm zu konfrontieren, wird eingangs generell gefragt: *Wie häufig fühlen Sie sich in Ihrem Wohnumfeld, also außerhalb Ihrer Wohnung, durch Lärm belästigt? Ist dies nie, selten, manchmal, oft oder immer der Fall?* Die entsprechende Frage wird auch für den Innenraum, bezogen auf Lärm- und Luftbelastung, gestellt. Die Antwort auf diese Frage dient als Filter für einige nachfolgende Fragen. Denn nur wer angibt, sich zumindest selten belästigt zu fühlen, wird gefragt, durch welche Quellen er oder sie sich belästigt fühlt und ob beabsichtigt ist, etwas gegen diese empfundene Belästigung zu tun.

Es wird davon ausgegangen, dass insbesondere die Wahrnehmung der Lärm-, aber auch der Luftbelastung durch verschiedene Einflussfaktoren und nicht allein durch die objektive Belastungssituation erklärt wird (siehe Kapitel 2.2.2). Daher wurden verschiedene Variablen erfasst wie: das *Geschlecht*, die *subjektive Einschätzung des Wohnumfeldes im Allgemeinen* (*Wie bewerten Sie die Lebensqualität Ihres Wohnumfeldes? Bitte benutzen Sie für Ihre Bewertung Schulnoten von 1 für „sehr gut" bis 6 für „ungenügend"*), *Anwesenheit im Wohnumfeld*, *Wissen über die Umweltsituation* und die *bauliche Situation des Gebäudes*. Die meisten dieser Fragen wurden bereits in einer Erhebung zu umweltbezogener Gerechtigkeit in Kassel verwendet (Köckler et al., 2008).

4.2.4 Migrationsspezifische Fragen

In der Befragung wird untersucht, ob und wie sich Menschen mit türkischem Migrationshintergrund hinsichtlich ihrer Bewältigungsmöglichkeiten, -intentionen und -handlungen von Menschen ohne Migrationshintergrund unterscheiden. Daher gibt es verschiedene Fragen, die aus der Migrationsperspektive relevante Aspekte erfassen.

Hierzu zählt nicht nur, die Nationalität der Befragten zu kennen, sondern den Migrationshintergrund entsprechend der Definition des Statistischen Bundesamtes zu erfassen. Demnach zählen zu den Menschen mit Migrationshintergrund „alle nach 1949 auf das heutige Gebiet der Bundesrepublik Deutschland Zugewanderten sowie alle in Deutschland geborenen Ausländer und alle in Deutschland als Deutsche Geborenen mit zumindest einem zugewanderten oder als Ausländer in Deutschland geborenen Elternteil" (Statistisches Bundesamt, 2009, S. 6) Um dieser Definition entsprechend den Migrationshintergrund zu ermitteln, werden die in Tabelle 4 aufgeführten Fragen gestellt.

Die Frage wurde für alle Haushaltsmitglieder erfasst, um sowohl den Migrationshintergrund der einzelnen Personen als auch des Haushalts ermitteln zu können. Da Nationalität und Migrationshintergrund nichts über die Verbundenheit mit einer Kultur aussagen, wurde die folgende Frage mit aufgenommen: *Mit welchem Land (Ländern) fühlen Sie sich kulturell durch Ihre Herkunft verbunden?*

Tabelle 4: Fragen zur Erfassung des Migrationshintergrunds

Staatsbürgerschaft	• Besitzen Sie oder eines Ihrer Haushaltsmitglieder die Staatsbürgerschaft mehrerer Länder? • Welche Staatsbürgerschaft besitzen Sie? ggf. Welche zweite Staatsbürgerschaft besitzen Sie? • Besitzen Sie die deutsche Staatsbürgerschaft von Geburt an? • Seit wann besitzen Sie die deutsche Staatsbürgerschaft? • Welche ist Ihre ursprüngliche Staatsbürgerschaft?
	• In welchem Land wurden Sie geboren? • Seit wann sind Sie in Deutschland?
Eltern	• Ist mindestens ein Elternteil von Ihnen zugewandert? • Wurde mindestens ein Elternteil von Ihnen als Ausländer in Deutschland geboren? • Aus welchem Land sind Ihre Eltern zugewandert?

Angesichts des migrationsspezifischen Fokus des Forschungsdesigns werden Sprachkenntnisse als eine Bedingungsressource in Tabelle 3 aufgeführt. Um die Rolle sozialer Netzwerke bei Menschen mit Migrationshintergrund zu betrachten, wurde eine Coping-Strategie bei Problemen mit den Sprachkenntnissen folgenderweise erfragt: *Gibt es eine bestimmte Person, die Sie in der Kommunikation mit deutschen Stellen wie Ämtern, Ärzten, Schulen oder ähnlichen unterstützt? Wer ist diese Person bzw. sind diese Personen?* Mit der Frage: *Gibt es einen bestimmten Grund oder bestimmte Gründe, weshalb sie trotz Ihres guten Verständnisses der deutschen Sprache dieses Interview auf Türkisch durchführen wollten?* wird intendiert, mehr über die Methode des ko-ethnischen Interviews zu ergründen.

Der Fragebogen wurde ins Türkische übersetzt. Die Übersetzung wurde von Muttersprachlern durchgeführt und überprüft. Eine Hin- und Rückübersetzung war aus finanziellen Mitteln nicht möglich.

4.3 Online-Befragungssystem

Die Telefonbefragung wurde von Interviewerinnen und Interviewern durchgeführt, die während des Telefonats durch ein Online-Befragungssystem geleitet wurden und die Antworten der Befragten dort unmittelbar eingaben. Ausschlaggebend für die Wahl eines Online-Befragungssystems waren verschiedene Gründe. Zum einen ist der Fragebogen, insbesondere aufgrund mehrerer miteinander kombinierter Filterfragen komplex und für Interviewerinnen und

Interviewer in der Handhabung herausfordernd, was im Ergebnis zu Fehlern führen kann. In einem Online-Befragungssystem kann die Filterführung automatisiert werden. Ferner dürfen die Befragten zu Beginn des Interviews entscheiden, ob sie das Interview in deutscher oder türkischer Sprache durchführen möchten. Einige Online-Befragungssysteme bieten mehrsprachige Eingabemasken an. Dies ersetzt nicht die Übersetzung der spezifischen Fragen, die gesamte Menüführung und standardisierte Antwortmöglichkeiten sind jedoch direkt in türkischer Sprache verfügbar.

Ferner schränken Online-Befragungssysteme generell die Möglichkeiten von Eingabefehlern ein, indem in der Eingabemaske begrenzte Eingabemöglichkeiten festgelegt werden. Zudem entfallen Fehler bei der Dateneingabe, denn Daten können direkt in SPSS eingelesen werden. Für die organisatorische Umsetzung der Befragung ist es hilfreich, dass alle Interviewer und Interviewerinnen von jedem internetfähigen Rechner Zugriff haben. Aus verschiedenen verfügbaren Online-Befragungssystemen wurde LimeSurvey ausgewählt. Anhand dieser Kriterien wurden im Jahr 2009 verschiedene Produkte gesichtet:

- Freeware (open source)
- Einfache Benutzeroberfläche
- Filterführung (auch mit mehreren Vorbedingungen)
- Unterstützung deutsch- und türkischsprachiger Befragung
- Bereitstellung aller Frage-/Antworttypen, die sich aus der Fragebogenentwicklung ergeben
- Quotenmanagement
- Einfacher Export in SPSS

Das Gesis-Leibniz-Institut für Sozialwissenschaften bietet einen Überblick über verschiedene Softwareprodukte für Online-Befragungen (gesis., 2014). Da es die oben formulierten Anforderungen erfüllt, wurde das Online-Befragungstool LimeSurvey ausgewählt (Schmitz, 2014). Hierbei wird es von den Interviewerinnen und Interviewern und nicht von den Befragten als Online-Befragungstool genutzt. Abbildung 14 und Abbildung 15 zeigen, wie dieselbe Frage in der deutschen und in der türkischen Variante in LimeSurvey dargestellt wird.

Abbildung 14: Frage in LimeSurvey in deutscher Sprache

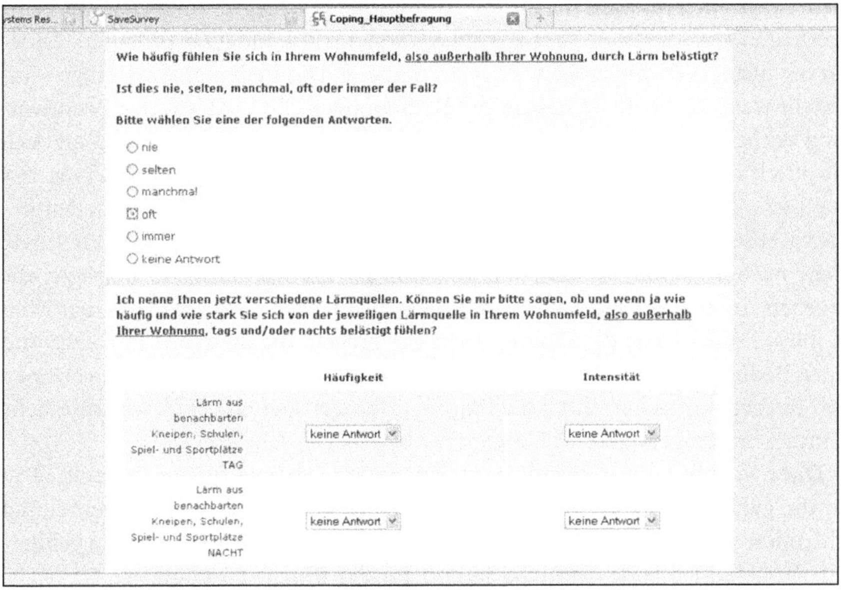

Abbildung 15: Frage, wie in Abbildung 14, in türkischer Sprache

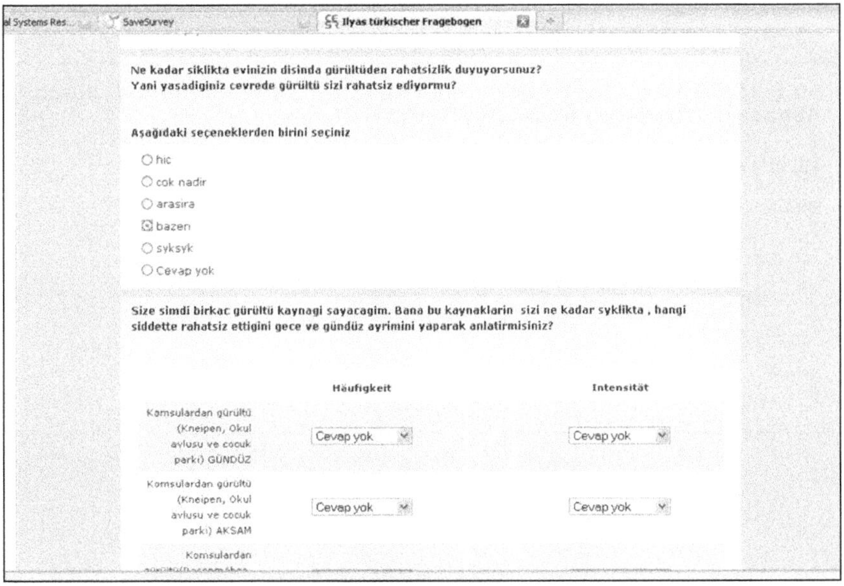

Fragen sollen während des Interviews nur denjenigen gestellt werden, für die diese Frage auch relevant ist, um die Antwortbereitschaft im Interview aufrechtzuerhalten und die Dauer des Interviews so kurz wie möglich zu halten. LimeSurvey bietet die Möglichkeit, Fragen zu filtern. Das bedeutet, dass Fragen nur gestellt werden, wenn sie bestimmte Bedingungen, die sich aus der Beantwortung vorheriger Fragen ergeben, erfüllen. Gibt beispielsweise jemand an, sich nie durch Luftschadstoffe oder Abgase belästigt zu fühlen (siehe Abbildung 16), muss er oder sie nicht nach der Belästigung durch verschiedene Quellen befragt werden (siehe Abbildung 17). Ebenso müssen Personen, die alleine leben, nicht nach weiteren Haushaltsmitgliedern gefragt werden oder Befragte, die angeben, in einem Eigentum zu wohnen, nicht nach ihrer monatlichen Miete. Teilweise basieren die Bedingungen auf Fragen, die ihrerseits nur aufgrund einer Bedingung gestellt wurden. Dieses Vorgehen leitet die Interviewerinnen und Interviewer sicher durch die Fragen, erfordert aber eine äußerst gründliche Prüfung des Fragebogens in LimeSurvey bereits vor dem Pre-Test.

Diese Vorgehensweise produziert nach einer Übertragung der Daten in SPSS für die gefilterten Fälle fehlende Werte. Häufig steht hinter einem filterbedingt fehlenden Wert jedoch eine Aussage. Dementsprechend wurden für die gefilterten Variablen fehlende Werte basierend auf der jeweiligen Logik ersetzt (siehe Kapitel 4.5.3).

Abbildung 16: Frage, auf deren Antwort die Filterführung für die folgende Frage (siehe Abbildung 17) basiert

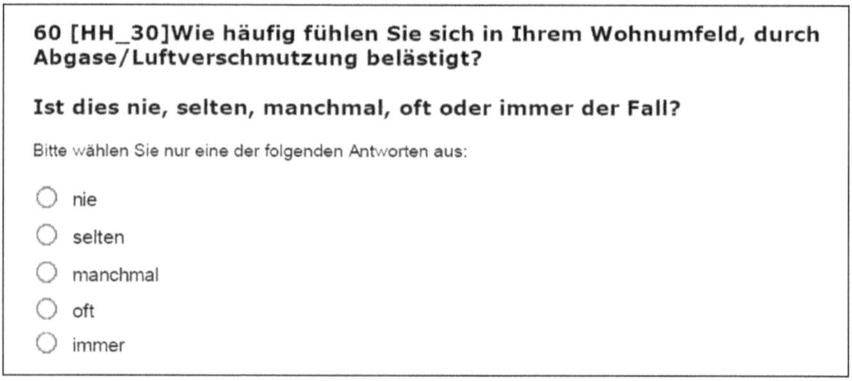

```
60 [HH_30]Wie häufig fühlen Sie sich in Ihrem Wohnumfeld, durch
Abgase/Luftverschmutzung belästigt?

Ist dies nie, selten, manchmal, oft oder immer der Fall?

  Bitte wählen Sie nur eine der folgenden Antworten aus:

  ○ nie
  ○ selten
  ○ manchmal
  ○ oft
  ○ immer
```

Abbildung 17: Frage mit Filterführung auf Grundlage der Aussage der vorherigen Frage (siehe Abbildung 16)

```
61 [HH_31]Ich nenne Ihnen jetzt verschiedene Quellen von Abgasen. Können Sie
mir bitte sagen, ob und wenn ja wie häufig und wie stark Sie sich von der
jeweiligen Quelle in Ihrem Wohnumfeld, also außerhalb Ihrer Wohnung, tags
und/oder nachts belästigt fühlen?

Beantworten Sie diese Frage nur, wenn folgende Bedingungen erfüllt sind:
° Antwort war gleich oder größer als 'selten' bei Frage '60 [HH_30]' (Wie häufig fühlen Sie sich in Ihrem Wohnumfeld,
durch Abgase/Luftverschmutzung belästigt? Ist dies nie, selten, manchmal, oft oder immer der Fall?)

Bitte wählen Sie die zutreffende Antwort für jeden Punkt aus:
```

	Häufigkeit			Intensität		
	selten	manchmal	immer	schwach	mittel	stark
Abgase vom Straßenverkehr TAG	○	○	○	○	○	○
Abgase vom Straßenverkehr NACHT	○	○	○	○	○	○
Abgase von Fabriken TAG	○	○	○	○	○	○
Abgase von Fabriken NACHT	○	○	○	○	○	○

4.4 Pre-Test

Der Pre-Test fand im Winter 2009/2010 mit Bewohnerinnen und Bewohnern in Kassel statt. Die Auswahl der Gebiete erfolgte anhand des Luftreinhalteplans Kassel (HMULV Hessisches Ministerium für Umwelt, 2007). Straßenabschnitte, die dort als belastet eingestuft wurden, wurden als hoch belastet eingestuft. Ergänzend zum Luftreinhalteplan erfolgt die Auswahl über Ortskenntnis. Lärmdaten lagen nicht vor.

Für die als belastet und gering belastet identifizierten Straßen wurden in einem Online-Telefonbuch, das über die Funktion Rückwärtssuche eine Suche nach Straßen ermöglicht (www.klicktel.de), zu gleichen Teilen deutsche und türkische Namen samt Adressen gezogen. Die Personen wurden angeschrieben, angerufen und bei Bereitschaft interviewt. Es wurde ein erwachsenes Haushaltsmitglied, nicht zwangsläufig das angeschriebene, interviewt. Insgesamt wurden mindestens drei Versuche zu unterschiedlichen Tageszeiten unternommen, um ein Haushaltsmitglied telefonisch zu erreichen. Eine Rekrutierung von Personen über das Telefonbuch führt zwar zu einem Bias, da davon auszugehen ist, dass insbesondere alleinstehende Frauen nicht im Telefonbuch registriert sind und nicht jede und jeder über ein Telefon verfügt. Angesichts der Anforderung an die Quotierung ist diese Form der Stichprobenziehung jedoch noch am ehesten umsetzbar.

Die Interviewerinnen und Interviewer wurden vorab geschult. Dies umfasste eine thematische Einführung, Üben des Fragebogens sowie sich vertraut zu machen mit LimeSurvey.

4.4.1 Stichprobe des Pre-Tests

Im Pre-Test wurden 84 Interviews durchgeführt. Tabelle 5 gibt einen Überblick über die Ausprägung der Quotierungs- sowie demographischer Variablen.

Tabelle 5: Ausprägung ausgewählter Variablen im Pre-Test (N = 84)

Variable	N	Ausprägung	Häufigkeit (gültige Prozente)	M (SD)
Geschlecht	84	männlich	44 (52,4%)	
		weiblich	40 (47,6%)	
Migrationshintergrund	84	ja	38 (45,2%)	
		nein	46 (54,6%)	
Gebiet	84	hoch belastet	40 (47,6%)	
		gering belastet	44 (52,4%)	
Geburtsjahr	83			1960 (18)
Haushaltseinkommen monatlich netto	68	(1) unter 500	3 (4,4%)	
		(2) 501 bis 1000	7 (10,3%)	
		(3) 1001 bis 1500	18 (26,5%)	
		(4) 1501 bis 2000	14 (20,6%)	
		(5) 2001 bis 2500	8 (11,8%)	
		(6) 2501 bis 3000	11 (16,2%)	
		(7) 3001 bis 4000	2 (2,9%)	
		(8) 4001 bis 5000	2 (2,9%)	
		(9) Über 5.000	0 (0%)	
		(10) weiß nicht	3 (4,4%)	
Haushaltseinkommen pro Kopf	65			860,38 (485,33)
Bildungsabschluss	84	kein Schulabschluss	8 (9,5%)	
		Volks-, Hauptschulabschluss	31 (36,9%)	
		Realschulabschluss	17 (20,2%)	
		Fachhochschulreife	5 (6,0%)	
		Abitur	10 (11,9%)	
		Hochschulabschluss	13 (15,5%)	

Hinsichtlich der Quotierung innerhalb der Gebietstypen ist festzuhalten, dass mit 45% etwas weniger als die Hälfte der Befragten einen Migrationshintergrund haben. 52,4% der Befragten leben in gering belasteten Gebieten. In hoch belasteten Gebieten haben 45% einen Migrationshintergrund und in gering belasteten sind 45,5% mit Migrationshintergrund erreicht worden. Die Befragten mit Migrationshintergrund sind zu 52% in gering belasteten Gebieten zu finden.

4.4.2 Auswertung des Pre-Tests

Es wurden Faktoren- und Reliabilitätsanalysen zu den einzelnen Skalen der Theorie des geplanten Verhaltens gerechnet. Es konnten Skalen für die jeweiligen Prädiktoren *Einstellung, subjektive Norm* und *wahrgenommene Verhaltenskontrolle* gebildet werden. Die Skalen zur Coping-Handlung *hintenraus schlafen* waren nicht ausreichend reliabel. Die Coping-Handlung *Einbau von Schallschutzfenstern* wurde im Pre-Test nur von 6 Personen genannt, da dies eine eher seltene Maßnahme ist. Die Skalen zu Einstellung und wahrgenommener Verhaltenskontrolle hinsichtlich des Einbaus von Schallschutzfenstern waren mit einem Cronbachs α von mehr als ,7 reliabel. Aufgrund der geringen Fallzahl sind diese Ergebnisse jedoch nicht verallgemeinerbar. Die Skalen zur Vorhersage der *Erholung im Grünen außerhalb des Wohnumfeldes* waren ebenso als reliabel einzuschätzen wie diejenigen zur *Beschwerde beim Vermieter* und zum *institutionellen Coping im Wohnumfeld*. Generell war es jedoch schwierig, eine reliable Skala aus drei Items für die subjektive Norm zu generieren.

4.4.3 Schlussfolgerungen aus dem Pre-Test

Die wesentliche Schlussfolgerung aus dem Pre-Test ist, dass die Erhebung des gesamten Coping-Inventars in einer Befragung kaum möglich ist. Aufgrund der Relevanz für die räumliche Planung und umweltbezogene Verfahrensgerechtigkeit wurde daher der Fokus auf institutionelles Coping im Außenbereich gelegt. Da bereits im Pre-Test verschiedene Coping-Intentionen und -Handlungen zu institutionellem Coping im Außen erfasst wurden, wurde für die Haupterhebung die Entwicklung einer Coping-Skala angestrebt, die unterschiedlich schwierige Coping-Handlungen erfasst.

Auf institutionelles Coping im Außenbereich werden im Sinne der TACT-Regel von Ajzen auch die Items der Prädiktoren angepasst. Es sei an dieser Stelle darauf verwiesen, dass dies im Sinne der TACT-Regel immer noch relativ unspezifisch ist. In der Abwägung verschiedener Forschungsinteressen und in Kenntnis anderer Befragungen, die eine Breite an Intentionen und Handlungen erfasst haben (Schwarz, 2007), wurden in der Befragung die Items so formuliert, dass sie der Vorhersage verschiedener Intentionen und Handlungen zum institutionellen Coping dienen.

Die alternativen Coping-Handlungen werden in gekürzter Form erfasst, da diese dem Modell folgend durchaus zu einer Verbesserung der Umweltgüte im Wohnumfeld führen können. So wurde beispielsweise zum Alltags-Coping im Außenraum die gezielte Frage aus dem Pre-Test übernommen „*Nun wüsste ich gerne, wie häufig Sie sich außerhalb Ihres alltäglichen Wohnumfeldes im Grünen, also in einem Park oder auf einem Spielplatz, im Wald, auf dem Land, an einem See oder etwas Vergleichbarem erholen"*. Es wurden aber nicht, wie im Pre-Test, weitere Faktoren zu dieser Coping-Handlung erfasst, wie beispielsweise die empfundenen finanziellen Kosten für die Erholung im Grünen.

Die Frage nach *Lärm durch Vögel und Tiere* wurde von etlichen Befragten als irritierend wahrgenommen, zudem gaben nur wenige Personen an, sich überhaupt durch Tiere als Lärmquelle belästigt zu fühlen. Daher wurde diese Frage nicht mit in die Haupterhebung übernommen.

Im Gegensatz zum Pre-Test wurden erstmalig soziale Netzwerke und die Teamwirksamkeitsskala erhoben (siehe Tabelle 3). Bei der Entwicklung der Teamwirksamkeitsskala wurden bestehende Skalen angepasst (Buchwald & Hobfoll, 2004).

4.5 Haupterhebung

In der Haupterhebung wurde der Fokus auf institutionelles Coping gelegt. Als Untersuchungsraum wurden die Ruhrgebietsstädte Duisburg, Essen, Gelsenkirchen, Bochum, Bottrop und Dortmund gewählt, da es dort deutliche Unterschiede in der Umweltgüte, eine gute Datenlage mit Lärmkarten und Ampelkarten zur Luftbelastung sowie viele Menschen mit türkischem Migrationshintergrund gibt.

4.5.1 Durchführung der Befragung

Die Telefon-Interviews wurden von Dezember 2010 bis März 2011 von zwei türkisch- und drei deutschsprachigen Interviewerinnen und jeweils ebenso vielen männlichen Interviewern durchgeführt. Die Interviewerinnen und Interviewer haben zum Teil bereits im Pre-Test Interviews durchgeführt. Alle Interviewer wurden geschult, indem sie mit Ziel und Inhalten der Befragung vertraut gemacht wurden, in LimeSurvey, den organisatorischen Ablauf sowie Regeln zur Durchführung der Interviews eingewiesen wurden. Die Bezahlung erfolgte nach aufgewendeter Zeit, nicht nach abgeschlossenem Interview.

4.5.1.1 *Stichprobe ziehen*

Die Stichprobenziehung erfolgte quotiert nach den Merkmalen türkischer Migrationshintergrund sowie hoch und gering belastete Gebiete bezüglich Lärm und Luftbelastung (siehe Tabelle 1). Entsprechend dem Forschungsdesign wurden zunächst Straßenabschnitte, die hinsichtlich der Umweltbelastungen Luft und Lärm als hoch belastet und gering belastet einzustufen sind, ausgewählt (siehe im Überblick Tabelle 6). Die Lärmbelastung wurde aus der im Jahr 2010 online verfügbaren Umgebungslärmkarte (www.umgebungslaerm-kartierung.

nrw.de/laerm/viewer.htm) ermittelt. Die Luftbelastung konnte aus Karten des Jahres 2009, die das Landesamt für Natur, Umwelt und Verbraucherschutz Nordrhein-Westfalen (LANUV) dankenswerterweise vor ihrer Veröffentlichung als PDF-Dokument zur Verfügung stellte, ermittelt werden. Das LANUV hat die Luftbelastungssituation im Ruhrgebiet je für NO_2 und PM_{10} mittels sogenannter Ampelkarten dargestellt. Für die Ampelkarten aus dem Jahr 2010 gelten laut LANUV, Auskunft vom 14.10.2010, die folgenden Klassifizierungen:

„Für die Ampelkarte 2009 für NO_2 [werden, HK] drei Farben verwendet: Rot für Straßenabschnitte mit Werten > 40 µg/m³ (Grenzwert ab dem Jahr 2010), Gelb für Werte 37 µg/m³ < x ≤ 40 µg/m³ und Grün für Werte ≤ 37 µg/m³. […] die NO_2 Belastungen werden vom Modell im Vergleich zur Messung unterschätzt. Die Auswertung des Streudiagramms, in dem die Messungen gegen die Berechnungen aufgetragen wurden, liefert einen Bereich zwischen 37 µg/m³ < x ≤ 40 µg/m³ in den berechneten Daten, in dem der Grenzwert mit ausreichender Wahrscheinlichkeit bei der Messung bereits überschritten sein kann. Dem gelben Bereich bei NO_2 kommt hier eine ähnliche Rolle zu wie dem gelben Bereich bei PM_{10}. Für PM_{10} ist die Anzahl der Tage mit Tagesmittelwerten > 50 µg/m³ (‚Überschreitungstage') in der Praxis das entscheidende Beurteilungskriterium. Zulässig sind maximal 35 Überschreitungstage pro Jahr. Die Auswertung der PM_{10}-Messungen der letzten Jahre an über 1000 Messstellen im gesamten Bundesgebiet und zusätzliche Auswertungen des LANUV (damals LUA) in NRW haben gezeigt, dass bei einem Jahresmittelwert von 29 µg/m³ die erlaubte Anzahl von 35 Überschreitungstagen normalerweise eingehalten wird, während bei einem Jahresmittelwert von 30 µg/m³ und darüber für mehr als 90% der Fälle gilt, dass die Zahl der Überschreitungstage > 35 ist. Daher sind Bereiche mit Jahresmittelwerten von mehr als 30 µg/m³ rot markiert; Straßenzüge mit Jahresmittelwerten < 29 µg/m³ sind grün dargestellt. Die Bereiche mit 29 µg/m³ ≤ Jahresmittelwert < 30 µg/m³ sind gelb dargestellt."

Auf dieser Grundlage wurden solche Straßenzüge als belastet kategorisiert, die in der Ampelkarte für PM_{10} oder NO_2 rot oder orange dargestellt wurden, sowie einen L_{den}-Wert von > 70 dB(A) bei mindestens einer der Quellen (Straße, Schiene (Bund/Sonstige), Gewerbe, Flug) aufwiesen. 70 dB(A) sind laut TA-Lärm als Immissionsrichtwerte außerhalb von Gebäuden in Industrie- und Gewerbegebieten zulässig, in vielen Einfallstraßen aber Alltag. Auch ein Runderlass des zuständigen Ministeriums in NRW orientiert sich an diesem Wert:

„Lärmaktionspläne sind gemäß §47d Abs. 1 BImSchG zur Regelung von Lärmproblemen und Lärmauswirkungen aufzustellen. Lärmprobleme im Sinne des §47d Abs. 1 BImSchG liegen auf jeden Fall vor, wenn an Wohnungen, Schulen, Krankenhäusern oder anderen schutzwürdigen Gebäuden ein L_{DEN} von 70 dB(A) oder ein L_{Night} von 60 dB(A) erreicht oder überschritten wird. Dies gilt nicht in Gewerbe- oder Industriegebieten nach §§8 und 9 der Baunutzungsverordnung sowie in Gebieten nach §34 Abs. 2 des Baugesetzbuches mit entsprechender Eigenart. Die Werte L_{DEN} von 70 dB(A) und L_{Night} von 60 dB(A) sind in den Lärmkarten gemäß §4 Absatz 4 Nr. 2 kenntlich zu machen." (Ministerium für Umwelt und Naturschutz, Landwirtschaft und Verbraucherschutz, 2008, S. 2).

Als gering belastet gelten Gebiete, die weder in der Ampelkarte für PM_{10} noch in der für NO_2 als rot oder orange markiert sind und in denen die Lärmbelastung bei allen Quellen unter < 55 dB(A) L_{den} liegt. Zudem wurde mithilfe von Google Maps eine unmittelbare Nähe zu großen Industrieanlagen wie Kraftwerken, die auf dem Luftbild sichtbar sind, ausgeschlossen. Die Zuordnung von Straßen in den Ampelkarten erfolgte nicht flächendeckend. Es wird bei dieser Zuordnung in gering belastetet davon ausgegangen, dass in Straßen mit einer Lärmbelastung unter 55 dB(A), die nicht in der Nähe großer Industriebetriebe liegen, auch keine erhöhten PM_{10}- und NO_2-Werte zu erwarten sind.

Für diese Straßen wurden dann entsprechend dem Vorgehen im Pre-Test in einem Online-Telefonbuch Adressen gezogen (siehe Kapitel 4.4). Die ausgewählten Personen wurden angeschrieben und über die Befragung informiert, angerufen und bei Bereitschaft interviewt. Es wurde ein erwachsenes Haushaltsmitglied interviewt. Insgesamt wurden mindestens drei Versuche zu unterschiedlichen Tageszeiten unternommen, um ein Haushaltsmitglied telefonisch zu erreichen.

Tabelle 6: Kriterien für die Kategorisierung in hoch und gering belastete Gebiete in der Haupterhebung

Auswahlkriterium gering belastet	Auswahlkriterium belastet	Quelle
NO_2 (nicht orange oder rot)	NO_2 (orange, rot)	Ampelkarte LANUV
+ PM_{10} (nicht orange oder rot)	+ PM_{10} (orange, rot)	Ampelkarte LANUV
+ Lärm L_{den} Straße < 55 dB(A)	+ Lärm L_{den} Straße > 70 dB(A)	Umgebungslärmkarte online
+ Lärm L_{den} DB < 55 dB(A)		Umgebungslärmkarte online
+ Keine Nähe zu Großindustrie / Kraftwerk		Google Maps

Da die Telefoninterviews unterstützt von LimeSurvey durchgeführt wurden, lagen die Befragungsdaten direkt in digitalisierter Form vor und die Erfüllung der Quoten konnte zeitnah überprüft werden.

4.5.1.2 Rücklauf

Insgesamt wurden 2.618 Personen im Ruhrgebiet in neun Wellen postalisch angeschrieben (siehe Tabelle 7). 207 Briefe waren nicht zustellbar und wurden von der Post als Rückläufer zurückgeschickt. In manchen Wellen wurden die Briefe aus Kostengründen per Info-Post zugestellt, dann erfolgte keine Rücksendung nicht zustellbarer Briefe. Daher gab es sicherlich mehr als die in Tabelle 7 angegebenen 207 Rückläufer.

669 Personen konnten telefonisch nicht erreicht werden, bei 202 Personen kam es nicht zu einem Anrufversuch. 1.218 Personen, die am Telefon erreicht wurden, haben abgelehnt, beim Interview mitzumachen. Nach Abschluss der neun Wellen wurde eine Nacherhebung unter den bereits angeschriebenen Haushalten, die eine Teilnahme noch nicht abgelehnt hatten, durchgeführt, mit der 47 weitere Interviews realisiert werden konnten. Insgesamt konnte mit 339 Personen ein Telefoninterview geführt werden. Daher ergibt sich die folgende Rücklaufquote 339 (erfolgte Interviews) von 1.587 (2.618 [Angeschriebene] – 207 [Rückläufer] – 669 [nach dreimaligem Versuch telefonisch nicht erreicht] – 202 [kein Anrufversuch] + 47 [nacherhoben]) = 21,36 %. Eine Rücklaufquote von 21,36 % bei einer quotierten Telefonbefragung sollte nicht als gering eingeschätzt werden:

> „This response rate [10.1 %, HK] is not unusually low for a telephone survey using quota sampling. Furthermore, given that response rates are not as valid an indication of non-participation in quota surveys as they are in random probability surveys, this figure should be taken as indicative only" (Rubin, 2005, S. 609).

Tabelle 7: Rücklaufquote der Haupterhebung im Überblick

	Interview erfolgt	Rückläufer	Abgelehnt	Nicht erreicht	Kein Anrufversuch	Summe verschickter Briefe	Unzuordenbar
Welle 1	17	0	107	53	0	190	13
Welle 2	28	27	125	57	0	249	12
Welle 3	32	35	146	55	7	277	2
Welle 4	65	45	223	47	63	443	0
Welle 5	45	21	197	86	8	357	0
Welle 6	33	37	130	102	2	306	2
Welle 7	22	0	136	141	24	323	0
Welle 8	39	31	96	97	63	327	1
Welle 9	11	11	58	31	35	146	0
Nacherhebung	47	–	–	–	–	–	–
Summe	339	207	1218	669	202	2.618	30

4.5.2 Datenbereinigung

Die Daten wurden aus LimeSurvey direkt in SPSS importiert. Durch das Festlegen klar definierter Eingabemöglichkeiten in LimeSurvey wurden Eingabefehler eingeschränkt. Nur geringfügige Anpassungen, wie die Anpassung von Werte- oder Value-Labels oder Dezimalstellen, waren nach dem Import der Daten aus LimeSurvey in SPSS erforderlich. Insgesamt wurden 339 Fälle von LimeSurvey in SPSS importiert. Einige Fälle wurden gelöscht, weil die räumliche Verortung nicht verifiziert wurde, auch nach wenigen Antworten abgebrochene Interviews, die automatisch als Fälle übertragen wurden, sind in SPSS gelöscht worden. Nach dem Löschen dieser Fälle blieben 312 Fälle bestehen.

Antworten auf offene Fragen, die auf Türkisch in LimeSurvey eingepflegt wurden, wurden ins Deutsche übersetzt. In wenigen Fällen wurde von den Interviewern vergessen, die Gebietskategorie hoch oder gering belastet auszuwählen, diese wurde anhand der Straßenzuordnung nachträglich eingefügt. Die Straßenzuordnung wird zur Wahrung der Anonymität getrennt von den sonstigen Daten gehalten. Die Daten wurden mittels Histogramm auf Ausreißer, sowie auf Plausibilität beispielsweise über Kreuztabellen geprüft.

Die Variable Anwesenheit im Quartier zu Hause kann aufgrund von Übersetzungsproblemen in der türkischen Variante des Fragebogens nicht verwendet werden. Hier schlägt sich nieder, dass der Fragebogen aus finanziellen Gründen nicht hin- und zurückübersetzt wurde.

4.5.3 Ersetzen fehlender Werte

Die Ursachen für fehlende Werte in Datensätzen können verschiedenen Ursprungs sein. Häufig resultieren sie aus einer verweigerten Antwort. In der Haupterhebung machten beispielsweise 98 Befragte keine Angaben zu ihrem Einkommen, was gleichzeitig bedeutet, dass 214 Befragte zu diesem sensiblen Thema Auskunft gaben. Ferner gaben 18 Befragte ihr Alter nicht an. Interessant ist hier, dass von den 18 Befragten, die ihr Alter nicht angaben, 16 einen Migrationshintergrund haben. Andererseits kann ein fehlender Wert vorliegen, da die Antwortmöglichkeit *weiß nicht* nicht angeboten wurde. Dies trifft zum Teil für die Aussagen zu, die die Items der Prädiktoren innerhalb der Theorie des geplanten Verhaltens darstellen. Hier konnten die Befragten auf einer 6er-Skala zustimmen oder nicht zustimmen (siehe Kapitel 4.2).

Außerdem resultieren fehlende Werte in diesem Datensatz aus der Filterführung des Fragebogens (siehe auch Kapitel 4.3). Da Fälle mit fehlenden Werten nicht in entsprechende Analysen eingehen, ist es von großem Interesse, fehlende Werte inhaltlich nachvollziehbar zu ersetzen. Insbesondere dann, wenn eine der

Variablen, die zugleich Quotierungsmerkmal war, wie der Migrationshintergrund, besonders stark von fehlenden Werten betroffen ist. So argumentieren auch Sterne et al. (2009, S. 157):

> „Researchers usually address missing data by including in the analysis only complete cases—those individuals who have no missing data in any of the variables required for that analysis. However, results of such analyses can be biased. Furthermore, the cumulative effect of missing data in several variables often leads to exclusion of a substantial proportion of the original sample, which in turn causes a substantial loss of precision and power."

Vor der Analyse wurden für die Daten der Haupterhebung drei verschiedene Methoden angewendet, um fehlende Werte zu ersetzen, die im Folgenden beschrieben werden: a) Das Ersetzen fehlender Werte aufgrund von Filterregeln im LimeSurvey, b) die Anwendung einer Methode zum Ersetzen einzelner fehlender Werte in Skalen, sowie c) eine regressionsbasierte Methode, um fehlende Einkommenswerte zu ersetzen.

4.5.3.1 *Filterbedingtes Ersetzen fehlender Werte*

Aus befragungsstrategischen Gründen wurden verschiedene Fragen mit einem Filter versehen, der über LimeSurvey programmiert wurde (siehe Kapitel 4.3). Aufgrund der Filterführung in der Befragung und des Imports dieser Werte aus LimeSurvey in SPSS werden für Fälle, in denen aufgrund der Filterführung Fragen nicht gestellt wurden, in SPSS für die entsprechende Variable fehlende Werte ausgegeben. Daher gibt es Variablen mit einer Vielzahl an fehlenden Werten (siehe exemplarisch Tabelle 8). Diese filterbedingt fehlenden Werte haben jedoch einen Wert, der sich aus der Antwort der Filtervariable ergibt (siehe Beispiel Luftbelastung Kapitel 4.3).

Im Folgenden wird das filterbedingte Ersetzen fehlender Werte exemplarisch für die zwei Variablen *Häufigkeit von Schlafproblemen wegen Lärm* sowie *quellenbezogene Lärmbelästigung nach Häufigkeit und Intensität* beschrieben.

Die Frage „*Wie häufig haben Sie Schlafprobleme wegen Lärm?*" wurde nur denjenigen Interviewpartnern gestellt, die vorher angaben, sich überhaupt durch Lärm in ihrer Wohnung belästigt zu fühlen. Tabelle 8 zeigt, dass es zur Variablen *Schlafprobleme* von insgesamt 77 Befragten Antworten gibt und 235 fehlende Werte zu verzeichnen sind. Abbildung 18 zeigt die einleitende Filterregel, die zur Folge hat, dass die Frage nach den Schlafproblemen nur denjenigen gestellt wird, die angeben, sich selten, manchmal, oft oder immer in ihrer Wohnung durch Lärm belästigt zu fühlen. Tabelle 9 zeigt, dass sich 232 Befragte nie durch Lärm in der Wohnung belästigt fühlen. In der Logik der Filterführung wird davon ausgegangen, dass sich diese Personen auch im Schlaf nicht durch Lärm belästigt fühlen und daher auch keine lärmbedingten Schlafprobleme berichten würden.

Die 235 fehlenden Werte in der Ausgangsvariablen werden durch die Rekodierung filterbedingt ersetzt, indem für die Filtervariable (HH_35 ≥ *selten*) angenommen wird, dass diese sich *nie* durch Lärm im Schlaf beeinträchtigt fühlen. Somit erhöht sich die Zahl der Fälle in der Kategorie *nie* von 36 um die 232 *nie* durch Lärm im Innenraum belästigten Fälle auf 268 Fälle *total* (siehe Tabelle 10).

Tabelle 8: Häufigkeiten HH_38_I_I

	Wie häufig haben Sie Schlafprobleme wegen Lärm?				
		Häufigkeit	Prozent	Gültige Prozente	Kumulierte Prozente
Gültig	nie	36	11,5	46,8	46,8
	selten	18	5,8	23,4	70,1
	manchmal	14	4,5	18,2	88,3
	oft	6	1,9	7,8	96,1
	immer	3	1,0	3,9	100,0
	gesamt	77	24,7	100,0	
Fehlend	System	235	75,3		
Gesamt		312	100,0		

Abbildung 18: Frage zu Schlafstörung mit Filterführung (aus LimeSurvey)

---

68 [HH_38_I_I]Wie häufig haben Sie Schlafprobleme wegen Lärm?

Beantworten Sie diese Frage nur, wenn folgende Bedingungen erfüllt sind:
° Antwort war gleich oder größer als 'selten' bei Frage '65 [HH_35]' (Nun möchte ich gerne wissen, ob Sie sich in Ihrer Wohnung belästigt fühlen. Wie häufig fühlen Sie sich in Ihrer Wohnung bei geschlossenen Fenstern durch Lärm belästigt? Ist dies nie, selten, manchmal, oft oder immer der Fall?)

Bitte wählen Sie nur eine der folgenden Antworten aus:

○ nie
○ selten
○ manchmal
○ oft
○ immer

Tabelle 9: Häufigkeiten der Filtervariable HH_35

Wie häufig fühlen Sie sich in Ihrer Wohnung bei geschlossenen Fenstern durch Lärm belästigt?

		Häufigkeit	Prozent	Gültige Prozente	Kumulierte Prozente
Gültig	nie	232	74,4	74,6	74,6
	selten	42	13,5	13,5	88,1
	manchmal	22	7,1	7,1	95,2
	oft	10	3,2	3,2	98,4
	immer	5	1,6	1,6	100,0
	Gesamt	311	99,7	100,0	
Fehlend	System	1	,3		
Gesamt		312	100,0		

Tabelle 10: Häufigkeiten HH_38_I_I_total durch Rekodierung

HH_38_I_I_total Schlafprobleme

		Häufigkeit	Prozent	Gültige Prozente	Kumulierte Prozente
Gültig	nie, total	268	85,9	86,7	86,7
	selten	18	5,8	5,8	92,6
	manchmal	14	4,5	4,5	97,1
	oft	6	1,9	1,9	99,0
	immer	3	1,0	1,0	100,0
	Gesamt	309	99,0	100,0	
Fehlend	System	3	1,0		
Gesamt		312	100,0		

Zusätzlich ist im Folgenden das Ersetzen fehlender Werte für die *Häufigkeit der wahrgenommenen Lärmbelästigung durch Straßenverkehr im Wohnumfeld tags* erläutert. Dieses Vorgehen wurde ebenso für die Rekodierung der Fragen zu den verschiedenen *Quellen der Luft- und Lärmbelästigung im Wohnumfeld sowie der Lärmbelästigung im Innenraum* angewendet.

Antwortmöglichkeiten in LimeSurvey sahen in Anlehnung an das Studiendesign der LARES-Studie (siehe Kapitel 4.2.3) nur die drei Antworten *selten, manchmal, immer* für die Häufigkeit einer wahrgenommenen Belastung durch eine bestimmte Lärmquelle vor. Wurde keine der drei Antwortoptionen ausgewählt, entspricht dies der Antwort *nie*. Aus diesem Grunde wurde auch eine zusätzliche Kategorie *nie* ergänzt und in dieselbe Variable rekodiert.

Die Häufigkeiten vor und nach der Rekodierung sind Tabelle 11 und Tabelle 12 zu entnehmen. Die Häufigkeiten der Filtervariable (HH_28) sind in Tabelle 13 angegeben.

In Tabelle 11 erscheint die Variable *Häufigkeit der Lärmbelästigung im Wohnumfeld* tags in den drei Kategorien *selten, manchmal* und *häufig*. In Tabelle 12 ist die Kategorie *nie, total* ergänzt. Für diese wurden alle fehlenden Werte der HH_29_3_0 mit Ausnahme der vier fehlenden Werte der HH_28 (siehe Tabelle 13) verwendet. Denn es wird entsprechend der Logik des Filters für die HH_29_3_0 angenommen, dass die 145 befragten Personen, die sich *nie* durch Lärm im Wohnumfeld belästigt fühlen, sich auch nicht tagsüber durch Verkehrslärm belästigt fühlen. Aus diesem Grund wurde ihnen diese Frage gar nicht gestellt (siehe Kapitel 4.3). Dass der Wert *nie, total* in Tabelle 12 49 Nennungen mehr hat, ist darauf zurückzuführen, dass diejenigen, die entsprechend den Filterregeln befragt wurden, jedoch nicht angaben, von Straßenverkehrslärm belästigt zu sein. Die allgemeine Lärmbelästigung resultiert aus der Belästigung durch eine andere Lärmquelle.

Tabelle 11: Häufigkeiten der Variable HH_29_3_0 vor der Rekodierung

Belästigung (Wohnumfeld): Straßenverkehrslärm [hierzu zählen auch Straßenbahn und auch Passanten] TAG: Häufigkeit					
		Häufigkeit	**Prozent**	**Gültige Prozente**	**Kumulierte Prozente**
	selten	34	10,9	29,8	29,8
	manchmal	26	8,3	22,8	52,6
	immer	54	17,3	47,4	100,0
Gültig	Gesamt	114	36,5	100,0	
Fehlend	System	198	63,5		
Gesamt		312	100,0		

Tabelle 12: Häufigkeiten der Variable HH_29_3_0 nach der Rekodierung

Belästigung (Wohnumfeld): Straßenverkehrslärm [hierzu zählen auch Straßenbahn und auch Passanten] TAG: Häufigkeit					
		Häufigkeit	**Prozent**	**Gültige Prozente**	**Kumulierte Prozente**
	nie, total	194	62,2	63,0	63,0
	selten	34	10,9	11,0	74,0
Gültig	manchmal	26	8,3	8,4	82,5
	immer	54	17,3	17,5	100,0
	Gesamt	308	98,7	100,0	
Fehlend	System	4	1,3		
Gesamt		312	100,0		

Tabelle 13: Häufigkeiten der Filtervariable HH_28

Wie häufig fühlen Sie sich in Ihrem Wohnumfeld, also außerhalb Ihrer Wohnung, durch Lärm belästigt?					
		Häufigkeit	Prozent	Gültige Prozente	Kumulierte Prozente
	nie	145	46,5	47,1	47,1
	selten	74	23,7	24,0	71,1
	manchmal	40	12,8	13,0	84,1
	oft	32	10,3	10,4	94,5
	immer	17	5,4	5,5	100,0
Gültig	Gesamt	308	98,7	100,0	
Fehlend	System	4	1,3		
Gesamt		312	100,0		

4.5.3.2 Ersetzen fehlender Werte durch CIMS

Zum Ersetzen einzelner fehlender Werte für solche Variablen, die gemeinsam mit anderen Items eine Skala bilden, gibt es eine umfassende methodische Debatte (siehe u.a. Huisman, 2000; Gmel, 2001). Hier wird die Methode CIMS (Corrected Item Mean Substitution of Missing Test Data) verwendet, da dies in der Literatur als eine qualitativ hochwertige Methode beschrieben wird: „[...] imputing an item mean corrected for ability (CIM) emerged as the overall best of the nine simple imputation techniques presented, in almost all the combinations of studied factors" (Huisman, 2000, S. 349). Van Ginkel hat eine SPSS-Syntax für dieses Verfahren geschrieben (van Ginkel & van der Ark, 2005), die als Download zur Verfügung steht und hier angewendet wurde (van Ginkel, 2009).

CIMS ist ein mittelwertbasiertes Verfahren und berücksichtigt sowohl das Aussageverhalten der befragten Person, bei der der entsprechende Wert fehlt, als auch die Ausprägung der Variablen über alle Fälle. CIMS sollte nur angewendet werden, wenn pro betrachteter Skala nicht mehr als 50% der Fälle fehlen. Bevor die CIMS-Syntax für einzelne Skalen angewendet wurde, sind daher diejenigen Fälle mit mehr als 50% fehlenden Werte entfernt worden. Vor dem Import der einzelnen Fälle in die Gesamtdatendatei wurden die Fälle mit > 50% fehlenden Werten wieder in die Output-Datei, die nach dem CIM-Verfahren keine fehlenden Werte hat, eingefügt.

Tabelle 14 zeigt, dass zu der Aussage *In meiner Wohnung möchte ich Ruhe vor dem Lärm von draußen haben* vier Antworten fehlen. Die zweite Spalte in Tabelle 14 zeigt, dass nach dem Ersetzen fehlender Werte mit CIMS nur noch 2 Werte fehlen. Diese wurden im CIMS-Verfahren mit der Aussage *stimme eher nicht zu* ersetzt.

Ein weiteres Beispiel zeigt, dass 24 Antworten auf die Frage *Die meisten Menschen, die mir wichtig sind, würden es unterstützen, wenn ich mich für weniger Lärm- und Luftbelästigung engagiere* fehlen. Durch das CIMS-Verfahren konnten neun fehlende Werte ersetzt werden. Diese verteilen sich auf unterschiedliche Antwortmöglichkeiten (siehe Tabelle 15).

Tabelle 14: Veränderung der Häufigkeiten der Variable HH_93 durch die Anwendung des CIMS-Verfahrens

	In meiner Wohnung möchte ich Ruhe vor dem Lärm von draußen haben.		
		Häufigkeit vor CIMS	Häufigkeit nach CIMS
Gültig	stimme überhaupt nicht zu	15	15
	stimme überwiegend nicht zu	9	9
	stimme eher nicht zu	12	14
	stimme eher zu	55	55
	stimme überwiegend zu	34	34
	stimme voll und ganz zu	183	183
	Gesamt	308	310
Fehlend	System	4	2
Gesamt		312	312

Tabelle 15: Veränderung der Häufigkeiten der Variable HH_188 durch die Anwendung des CIMS-Verfahrens

	Die meisten Menschen, die mir wichtig sind, würden es unterstützen, wenn ich mich für weniger Lärm- und Luftbelästigung engagiere.		
		Häufigkeit vor CIMS	Häufigkeit nach CIMS
Gültig	stimme überhaupt nicht zu	24	26
	stimme überwiegend nicht zu	20	21
	stimme eher nicht zu	52	54
	stimme eher zu	53	56
	stimme überwiegend zu	37	37
	stimme voll und ganz zu	102	103
	Gesamt	288	297
Fehlend	System	24	15
Gesamt		312	312

Da Skalen auf der Grundlage verschiedener Einzelitems gebildet werden, schlägt sich das Ersetzen fehlender Werte bei einzelnen Variablen in den Skalen nieder, die aus ihnen gebildet werden. So hatte die Skala *Einstellung institutionell gesamt* (siehe Kapitel 5.3) vor der Anwendung des CIMS-Verfahrens 37 fehlende Werte und danach drei fehlende Werte.

4.5.3.3 Regressionsbasiertes Imputieren fehlender Einkommenswerte

Fehlen einzelne Werte, die nicht Teil einer Skala sind, so können diese auf der Basis von Regressionsmodellen imputiert werden. Für die Variable *Einkommen* ist dieses Verfahren gewählt worden. Tabelle 16 zeigt, dass 214 Befragte Angaben zu ihrem Einkommen gemacht haben, was fast 70% aller Befragten entspricht. Da bei drei Befragten die Haushaltsgröße fehlt, lässt sich für 211 Befragte das Haushaltseinkommen pro Kopf errechnen. Relativ häufig haben Befragte mit Migrationshintergrund ihr Einkommen nicht angegeben. So haben Personen mit Migrationshintergrund einen Anteil an der Gesamtstichprobe (N = 312) von 36,8% während sie nur noch 27,8% der Fälle mit gültigen Werten beim Einkommen ausmachen. Ein gewünschter Effekt war, nicht nur fehlende Werte insgesamt zu ersetzen, sondern auch den Anteil der Befragten mit Migrationshintergrund entsprechend ihrem Anteil an der Stichprobe wieder zu erhöhen. So betonen auch Sterne et al. (2009), dass es wichtig ist, fehlende Werte insbesondere dann zu ersetzen, wenn eine Gruppe vermehrt fehlende Werte aufweist.

Tabelle 16: Fehlende Werte Einkommen vor und nach der regressionsbasierten Imputation

		Statistiken		
		Wie hoch ist das monatliche Netto-Einkommen Ihres Haushalts insgesamt?	Haushaltseinkommen pro Kopf in EUR	Haushaltseinkommen pro Kopf in EUR (imputiert)
	Gültig	214	211	255
N	Fehlend	98	101	57

Es gibt eine umfassende Debatte zum Ersetzen fehlender Einkommensdaten. So beschreiben (Mandal & Stasny, 2004) in einem Beitrag der American Statistical Association vor allem drei Verfahren, um Einkommensdaten zu imputieren: *Hot deck imputation, Mean imputation* und *Regression imputation*. Andere (Saccarino, 2011; Schenker et al., 2006) verwenden wiederum ein *mulitple imputation procedure*, das auch auf Regressionen aufbaut. Die verschiedenen Verfahren basieren alle auf Mittelwerten und kommen zu relativ vergleichbaren Ergebnissen.

Um fehlende Werte zu ersetzen, wurden fünf Variablen in das Regressionsmodell aufgenommen, die einkommensbezogen sind (siehe Tabelle 17). Dieses Modell erklärt das Haushaltseinkommen zu 56%.

Tabelle 17: Modellzusammenfassung des Regressionsmodells zur Imputation fehlender Einkommenswerte

Modell	R	R-Quadrat	Korrigiertes R-Quadrat	Standardfehler des Schätzers
1	,624a	,390	,386	1,685
2	,691b	,478	,472	1,563
3	,724c	,524	,516	1,497
4	,742d	,551	,541	1,458
5	,757e	,572	,560	1,427

Einflussvariablen: (Konstante)
Modell 1: BildungsScoreHHgesamt für Einkommen,
Modell 2: + Wie viele Haushaltsmitglieder tragen zum gesamten Haushaltseinkommen bei?
Modell 3: + Ich könnte mir einen Anwalt finanziell leisten, um gegen die Luft- oder Lärmbelästigung zu klagen.
Modell 4: + Wohnen Sie zur Miete oder in Ihrem Eigentum?
Modell 5: + TätigkeitsScoreHHgesamt für Einkommen
Abhängige Variable: Wie hoch ist das monatliche Netto-Einkommen Ihres Haushalts insgesamt?

Die mithilfe der Regression berechneten Werte korrelieren mit den erhobenen Werten stark auf signifikantem Niveau (r_s (181) = ,755, $p <$,000). Nach Mandal & Stasny (2004, S. 3967) ist eine signifikante starke Korrelation zwischen den erhobenen und den imputierten Werte ein Indikator für ein inhaltlich aussagekräftiges Ersetzen fehlender Werte. Es konnten insgesamt 41 fehlende Werte ersetzt werden, allerdings gelang es nicht, den Anteil von Befragten mit Migrationshintergrund zu erhöhen. Dieser liegt nach der Imputation fehlender Werte bei 26,6 %.

4.5.4 Rekodierung und Bildung neuer Variablen

Die folgenden Variablen wurden zur Vorbereitung der Analyse neu gebildet bzw. rekodiert.

- Um Aussagen im Sinne des MOVE-Modells zu polen, wurden ordinale Variablen rekodiert. So ist die Aussage *Ich habe keine Zeit, mich um die Entwicklung meines Wohnumfeldes zu kümmern* ein Item der Skala *wahrgenommene Verhaltenskontrolle* (siehe Kapitel 4.2.1) und konnte von 1 (*stimme gar nicht zu*) bis 6 (*stimme voll und ganz zu*) beantwortet werden. Wenn ein Befragter dieser Aussage voll und ganz zustimmt, erhält die Aussage somit den Wert 6. Da ein hoher Wert im MOVE-Modell die Wahrscheinlichkeit einer Coping-Intention erhöht, der Faktor keine Zeit haben, aber inhaltlich als eine Verringerung der Wahrscheinlichkeit, eine Intention zu fassen oder eine Handlung umzusetzen, verstanden wird, muss diese Variable rekodiert

werden, um entsprechend der Bedeutung im Modell mit einem niedrigen Wert versehen zu sein.
- Einige metrische Variablen, wie das Alter, wurden kategorisiert, um Klassen zu bilden. Oder in dichotome Variablen transformiert, um beispielsweise die Variable *mit* oder *ohne Auto* zu generieren.
- Das Haushaltseinkommen wird in diesen Analysen als Pro-Kopf-Einkommen verwendet. Neben dem Pro-Kopf-Einkommen ist das je nach Anzahl und Alter der Haushaltsmitglieder gewichtete sogenannte Äquivalenzeinkommen ein häufig verwendeter Indikator. Aufgrund der Gewichtungsfaktoren haben kinderreiche Familien ein relativ höheres Äquivalenzeinkommen im Vergleich zum Haushaltseinkommen pro Kopf. Im Kontext umweltbezogener Gerechtigkeit wird daher das Äquivalenzeinkommen bewusst nicht verwendet. Siehe hierzu ausführlicher Köckler und Weible (2011).
- Der Migrationshintergrund wurde entsprechend den Ausführungen in Kapitel 4.2.4 (siehe insbesondere Tabelle 4) ermittelt.
- Viele haushaltsbezogene Werte wurden relativiert, indem sie durch die Anzahl der Haushaltsmitglieder geteilt wurden. Hierzu zählen unter anderem: Wohnfläche, Anzahl der Zimmer; Miete.
- Aus der Variablen *Geburtsjahr* wurde das Alter (2010 minus Geburtsjahr) ermittelt.
- Um in der Regression als unabhängige Variable zu fungieren, wurde die Variable *Bildungsstand* dummy-codiert, der hohe Bildungsabschluss (Hochschulabschluss) ist hier die Referenzgröße.
- Die *Erwerbstätigkeit*, die zunächst als nominale Variable erfasst wurde, wurde zu einer ordinalen Variable transformiert, indem drei Gruppen deren Unterschiede sich aus dem anzunehmenden persönlichen Einkommen ergeben, gebildet wurden (*kein bzw. minimales Einkommen: Kleinkind, Schüler, Hausfrau/geringes Einkommen: Wehr-, Zivildienst, Azubi, Student, Rentner, arbeitslos/hohes Einkommen: Angestellter, Beamter, Arbeiter, selbstständig*). In dieser Weise ist die Variable in die Regression eingegangen.
- Zu den neuen Variablen zählen auch die Skalen für *Coping-Intentionen* und -Handlungen, deren Ableitung in Kapitel 5.2 beschrieben wird, sowie Skalen im Sinne der Theorie des geplanten Verhaltens, die in Kapitel 5.3 beschrieben sind. Methodisch wurde hierbei entsprechend den Ausführungen in Kapitel 4.1.3 vorgegangen.

4.5.5 Stichprobenmerkmale der Haupterhebung

Insgesamt gehen 312 Fälle in die Analyse ein (siehe Tabelle 18), von denen jeweils rund 50% in gering bzw. hoch belasteten Gebieten leben. Die Stichprobe enthält mit 36,8% weniger als die beabsichtigten 50% Menschen mit Migrationshintergrund. Die befragten Menschen mit Migrationshintergrund verteilen sich jedoch zu gleichen Teilen auf gering und hoch belastete Gebiete (siehe Tabelle 19).

Tabelle 18: Ausprägung ausgewählter Variablen in der Haupterhebung (N = 312)

Variable	N	Ausprägung	Häufigkeit (gültige Prozente)	M (SD)
Geschlecht	303	männlich	162 (53,5%)	
		weiblich	142 (46,5%)	
Migrationshintergrund	304	ja	112 (36,8%)	
		nein	192 (63,2%)	
Gebiet	308	hoch belastet	150 (48,7%)	
		gering belastet	158 (51,3%)	
Geburtsjahr	298			1955 (17)
Haushaltseinkommen monatlich netto	258	(1) unter 500	8 (3,1%)	
		(2) 501 bis 1000	32 (12,4%)	
		(3) 1001 bis 1500	48 (18,6%)	
		(4) 1501 bis 2000	37 (14,3%)	
		(5) 2001 bis 2500	41 (15,9%)	
		(6) 2501 bis 3000	32 (12,4%)	
		(7) 3001 bis 4000	32 (12,4%)	
		(8) 4001 bis 5000	15 (5,8)	
		(9) Über 5.000	10 (3,9%)	
		(10) weiß nicht	3 (1,2%)	
Haushaltseinkommen pro Kopf	255			1.119,50 (652,36)
Bildungsabschluss	308	(1) kein Schulabschluss	6 (1,9%)	
		(2) Volks-, Hauptschulabschluss	132 (42,9%)	
		(3) Realschulabschluss	50 (16,2%)	
		(4) Fachhochschulreife	23 (7,5%)	
		(5) Abitur	35 (11,4%)	
		(6) Hochschulabschluss	62 (20,1%)	

Tabelle 19: Erfüllung der Quotierungsziele in der Haupterhebung

		Migrations-hintergrund	kein Migrations-hintergrund	Gesamt-summe
Gebiet gering belastet	Anzahl	54	101	155
	% in Migrationshintergrund	49,5%	52,9%	51,7%
Gebiet hoch belastet	Anzahl	55	90	145
	% in Migrationshintergrund	50,5%	47,1%	48,3%
Gesamtsumme	Anzahl	109	191	300
	% des Gesamtergebnisses	36,3%	63,7%	100,0%

Von den Befragten mit Migrationshintergrund haben 92 Personen einen türkischen Migrationshintergrund, was 30% der Gesamtstichprobe entspricht. Die Gruppe der türkischen Migranten macht 82% der befragten Menschen mit Migrationshintergrund aus. 23 Personen haben einen anderen Migrationshintergrund. Von den Befragten mit türkischem Migrationshintergrund wohnen 49,4% in hoch belasteten Gebieten. Von den Befragten mit türkischem Migrationshintergrund ohne deutsche Staatsangehörigkeit leben 55,8% in hoch belasteten Gebieten.

Die Befragten wurden in verschiedenen Städten des Ruhrgebiets erreicht. Stadtbezogene Aussagen sind mit dieser Befragung nicht beabsichtigt und lassen sich aufgrund der entsprechenden Fallzahlen auch nicht treffen.

Tabelle 20: Städte, in denen die Befragten wohnen

	Häufigkeit	**Prozent**
Bottrop	40	12,8
Duisburg	108	34,6
Essen	63	20,2
Dortmund	50	16,0
Bochum	30	9,6
Gelsenkirchen	21	6,7
gesamt	312	100,0

4.5.6 Exkurs zur Methode der ko-ethnischen Befragung

Häufig sind Menschen mit Migrationshintergrund aus verschiedenen Gründen in Befragungen unterrepräsentiert (Halm, 2010).

„Zugleich herrscht in der Methodendiskussion inzwischen Einigkeit darüber, dass eine geringe Ausschöpfung streng genommen nur nachteilig ist, wenn damit systematisch eine Untererfassung von bestimmten Bevölkerungsgruppen verbunden ist (Schneekloth/Leven 2003; Heerwegh et al. 2007), und wenn diese Merkmale die selektiv (nicht) vorliegen, mit der zu untersuchenden Fragestellung zusammenhängen. Ziel sollte es daher sein, Verzerrungen zu(un)gunsten bestimmter Bevölkerungsgruppen zu vermeiden" (Baykara-Krumme, 2013, S. 259).

Eine systematische Unterrepräsentation von Menschen mit Migrationshintergrund ist bei Befragungen zu umweltbezogener Verfahrensgerechtigkeit zu erwarten, da Parallelen zwischen einer mangelnden Teilhabe an politischen Entscheidungsprozessen und Teilhabe an Befragungen angenommen werden können. Eine Anforderung an Forschung zu umweltbezogener Gerechtigkeit ist es jedoch, gerade die Perspektive derjenigen zu erfassen, die benachteiligt sind. Um dieser Anforderung gerecht zu werden, wurde in dieser Befragung ein quotiertes Erhebungsdesign gewählt (siehe Tabelle 1). Um die Quote hinsichtlich des Faktors Menschen mit Migrationshintergrund zu erfüllen, wurden neben deutschen auch Interviewer mit einem türkischen Migrationshintergrund, die gut deutsch und türkisch sprechen, eingesetzt.

Um Menschen mit Migrationshintergrund in Befragungen zu erreichen, findet das sogenannte ko-ethnische Interviewdesign vermehrt Anwendung (Baykara-Krumme, 2010; Köckler, 2015). Dieses Interviewdesign geht über mögliche Sprachbarrieren als Ursache für die Unterrepräsentation von Gruppen hinaus: „Das Konzept der ‚ethnischen Gruppe' beschreibt die Vorstellung einer gemeinsamen Herkunft (‚Abstammungsgemeinschaft', Weber 1972: 237) und darauf basierende sozio-kulturelle Gemeinsamkeiten, kollektive Identitäten und ein entsprechendes Solidarbewusstsein (Heckmann 1992)." Baykara-Krumme (2013, S. 260f) führt hier den Begriff des ‚sozialen Matchings' von Befragtem und Interviewer ein. „Auch die in der Methodenliteratur genannten, auf die Teilnahmebereitschaft wirkenden Mechanismen des ‚Liking' und das Motiv des Helfens (Grovers et al. 1992) können zwischen Mitgliedern einer ethnischen Gruppe stärker ausgeprägt sein" (Baykara-Krumme, 2013, S. 261).

Baykara-Krumme (2013) hat eine Befragung türkischer Haushalte hinsichtlich möglicher Interviewereffekte untersucht. Im Zentrum steht dabei, ob und wenn ja, wie es sich auswirkt, ob die Befragung von ko-ethnisch türkischen oder von deutschen Interviewern und Interviewerinnen durchgeführt wird. Während die Ausschöpfungsquote bei türkisch-bilingualen Interviewerinnen und Interviewern bei 43,6% lag, lag sie bei deutschen nur bei 28,7%. Diesen Unterschied sieht Baykara-Krumme (2013, S. 266) vor allem in der Kontaktaufnahme: „Die bilingualen Interviewer/innen erfuhren in 30,8 Prozent der Fälle eine Ablehnung durch die Zielperson, deutschsprachige Interviewer/innen dagegen in 40,9 Prozent aller Fälle." Ferner konnte Baykara-Krumme geschlechtsbezogene Effekte bei dem Erreichen von Befragten ausmachen.

> „Frauen, die Frauen kontaktieren, sind die erfolgreichste Dyade [Zweierbeziehung, HK]. Männer, die Männer kontaktieren unterscheiden sich im Wert (.75), aber nicht in der Signifikanz. Bei gegengeschlechtlichen Konstellationen ist die Teilnahmewahrscheinlichkeit von türkischen Staatsangehörigen dagegen signifikant geringer. Die Befunde legen also nahe, dass ein Geschlechtermatching die Teilnahmebereitschaft deutlich erhöhen kann" (Baykara-Krumme, 2013, S. 268).

In der Befragung zur Prüfung des MOVE-Modells haben ausschließlich die beiden männlichen und beiden weiblichen bilingual-türkischen Interviewer bei denjenigen, die aufgrund ihres türkischen Nachnamens angeschrieben wurden, angerufen. Daher ist ein Vergleich der Ausschöpfungsquoten zwischen deutsch- und türkischsprachigen Interviewern, wie Baykara-Krumme ihn vorgenommen hat, nicht möglich. Allerdings hatten die Befragten die Wahl, das Interview auf Deutsch oder Türkisch durchzuführen. Die Analysen zum ko-ethnischen Interviewdesign beziehen sich im Folgenden nur auf Befragte, die einen türkischen Migrationshintergrund haben, da nur türkisch bilinguale Interviewer zur Verfügung standen.

In Anlehnung an Baykara-Krumme wurde ein geschlechtsbezogenes Matching zwischen Interviewer beziehungsweise Interviewerin und Befragter beziehungsweise Befragtem mittels Kreuztabelle und dem Zusammenhangsmaß Cramers V geprüft. Ferner wurde mittels Häufigkeiten sowie einer Varianzanalyse (*ANOVA*) überprüft, ob es Unterschiede im Hinblick auf Sprachkompetenz bei den Befragten gibt, die das Interview auf Türkisch oder Deutsch durchgeführt haben.

Die Gruppe der Befragten mit türkischem Migrationshintergrund besteht aus 92 Befragten, die 30% der Gesamtstichprobe und 82,1% der Befragten mit Migrationshintergrund ausmacht (siehe Kapitel 4.5.5). Tabelle 21 zeigt, dass die beiden weiblichen Interviewerinnen insgesamt 47 Personen mit türkischem Migrationshintergrund befragt haben, von denen 23 weiblich waren. Die zwei männlichen türkischsprachigen Interviewer haben insgesamt 43 Personen befragt, von denen die Mehrheit männlich war. Zwischen beiden Variablen besteht kein statistisch signifikanter Zusammenhang (Cramers V = ,095, p = ,375).

Tabelle 21: Geschlecht des Interviewers und Befragten

		Geschlecht Interviewer		Gesamtsumme
		weiblich	**männlich**	
Geschlecht Befragter	weiblich	23	17	40
	männlich	24	26	50
Gesamtsumme		47	43	90

Von den 92 Personen mit türkischem Migrationshintergrund haben 88 das Interview auf Türkisch durchgeführt, was 95,7% der Befragten entspricht. Die Selbsteinschätzung der Sprachkenntnisse zeigt, dass fast 50% der Befragten mit türkischem Migrationshintergrund angaben, eher gute bis sehr gute Sprachkenntnisse beim Verstehen zu haben (siehe Abbildung 19). Betrachtet man die Selbsteinschätzung der Sprachkenntnisse für Befragte, die einen türkischen Migrationshintergrund, aber keine deutsche Staatsangehörigkeit haben, zeigt sich, dass in dieser Teilgruppe die meisten der Befragten angaben, mittelmäßig deutsch zu verstehen (siehe Abbildung 20). Hier zeigt die ANOVA einen signifikanten Unterschied ($F (1, 88)$ = 4,597; $p < ,035$) innerhalb der Gruppe der Befragten mit türkischem Migrationshintergrund: Die Sprachkenntnisse derjenigen mit deutscher Staatsangehörigkeit sind besser ($MW = 4,08$, $SD = ,954$) als die derjenigen mit türkischer Staatsangehörigkeit ($MW = 3,51$, $SD = 1,19$), wobei 1 für *sehr schlechte* und 5 für *sehr gute* deutsche Sprachkenntnisse beim Verstehen steht.

Abbildung 19: Selbsteinschätzung der deutschen Sprachkenntnisse beim Verstehen (N = 92, Befragte mit türkischem Migrationshintergrund)

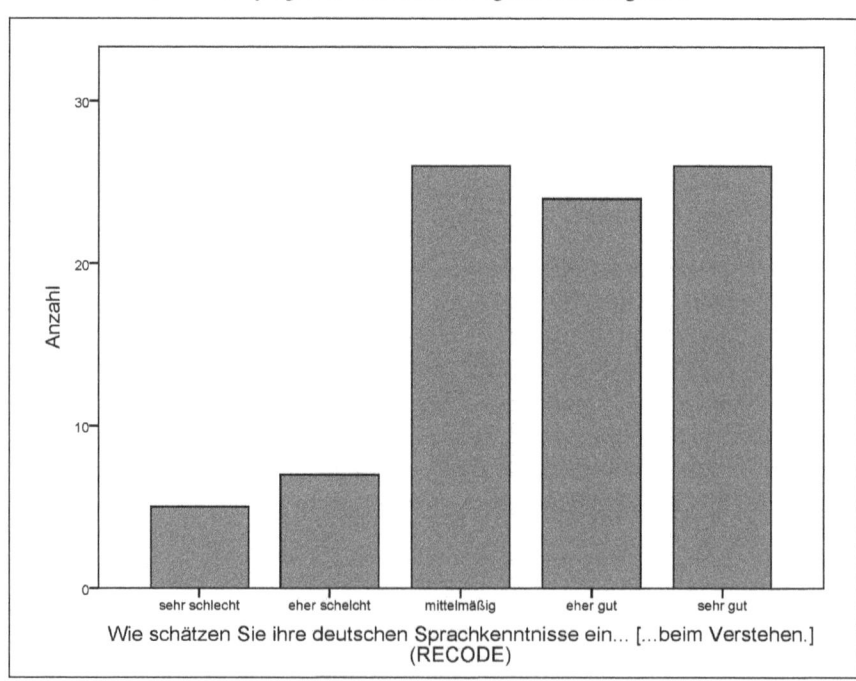

Abbildung 20: Selbsteinschätzung der deutschen Sprachkenntnisse beim Verstehen (N = 55, Befragte mit türkischem Migrationshintergrund, ohne deutsche Staatsangehörigkeit)

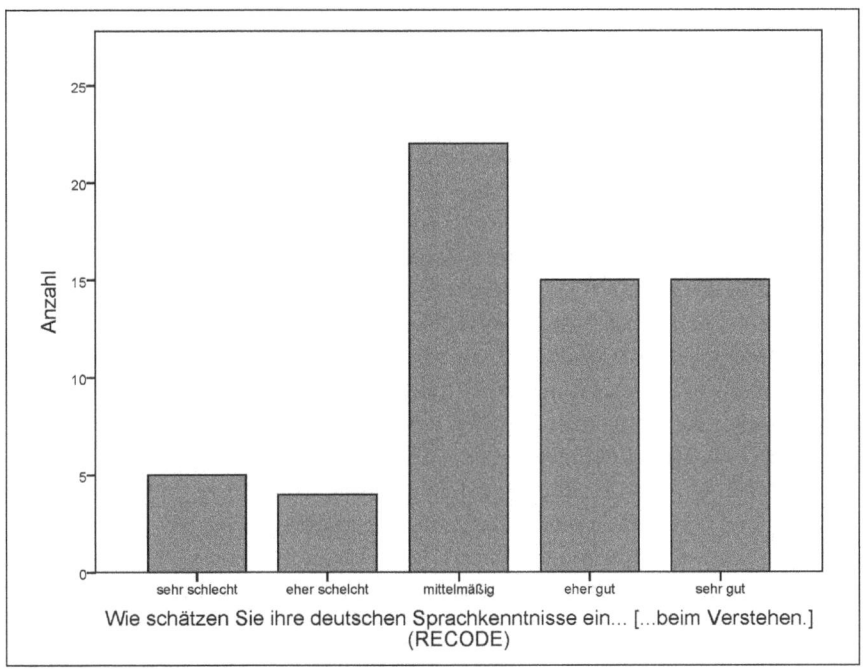

Unter den Befragten gab es keinen statistisch signifikanten Unterschied hinsichtlich der Sprachkenntnisse bezogen auf das Geschlecht der Befragten oder die Dauer des Aufenthalts in Deutschland. Es wurde neben den Sprachkenntnissen beim Verstehen auch nach den Sprachkenntnissen beim Reden und Schreiben gefragt. Die Angaben hier sind annährend identisch mit denen des Verstehens, da der Korrelationskoeffizient nach Spearman in beiden Fällen bei $r_s > ,9$ liegt und mit $p < ,000$ hoch signifikant ist.

Diejenigen, die trotz guter selbstberichteter Deutschkenntnisse das Interview auf Türkisch geführt haben, wurden gefragt: *Gibt es einen bestimmten Grund oder bestimmte Gründe, weshalb sie trotz Ihres guten Verständnisses der deutschen Sprache dieses Interview auf Türkisch durchführen wollten?* Als Gründe wurden angegeben, dass auch der Interviewer Türke war, man Türkisch als Sprache mag, die Kinder zu Hause Türkisch hören sollen oder man selbst Türke sei.

Die Befragten haben das Angebot, auf Türkisch interviewt zu werden, in der überwiegenden Zahl angenommen, auch bei selbstberichtet guten Sprachkenntnissen. Zwar kann hier kein Vergleich vorgenommen werden, wie die Rücklaufquoten ohne türkische Interviewerinnen und Interviewer ausgefallen wären. Aber zurückliegende Befragungen im Rahmen dieser Forschung haben gezeigt, dass Menschen mit türkischem Migrationshintergrund mit ausschließlich deutschen Interviewerinnen und Interviewern nur sehr schlecht erreicht werden (Köckler, Katzschner, Kupski, Katzschner & Pelz, 2008, S. 27). Daher zeigt die fast ausschließliche Nutzung des Angebots, das Interview in türkischer Sprache durchzuführen, dass sich der mit dem ko-ethnischen Interviewdesign erhöhte Aufwand gelohnt hat. Wenngleich aufgrund mangelnder finanzieller Ressourcen Einschränkungen in Kauf genommen werden mussten, die sich nachher als nachteilig herausgestellt haben. So musste aus finanziellen Gründen auf eine Doppelblind-Übersetzung der Erhebungsinstrumente verzichtet werden. Dies führte zu einem Übersetzungsfehler bei der Frage nach dem Aufenthalt im Wohnumfeld. Die Antworten auf diese Frage konnten daher nicht in die Analysen des MOVE-Modells eingehen (siehe Kapitel 4.5).

Ein Matching nach Geschlecht, wie Baykara-Krumme es in ihren Interviews gefunden hat, konnte bei den Befragten nicht ausgemacht werden. Es wurde vor allem von den männlichen Interviewern jedoch mehrfach auf das Geschlechter-Matching hingewiesen. Tabelle 21 stützt diese Berichte, da die beiden türkischen Interviewer mehr Männer als Frauen erreicht haben. Für weitere ko-ethnische Interviews sollte daher trotz des in diesem Fall statistisch nicht nachweisbaren Geschlechter-Matchings immer mit gemischt-geschlechtlichen Teams gearbeitet werden.

Da die Antworten zu den Deutschkenntnissen bezüglich des Sprechens, Verstehens und Schreibens annähernd identisch sind, sind die Fragen nicht trennscharf und können bei einer erneuten Erhebung mit einer generellen Frage zum Sprachverständnis erfasst werden.

Wenn Forschung zu umweltbezogener Gerechtigkeit Lebenswirklichkeiten derjenigen erfassen möchte, die in Verteilungsanalysen als benachteiligt auffallen, so ist es wichtig, diese Gruppe auch bestmöglich zu erreichen. Wie das Vorgehen in der empirischen Untersuchung des MOVE-Modells gezeigt hat, liefert das ko-ethnische Interviewdesign hierzu eine gute Grundlage. Eine Anwendung auch in anderen Bereichen der Stadtplanung und des planerischen Umweltschutzes ist angesichts der Debatte zu selektiven Teilhabeprozessen (siehe Kapitel 2.4.3) durchaus sinnvoll.

5 Analysen

Im Folgenden werden verschiedene Analysen zu einzelnen Hypothesen im MOVE-Modell beschrieben und zu den jeweiligen Teilanalysen ein Fazit gezogen. Die Ergebnisse werden in Kapitel 6 im Zusammenhang diskutiert.

Die Analysen gliedern sich in 4 Unterkapitel, um das MOVE-Modell entsprechend den im Forschungsdesign benannten Fragestellungen in einzelnen Analysen empirisch zu prüfen. Hieraus resultiert die Struktur der Analysekapitel (siehe auch Abbildung 21):

- 5.1 Subjektive Wahrnehmung von Luft- und Lärmbelastung,
- 5.2 Skalen zu institutionellem Coping im Wohnumfeld,
- 5.3 Zur Relevanz der wahrgenommenen Verhaltenskontrolle für institutionelles Coping und
- 5.4 Ressourcen und deren Relevanz im MOVE-Modell.

In allen Analysekapiteln wird beschrieben, inwieweit es einen Unterschied zwischen Befragten mit und ohne Migrationshintergrund gibt. Ebenso werden geschlechtsspezifische Unterschiede untersucht.

Abbildung 21: Struktur von Kapitel 5 in Anlehnung an das MOVE-Modell

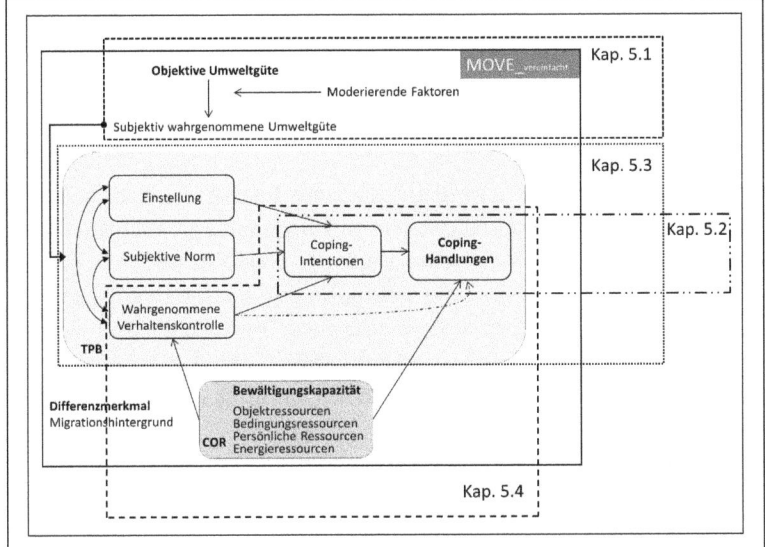

5.1 Subjektive Wahrnehmung von Luft- und Lärmbelastung

Im theoretisch abgeleiteten MOVE-Modell wird davon ausgegangen, dass eine Belästigung – in dieser Analyse die subjektiv wahrgenommene Belastung durch Luft oder Lärm – Voraussetzung ist, um das Handlungsmodell zu initialisieren. Daher ist die subjektiv wahrgenommene Umweltbelastung den drei Prädiktoren der Theorie des geplanten Verhaltens (Einstellung, subjektive Norm und wahrgenommene Verhaltenskontrolle) vorgelagert (siehe Kapitel 3). Der Stand der Forschung zeigt, dass die Wahrnehmung der objektiven Umweltgüte von verschiedenen Prädiktoren abhängt, von denen lediglich einer die objektive Umweltgüte ist (siehe Abbildung 6). Im MOVE-Modell wurden daher neben der objektiven Umweltgüte verschiedene moderierende Faktoren aufgeführt und in der Befragung erhoben. Die subjektiv wahrgenommene Belastung wurde jeweils für Lärm und Luft allgemein als auch spezifisch für einzelne Quellen erfasst (siehe Kapitel 4.2.3).

Daher folgen nun zwei Analysen zur subjektiv wahrgenommenen Umweltbelastung. Zunächst wird analysiert, mit welcher Variable die subjektiv wahrgenommene Belastung am besten repräsentiert werden kann (Kapitel 5.1.1) und dann, mit welchen Faktoren diese vorhergesagt werden kann (Kapitel 5.1.2). Die zweite Analyse wurde nur für Lärm gerechnet, da in der Befragung mehr Prädiktoren für Lärm (lärmbedingte Schlafprobleme) erhoben wurden. Zudem bot sich hier die Möglichkeit, die Analysen parallel mit Daten einer Befragung in Dortmund auszuwerten. Diese Analysen sind veröffentlicht in Riedel, Scheiner, Müller & Köckler (2013).

5.1.1 Messung subjektiv wahrgenommener Belastung durch Luftschadstoffe und Lärm

Sowohl die subjektiv wahrgenommene Belastung durch Luftschadstoffe als auch durch Lärm wurde zum einen allgemein und zum anderen auch spezifisch für verschiedene Quellen erhoben (siehe Kapitel 4.2.3). Ziel der anschließenden Analyse ist es, auf der Grundlage der Befragungsergebnisse zu entscheiden, mit welcher Variable die subjektiv wahrgenommene Belastung durch Lärm und Luftschadstoffe im Wohnumfeld in den darauffolgenden Analysen repräsentiert wird. Die subjektive Wahrnehmung des Lärms wurde in der empirischen Erhebung zunächst allgemein erfragt:

„Wie häufig fühlen Sie sich in Ihrem Wohnumfeld, also außerhalb Ihrer Wohnung, durch Lärm belästigt? Ist dies nie, selten, manchmal, oft oder immer der Fall?" (Antwortmöglichkeit 5er-Likert-Skala)

Wurde mit *selten, manchmal, oft* oder *immer* geantwortet, wurde nach verschiedenen Lärmquellen gefragt: *„Ich nenne Ihnen jetzt verschiedene Lärmquellen. Können Sie mir bitte sagen, ob und wenn ja, wie häufig und wie stark Sie sich von der jeweiligen Lärmquelle in Ihrem Wohnumfeld, also außerhalb Ihrer Wohnung, tags und/oder nachts belästigt fühlen?"* Die folgenden Lärmquellen wurden erhoben: Lärm von benachbarten Kneipen, Schulen, Spiel- und Sportplätzen; Lärm von Nachbarn im Freien; Straßenverkehrslärm; Flugzeuglärm; Schienenverkehrslärm; Lärm von Handel, Gewerbe oder Baustellen. Diese wurden in einer 3er-Likert-Skala jeweils für Tag und Nacht erfragt (Häufigkeit: *selten, manchmal, immer*; Intensität: *schwach, mittel, stark*). Implizit enthält diese Skala aufgrund dieser Filterführung auch die Angabe *nie* bzw. *gar nicht* für diejenigen, die nicht angaben, sich von der entsprechenden Quelle belästigt zu fühlen (zur Herleitung der Frage siehe Kapitel 4.2.3). Entsprechend wurde zur Luftbelastung gefragt, hier konkret nach folgenden Abgasquellen: Straßenverkehr, Fabriken, Wohnhäuser/Schornstein, Kraftwerke.

5.1.1.1 Methodisches Vorgehen

Es werden Zusammenhänge zwischen der objektiven Belastung und der subjektiv wahrgenommenen Belastung in Form von Kreuztabellen und dem Zusammenhangsmaß *Cramers V* ermittelt. Anschließend werden statistische Zusammenhänge mithilfe von Rangkorrelationen nach Spearman für die verschiedenen Variablen zur Belästigung durch Lärm und Luftschadstoffe gerechnet.

Um aus Perspektive umweltbezogener Gerechtigkeit mögliche Unterschiede bei der wahrgenommenen Belastung zwischen Menschen mit und ohne Migrationshintergrund zu prüfen, werden zur graphischen Veranschaulichung parallele Box-Plots sowie Demographie-Plots gezeigt und Mann-Whitney U-Tests gerechnet.

5.1.1.2 Beschreibung der Ergebnisse

Die Frage nach der allgemeinen Lärmbelästigung im Wohnumfeld wurde von 304 der 312 Befragten beantwortet. 46,3% gaben an, sich nie belästigt zu fühlen, 5,6% fühlen sich immer belästigt (siehe Tabelle 22). Der Zusammenhang zwischen der objektiven Lärmbelastung (≤ 55 und ≥ 70dB(A) L_{den} Straße oder Schiene) und der subjektiv wahrgenommenen Belastung im Wohnumfeld ist hoch signifikant, aber schwach (Cramers V ,269, $p > ,000$).

Tabelle 22: Subjektiv wahrgenommene Belastung im Wohnumfeld bezogen auf die objektive Umweltbelastung

Häufigkeit	Lärmbelästigung			Belästigung durch Luftschadstoffe		
	N	≤ 55dB(A) % von N	≥ 70dB(A) % von N	N	gering % von N	hoch % von N
nie	141	24,3	22,0	172	34,1	22,8
selten	74	16,4	7,9	56	11,6	7,0
manchmal	40	6,6	6,6	27	3,6	5,3
oft	32	2,6	7,9	15	0,7	4,3
immer	17	1,3	4,3	32	2,0	8,6
gesamt	304	51,3	48,7	302	52,0	48,0

Anmerkung: dB(A)-Werte in L_{den}, geringe und hohe Luftbelastung für PM_{10} und NO_2 gemäß Ampelkarten NRW (siehe Kapitel 4.5.1.1)
Antwort auf die Fragen:
„Wie häufig fühlen Sie sich in Ihrem Wohnumfeld, also außerhalb Ihrer Wohnung, durch Lärm belästigt?"
„Wie häufig fühlen Sie sich in Ihrem Wohnumfeld, durch Abgase/Luftverschmutzung belästigt?"

Die 163 Befragten, die angaben, sich *selten, manchmal, oft* oder *immer* durch Lärm belästigt zu fühlen, wurden zu spezifischen Lärmquellen befragt. Für diejenigen, die bei der allgemeinen Frage angaben, sich *nie* belästigt zu fühlen, wurde in der Auswertung angenommen, dass sie sich auch bei den verschiedenen Quellen nie belästigt fühlen. Die fehlenden Werte wurden für diese Fälle bei der Häufigkeit mit *nie* und bei der Intensität mit *gar nicht* filterbedingt ersetzt. Die Fälle, die bereits bei der Frage nach der allgemeinen Lärmbelästigung fehlende Werte hatten, wurden auch hier als fehlende Werte angenommen (siehe Kapitel 4.5.3).

Für die weiteren Analysen ist zu untersuchen, welche der Variablen die subjektiv wahrgenommene Belastung durch Verkehrslärm im Wohnumfeld repräsentiert und somit als abhängige Variable in die weiteren Analysen eingeht (siehe Kapitel 4.1.2). Hierzu wurde der Zusammenhang als Korrelation nach Spearman zwischen der allgemeinen Frage nach der Lärmbelästigung im Wohnumfeld und der spezifischen Frage nach Straßenverkehrslärm berechnet. Die entsprechende Korrelationsmatrix zeigt einen starken signifikanten Zusammenhang von Intensität und Häufigkeit (Tag: $r_s(308) = ,930; p < ,000$; Nacht: $r_s(308) = ,919; p < ,000$). Dies legt den Schluss nahe, dass für die weiteren Analysen nicht zwischen Intensität und Häufigkeit der wahrgenommenen Belastung beim Straßenverkehrslärm unterschieden werden muss.

Auch der Zusammenhang zwischen den Angaben für Tag und Nacht ist statistisch signifikant und stark, jedoch insgesamt schwächer ausgeprägt als der Zusammenhang zwischen Intensität und Häufigkeit (Häufigkeit: $r_s(308) = ,705; p < ,000$;

Intensität: r_s (308) = ,685; $p <$,000). Der Zusammenhang zwischen den Antworten zur Lärmbelästigung generell und den jeweiligen Antworten zur Belästigung durch Verkehrslärm sind ebenfalls signifikant und stark. Der Zusammenhang zwischen allgemeiner Lärmbelästigung und Schienenverkehrslärm fällt nicht so stark aus wie die berichtete Belästigung mit Straßenverkehrslärm (Häufigkeit Tag: r_s (308) = ,327; $p <$,000; Häufigkeit Nacht: r_s (308) = ,289; $p <$,000. Dies liegt sicherlich in der Typisierung in gering und stark belastete Gebiete begründet. So wurden Gebiete als hoch belastet eingestuft, die durch Straßenverkehrslärm belastet waren. Manche dieser Gebiete waren zusätzlich durch Schienenverkehrslärm belastet, dies war jedoch kein zwingendes Auswahlkriterium (siehe Tabelle 6). In den gering belasteten Gebieten wurde der Wert von 55 dB(A) L_{den} weder für die Schiene noch für die Straße als Lärmquelle überschritten. Wie beim Straßenverkehrslärm ist auch bei der berichteten Belästigung durch Schienenverkehrslärm ein starker und signifikanter Zusammenhang zwischen Häufigkeit und Intensität zu beobachten (Tag: r_s (308) = ,821; $p <$,000; Nacht: r_s (308) = ,587; $p <$,000). Zudem gibt es eine starke Korrelation zwischen den Häufigkeiten der subjektiv wahrgenommenen Belastung tags und nachts: r_s (308) = ,843; $p <$,000.

Der Zusammenhang zwischen der allgemeinen und der spezifischen Lärmbelästigung aus weiteren Quellen ist auf einem signifikanten Niveau zum Teil sehr schwach ausgeprägt. Lediglich für den Lärm aus Handel, Gewerbe und Baustellen (r_s (308) = ,402; $p <$,000) sowie Lärm von Nachbarn im Freien (r_s (308) = ,407; $p <$,000) lassen sich Zusammenhänge beobachten.

Die Frage nach der allgemeinen Belästigung durch Luftschadstoffe im Wohnumfeld wurde von 306 der 312 Befragten beantwortet. 57% gaben an, sich *nie* belästigt zu fühlen, 10,6% fühlen sich *immer* belästigt (siehe Tabelle 22). Der Zusammenhang zwischen der objektiven Luftbelastungssituation (bezogen auf NO_2 und PM_{10} basierend auf NRW-spezifischen Ampelkarten, siehe Kapitel 4.5.1.1) und der subjektiv wahrgenommenen Belastung im Wohnumfeld ist hoch signifikant, aber schwach (Cramers V ,322; $p >$,000).

Die 130 Befragten, die angaben, sich *selten, manchmal, oft* oder *immer* durch Abgase/Luftverschmutzung belästigt zu fühlen, wurden zu spezifischen Quellen befragt. In Analogie zum Lärm wurde für diejenigen, die bei der allgemeinen Frage angaben, sich nie belästigt zu fühlen, in der Auswertung angenommen, dass sie sich auch bei den verschiedenen Quellen nie belästigt fühlen. Die fehlenden Werte wurden für diese Fälle bei der Häufigkeit mit *nie* und bei der Intensität mit *gar nicht* filterbedingt ersetzt. Fehlende Werte in der Filterfrage wurden auch hier als solche geführt (siehe Kapitel 4.5.3).

Zusammenhänge zwischen der allgemeinen Häufigkeit, sich durch Luftverschmutzung und Abgase belästigt zu fühlen, und spezifischen Quellen ist für alle Quellen hoch signifikant. Während der Zusammenhang zwischen der berichteten Häufigkeit einer Belästigung durch Abgase aus Straßenverkehr tagsüber sehr stark ist (r_s (306) = ,809; $p < ,000$), ist dieser Zusammenhang mit anderen Quellen schwächer (Fabriken: r_s (306) = ,509; $p < ,000$; Wohnhäuser/Schornsteine: r_s (306) = ,330; $p < ,000$; Kraftwerke: r_s (306) = ,290; $p < ,000$). Generell ist ein starker Zusammenhang, bezogen auf die einzelnen Quellen, zwischen Tag und Nacht zu erkennen, wobei der Bezug zwischen der quellenspezifischen Belästigung und der allgemein berichteten Belästigung tags stärker ist als nachts.

Die entsprechende Korrelationsmatrix zeigt einen starken signifikanten Zusammenhang von Intensität und Häufigkeit (Tag: r_s (306) = ,837; $p < ,000$; Nacht: r_s (306) = ,749; $p < ,000$). Dies legt den Schluss nahe, dass für die weiteren Analysen nicht zwischen Intensität und Häufigkeit der wahrgenommenen Belastung bei Abgasen aus dem Straßenverkehr unterschieden werden muss. Auch der Zusammenhang zwischen den Angaben für Tag und Nacht ist statistisch signifikant und stark, jedoch insgesamt schwächer ausgeprägt als der Zusammenhang zwischen Intensität und Häufigkeit (Häufigkeit: r_s (306) = ,663; $p < ,000$; Intensität: r_s (306) = ,604; $p < ,000$).

Unterschiede in der subjektiv wahrgenommenen Belastung durch Luftschadstoffe lassen sich zwischen Menschen mit und ohne Migrationshintergrund in den graphischen Darstellungen anhand des Box-Plots vermuten (siehe Abbildung 22). Demnach würden sich Menschen ohne Migrationshintergrund häufiger belästigt fühlen. Es gibt jedoch einige statistische Ausreißer bei der Gruppe mit Migrationshintergrund in den Bereich *immer* und *oft* belästigt. Der Unterschied der subjektiv wahrgenommenen Belastung durch Luftschadstoffe mit dem Differenzmerkmal Migrationshintergrund ist jedoch statistisch nicht signifikant (Mann-Whitney U-Test, $p < ,813$). Es gibt keinen signifikanten Unterschied hinsichtlich des Geschlechts und der Belästigung durch Luftschadstoffe (Mann-Whitney U-Test, $p < ,885$).

Der Unterschied Lärmbelästigung mit dem Differenzmerkmal Migrationshintergrund ist im Gegensatz zur Belästigung durch Luftschadstoffe statistisch signifikant (Mann-Whitney U-Test, $p < ,001$). Der Box-Plot in Abbildung 23 zeigt, dass Menschen ohne Migrationshintergrund häufiger angaben, sich durch Lärm belästigt zu fühlen, als diejenigen mit Migrationshintergrund. Es gibt keinen signifikanten Unterschied hinsichtlich des Geschlechts und der Lärmbelästigung (Mann-Whitney U-Test, $p < ,770$).

Abbildung 22: Ausprägung der subjektiv wahrgenommenen Belästigung durch Luftschadstoffe/Abgase zwischen Befragten mit und ohne Migrationshintergrund

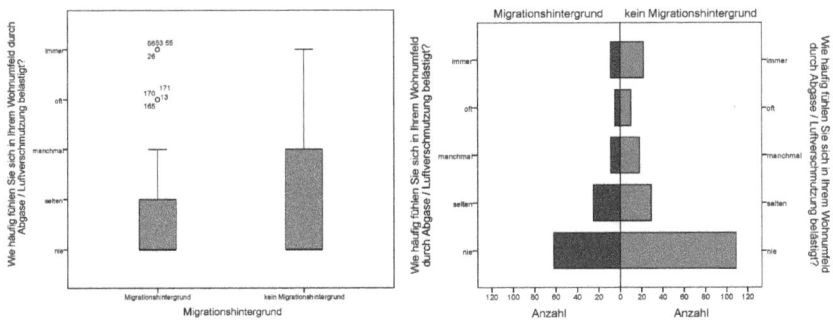

Abbildung 23: Ausprägung der subjektiv wahrgenommenen Lärmbelästigung zwischen Befragten mit und ohne Migrationshintergrund

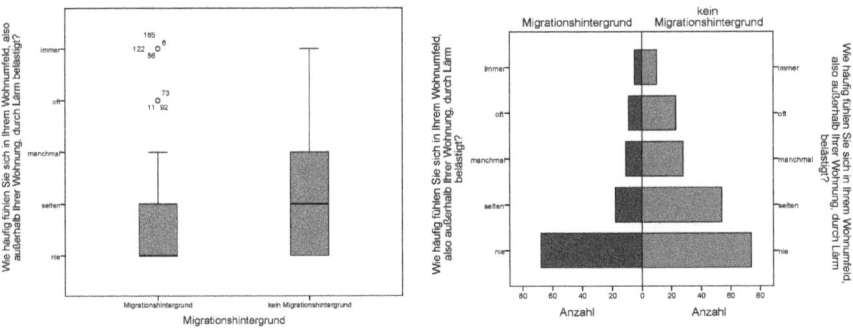

5.1.1.3 Fazit der Teilanalyse

Nur wenige Befragte fühlen sich trotz einer objektiven Belastung mit Luftschadstoffen und Lärm belästigt. Der signifikante schwache Zusammenhang zwischen objektiver und subjektiver Umweltgüte sowohl hinsichtlich Luftschadstoffen als auch Lärm deutet an, dass sich die Belästigung nicht allein durch die objektive Umweltgüte erklären lässt. Interessanterweise ist der Zusammenhang zwischen objektiver und subjektiver Umweltgüte bei Luftschadstoffen etwas stärker als bei Lärm. In der Theorie wird hingegen angenommen, dass Lärm aufgrund seiner Wahrnehmbarkeit eher als belästigend empfunden wird als die Luftbelastung (siehe Kapitel 2.2.2). In der Summe fühlen sich entsprechend dem Stand der Forschung auch mehr Befragte durch Lärm (163) als durch Luftschadstoffe (130) belästigt. Jedoch sind es 10,6% der Befragten, die sich *immer* durch Luftschadstoffe belästigt fühlen und nur 5,6% der Befragten, die sich *immer* durch Lärm belästigt fühlen, was zu dem statistisch etwas stärkeren Zusammenhang zwischen objektiver und subjektiver Umweltgüte bei Luftschadstoffen als bei Lärm führt. Hier kann zum Tragen kommen, dass Lärmbelastung eher mit Spitzenwerten verbunden ist und Luftbelastungen als gleichbleibend empfunden werden und daher die Antwortmöglichkeit *immer* gewählt wurde.

Ziel dieser Teilanalyse war zu entscheiden, welche der verwendeten Fragen die subjektiv wahrgenommene Belastung in den folgenden Analysen repräsentieren. Sowohl bei der Frage nach der allgemeinen Häufigkeit der Belästigung durch Luftschadstoffe als auch durch Lärm gibt es einen starken Zusammenhang zu Straßenverkehr tags. Der jeweils starke Zusammenhang zwischen Lärm und Abgasen aus Straßenverkehr und der allgemeinen Belästigung hängt zu einem Teil sicherlich mit der Quotierung zusammen, die sich vorrangig an der Verkehrssituation orientiert hat. Antworten auf die allgemeine Frage zur Belästigung stehen zudem für andere Quellen. Daher wird bei den weiteren Analysen dieses Datensatzes jeweils die allgemeine Variable zur subjektiv wahrgenommenen Lärm- und Luftbelästigung als abhängige Variable verwendet.

In der Wahrnehmung von Lärm gibt es einen signifikanten Unterschied zwischen Deutschen ohne Migrationshintergrund, die sich häufiger von Lärm belästigt fühlen, und Menschen mit Migrationshintergrund. Bei der Luftbelastung ist dieser Unterschied nicht zu erkennen. In den folgenden Analysen zu Einflussfaktoren subjektiv wahrgenommener Lärmbelastung wird der Migrationshintergrund im Gegensatz zu den anderen Analysen als eine erklärende Variable in die Analysen aufgenommen.

Aus den in diesem Kapitel beschriebenen Analysen ziehe ich zum einen das Zwischenfazit, dass die subjektive Wahrnehmung von Umweltbelastungen in den Analysen, die in den folgenden Kapiteln beschrieben werden, über die Variable *Häufigkeit der Lärmbelästigung* (bzw. *Belästigung durch Abgase/Luftschadstoffe*) *im Wohnumfeld* repräsentiert wird. Zudem werden die Luft- und die Lärmbelästigungsskala zu einer Skala *subjektiv wahrgenommene Umweltgüte* integriert.

5.1.2 Einflussfaktoren subjektiv wahrgenommener Lärmbelastung

Für die Lärmbelästigung im Wohnumfeld ist in Kapitel 2.2.2 die folgende Arbeitshypothese formuliert worden:

Die Varianz der subjektiv wahrgenommenen Lärmbelästigung im Wohnumfeld wird nur in geringem Umfang durch die objektive Lärmbelastung determiniert. Die

Lärmbelästigung im Wohnumfeld hängt neben der objektiven Lärmbelastung sowie der Zufriedenheit mit dem Wohnumfeld von sozio-demographischen Faktoren der wahrnehmenden Person (Geschlecht, Alter, Bildung, Migrationshintergrund), der Dauer der Anwesenheit im Wohnumfeld (während der Woche als auch insgesamt in Jahren) sowie ihrer Schlafbeeinträchtigung ab.

Im Rahmen einer parallelen Analyse dieser Fragestellung mit Daten dieser Erhebung und Daten der Dortmunder Gesundheitsstudie (publiziert in Riedel et al., 2013) wurde die Relevanz von psychischen Determinanten für die Lärmbelästigung herausgearbeitet. Daher wurde die Einstellung gegenüber Lärm in diesen Analysen als Prädiktor aufgenommen. Zur Herleitung siehe Riedel et al. (2013). Ferner wurde im Gegensatz zu den anderen Analysen Migrationshintergrund als ein Prädiktor und nicht als Differenzmerkmal verstanden.

5.1.2.1 Methodisches Vorgehen

Um Aussagen darüber zu treffen, in welchem Ausmaß die Prädiktoren die Varianz der Lärmbelästigung als abhängige Variable insgesamt erklären können (Modellgüte) und wie stark der Anteil der einzelnen Prädikatoren ist (β-Gewichte), wird im Folgenden eine multiple lineare Regression gerechnet. Das in Abbildung 6 dargestellte theoretische Modell ist eine systematische Zusammenfassung relevanter Faktoren, die Stärke des Einflusses kann jedoch nicht theoretisch begründet werden, weshalb eine schrittweise Regression als Methode gewählt wird. Die Variable *Anwesenheit im Wohnumfeld* kann nicht in Analysen integriert werden (siehe Kapitel 4.5.2).

5.1.2.2 Beschreibung der Ergebnisse

In die Regression wurden neun Variablen gegeben (siehe Abbildung 24), die Variable *Bildung* wurde dummy-codiert. Bei listenweisem Fallausschluss fehlender Werte basiert die Regression auf 276 Fällen. Tabelle 23 zeigt die Ausprägungen der Variablen, die aufgrund ihrer theoretisch angenommenen Relevanz in die Regression gegeben wurden. Da die faktische Exposition für einen bedeutenden Einflussfaktor gehalten wird und zudem Quotierungskriterium in der Erhebung war, werden die Ausprägungen insgesamt und unterschieden in Gebiete unterhalb 55dB(A) L_{den} und oberhalb 70dB(A) L_{den} beschrieben. In die Regressionsanalyse sind trotz listenweisem Fallausschluss annähernd gleich viele Fälle aus leisen und lauten Orten eingeflossen.

Tabelle 23: Ausprägung der Variablen des Regressionsmodells zur subjektiven Wahrnehmung der objektiven Lärmbelastung

	total	leise ≤ 55dB(A)	laut > 70dB(A)
N	276	143	133
Lärmbelästigung	2,05 (1,21)	1,83 (,98)	2,29 (1,39)
Einzugsjahr	1992 (16)	1993 (17)	1992 (15)
Schlafstörung	1,25 (,71)	1,17 (,6)	1,33 (,81)
Lebensqualität Wohnumfeld	2,93 (1,25)	2,62 (1,22)	3,27 (1,21)
Geschlecht (weiblich)	47,5%	53,4%	46,6%
Alter	54,18 (16,99)	54,02 (,51)	54,35 (17,72)
Schulabschluss niedrig	44,9%	59,2%	40,8%
Schulabschluss mittel	17,4%	50,9%	49,1%
Schulabschluss hoch	37,7%	60,6%	39,4%
Migrationshintergrund	34,8%	50%	50%
Einstellung Ruhe	5,29 (,9)	5,33 (,91)	5,24 (,89)

Anmerkungen: dB(A)-Werte in L_{den}
Mittelwerte (Standardabweichung) bei metrischen und prozentuale Angaben bei dichotomen Variablen
Werte sind auf die zweite Stelle nach dem Komma gerundet

Tabelle 24 zeigt, dass fünf Variablen ins Modell aufgenommen wurden. Ausgeschlossen wurden die sozio-demographischen Variablen *Geschlecht*, *Bildung* und *Alter* sowie das *Einzugsjahr*. Die ausgeschlossenen Variablen sind in Abbildung 24 grau dargestellt.

Tabelle 24: Zunahme der Modellgüte im Regressionsmodell zur Erklärung der Lärmwahrnehmung

Modellzusammenfassung[f]				
Modell	R	R-Quadrat	Korrigiertes R-Quadrat	Standardfehler des Schätzers
1	,372[a]	,139	,135	1,129
2	,462[b]	,213	,207	1,081
3	,500[c]	,250	,242	1,057
4	,522[d]	,272	,262	1,043
5	,536[e]	,287	,274	1,034

Einflussvariablen: (Konstante)
Modell 1: Häufigkeit lärmbedingter Schlafstörung
Modell 2: + Einstellung Ruhe
Modell 3: + Lebensqualität Wohnumfeld
Modell 4: + Migrationshintergrund
Modell 5: + objektive Lärmbelastung
Abhängige Variable: Wie häufig fühlen Sie sich in Ihrem Wohnumfeld, also außerhalb Ihrer Wohnung, durch Lärm belästigt?

Insgesamt erklärt das Regressionsmodell mit allen eingeschlossenen Variablen 27% der Varianz in der subjektiv wahrgenommenen Lärmbelästigung (siehe Tabelle 24). Die ANOVA zeigt ein hochsignifikantes Ergebnis $F\,(5, 273) = 21{,}58$; $p < {,}000$. Somit hat das Modell Gültigkeit über die Stichprobe hinaus für die Grundgesamtheit. Heteroskedastizität der Residuen liegt nicht vor. Der Konditionsindex der Kollinearitätsdiagnose liegt bei 8 und ist somit deutlich unter dem kritischen Wert von 30.

Die β-Gewichte der signifikanten Regressoren sagen die Lärmbelästigung mittel bis schwach voraus, da sie zwischen $β = {,}126$ und $β = {,}299$ liegen (siehe Abbildung 24). Den stärksten Einfluss haben demnach die lärmbedingten Schlafstörungen ($β = {,}299$; $p < {,}000$), gefolgt von der Einstellung zur Ruhe ($β = {,}234$; $p < {,}000$) sowie die Zufriedenheit mit dem Wohnumfeld ($β = {,}187$; $p < {,}001$). Der Einfluss der objektiven Lärmbelastung ist am geringsten und liegt bei $β = {,}126$; $p < {,}020$.

Die nicht standardisierten Regressionskoeffizienten beschreiben die Veränderung der subjektiv wahrgenommenen Belastung in Abhängigkeit der jeweiligen unabhängigen Variable unter der Annahme, dass alle anderen Variablen gleich bleiben. Keiner der Regressionskoeffizienten B sagt die Veränderung der subjektiv wahrgenommenen Lärmbelästigung um einen ganzen Faktor auf der Skala vorher. So zeigt der Regressionskoeffizient B von ,508 der unabhängigen Variable Schlafstörung an, dass eine Zunahme in der Häufigkeit von Schlafstörungen um einen Faktor auf der Skala (*nie, selten, manchmal, oft, immer*) dazu führt, dass die Belästigung um einen halben Faktor auf der Skala (*nie, selten, manchmal, oft, immer*) steigt. Ferner wird deutlich, dass Befragte, die in Gebieten lauter als 70 dB(A) wohnen, im Vergleich zu denen, die leiser 55 dB(A) wohnen, sich rund einen drittel Faktor häufiger durch Lärm belästigt fühlen (B: ,305) und sich Menschen ohne Migrationshintergrund bei ansonsten gleichbleibenden Variablen ebenfalls stärker belästigt fühlen (B: ,392).

Abbildung 24: Regressionsmodell Lärmwahrnehmung im Wohnumfeld mit statistischen Kenngrößen

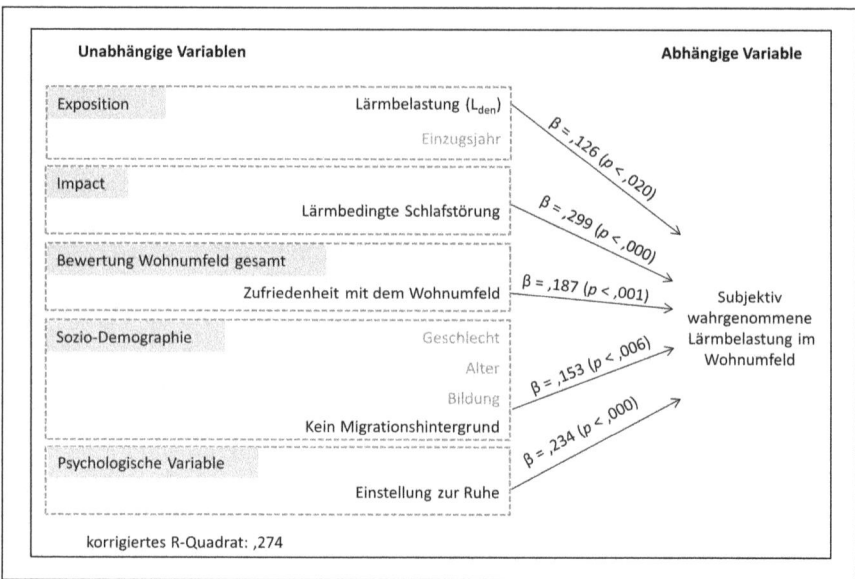

5.1.2.3 Fazit der Teilanalyse

Die Analysen zur wahrgenommenen Lärmbelästigung im Wohnumfeld zeigen vor allem, dass die Wahrnehmung sich nicht allein durch den objektiven Lärm vorhersagen lässt, was die dem Stand der Forschung entsprechende eingangs abgeleitete These empirisch bestätigt. Die Modellgüte mit einem korrigierten R-Quadrat von ,274 zeigt zudem, dass in dem hier aufgezeigten Modell keineswegs alle relevanten Variablen enthalten sind.

Der starke Einfluss der berichteten lärmbedingten Schlafstörung ist plausibel. Zwar geben 86,7% der Befragten an, sich nie durch Lärm im Schlaf belästigt zu fühlen, aber diejenigen, die sich oder ihre Haushaltsmitglieder im Schlaf durch Lärm belästigt fühlen, geben auch an, sich im Wohnumfeld belästigt zu fühlen. Hieraus kann geschlussfolgert werden, dass die gesamte Bewertung von Lärm auch im Wohnumfeld durch die Situation in der Wohnung, in der Bewohnerinnen und Bewohner beispielsweise keinen ruhigen Schlaf finden, mit beeinflusst wird.

Der Einfluss der subjektiven Bewertung des Wohnumfeldes ist ebenfalls deutlich, muss aber differenziert betrachtet werden. Denn es ist zu beachten, dass die Bewertung des Wohnumfeldes einen signifikanten leichten Zusammenhang mit der Lärmbelastung hat (Cramers V = ,303). Der Zusammenhang zwischen Lärmbelastung und wahrgenommener Lärmbelästigung ist wie berichtet ebenfalls signifikant, mit einem Cramers V von ,269 jedoch schwächer. Statistisch lässt sich der kausale Zusammenhang zwischen diesen drei Variablen mit einer einmaligen Erhebung nicht klären. Es ist jedoch festzuhalten, dass zwischen allen drei Variablen ein Zusammenhang besteht. Inhaltlich ist es plausibel anzunehmen, dass eine objektive Lärmbelastung in einem subjektiv als positiv bewerteten Ort als weniger störend empfunden wird als in einem schlechter bewerteten Wohnumfeld. So argumentieren auch Riedel et al. (2013), die eine vergleichende Analyse der in dieser Arbeit verwendeten Daten mit Daten einer Gesundheitsstudie für die Stadt Dortmund (Berger, 2012) auswerten.

Die Zunahme um einen halben Faktor auf der Likert-Skala zur subjektiv wahrgenommenen Lärmbelästigung in Abhängigkeit einer Veränderung der unabhängigen Variable *Häufigkeit der Schlafstörung* ist theoretisch denkbar, aber faktisch so nicht umsetzbar, da es auf der ordinalen Skala zur Häufigkeit der subjektiv wahrgenommenen Lärmbelästigung keine Zwischenkategorien gibt. Es ist in den Verhaltenswissenschaften durchaus üblich, Likert-Skalen wie metrische Skalen in Regressionen zu verwenden, allerdings werden hier die Grenzen dieses Vorgehens deutlich.

Der Einfluss der *Einstellung zur Ruhe* ist der zweitstärkste Einfluss und unterstreicht den in Kapitel 2.2.2 benannten Einfluss psychologischer Faktoren auf die subjektiv wahrgenommene Lärmbelästigung. Zudem zeigen die Aussagen, dass die objektive Lärmbelastung die Lärmbelästigung nur in einem geringen Ausmaß vorhersagt. Gleichzeitig tragen weitere bekannte Faktoren nur eingeschränkt zu deren Erklärung bei. Ferner erklärt die Skala *Einstellung zur Ruhe* die Varianz der Lärmbelästigung, obwohl die *Einstellung zur Ruhe* im theoretischen MOVE-Modell als abhängige Variable der subjektiv wahrgenommenen Umweltgüte verstanden wurde. Es ist also infrage zu stellen, ob die subjektiv wahrgenommene Belastung, wie in Kapitel 3 angenommen, der Theorie des geplanten Verhaltens vorgelagert ist.

Das theoretisch in Kapitel 3 entwickelte MOVE-Modell wird aufgrund dieser Ergebnisse entsprechend angepasst und vereinfacht, was im Sinne der Modelloptimierung begrüßenswert ist. Abbildung 25 zeigt das MOVE-Modell nun ohne vorgelagerte subjektiv wahrgenommene Umweltgüte. Umweltgüte und deren Wahrnehmung wird nicht mehr als ein Auslöser der Handlungen verstanden, sondern gemeinsam mit dem Migrationshintergrund als Differenzmerkmal verstanden. Dies bedeutet, dass die objektive Umweltgüte nicht mehr als Auslöser der Handlung verstanden wird, sondern davon ausgegangen wird, dass es Unterschiede hinsichtlich der Ausprägung des MOVE-Modells gibt, die im Sinne des Claim Makings für umweltbezogene Gerechtigkeit relevant sind. Die in der Analysestrategie (Kapitel 4.1) beschriebenen Analysen zu den Unterschiedshypothesen werden daher in den folgenden Analysen sowohl für hoch und gering belastete Gebiete als auch für Menschen mit und ohne Migrationshintergrund gerechnet.

Da die Analysen in diesem Kapitel bereits einen starken Zusammenhang zwischen subjektiv wahrgenommener Belastung und Einstellung zur Ruhe gezeigt haben, wird diese als weiteres Item in das latente Konstrukt Einstellung aufgenommen. In den folgenden Analysen zur Theorie des geplanten Verhaltens wird ihr erklärender Wert innerhalb des MOVE-Modells untersucht.

Abbildung 25: MOVE-Modell optimiert

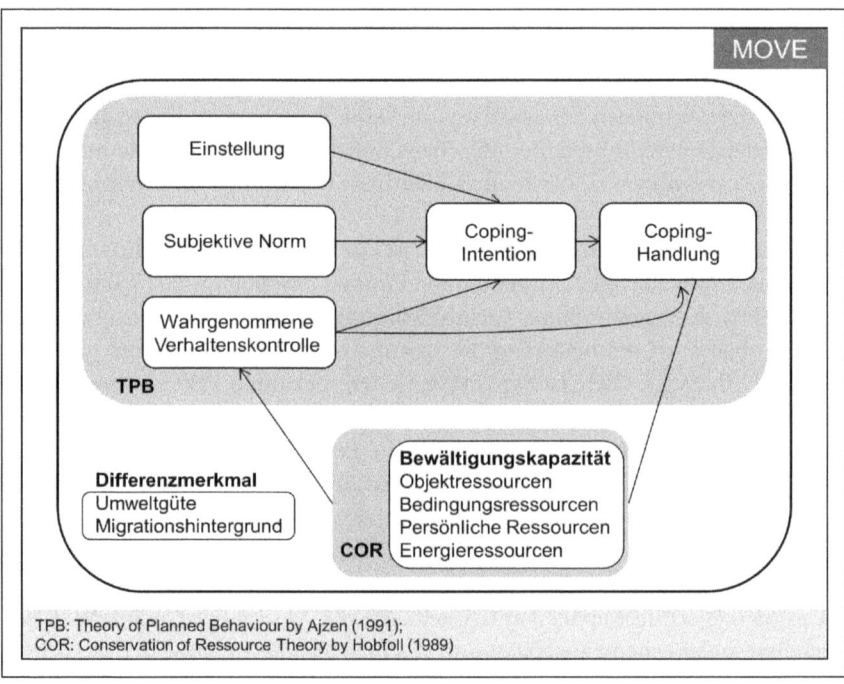

5.2 Skalen zur Messung institutionellen Copings im Wohnumfeld

Das MOVE-Modell dient der Erklärung von Coping-Intentionen und -Handlungen von Haushalten zur Verbesserung der Umweltgüte in ihrem Wohnumfeld. In der Haupterhebung wurde mit dem Ziel, Schlussfolgerungen für den planerischen

Umweltschutz und die Stadtplanung ziehen zu können, der Fokus auf das institutionelle Coping gelegt. Dies stellt neben dem Alltags- und dem baulichen Coping eine Kategorie von möglichen Coping-Intentionen und -Handlungen dar, die im MOVE-Modell zusammen das Coping-Inventar bilden (siehe Kapitel 3).

Im Pre-Test wurden verschiedene Handlungen des gesamten Coping-Inventars abgefragt. Eine Schlussfolgerung hieraus war, Coping nicht in Form von Einzelintentionen bzw. -handlungen, sondern als Skala zu erfassen (siehe Kapitel 4.2.1 sowie 4.4.3). Um dies umzusetzen, erfolgte angesichts der Relevanz von umweltbezogener Verfahrensgerechtigkeit eine Fokussierung auf institutionelles Coping im Außenbereich. Diese Kategorie des Coping-Inventars wurde umfassender als im Pre-Test erhoben, um eine Skala, bestehend aus mehreren Coping-Optionen, in der Haupterhebung zu entwickeln.

Es wurde angestrebt, eine Skala zu entwickeln, die im Sinne einer Rasch-Skala unterschiedlich schwierige Handlungen abbildet. Rasch-Skalen bestehen aus konkreten Daten, die mithilfe probabilistischer Testtheorien, basierend auf dem mathematischen *Rasch-Modell*, Rückschlüsse auf latente Konstrukte ermöglichen. Dabei wird davon ausgegangen, dass eine Person, die eine besonders schwierige Handlung umsetzen kann, auch in der Lage ist, die einfacheren Handlungen umzusetzen. Rasch-Skalen werden in der Psychologie in der Regel bei Intelligenztests eingesetzt und lassen im Umkehrschluss Rückschlüsse auf die Individuen zu (Bühner, 2006). In einem Rasch-Modell wird daher zwischen Personen- und Itemparametern, in diesem Fall den Coping-Handlungen, unterschieden. Rückschlüsse auf Personenparameter werden in dieser Untersuchung nicht gezogen. Innerhalb des MOVE-Modells wird über die Relevanz der wahrgenommenen Verhaltenskontrolle (siehe Kapitel 5.3) und der verfügbaren Ressourcen (siehe Kapitel 5.4) jedoch eine Verbindung zu den Fähigkeiten der Handelnden gezogen.

Es wurden in der Haupterhebung mehrere Handlungen, die der Kategorie *institutionelles Handeln* zugeordnet werden können, erfasst. Diese werden – so die Annahme – je nach verfügbaren Ressourcen intendiert oder umgesetzt. Es wurden vergleichsweise einfache Handlungen (Unterschreiben einer Unterschriftenliste) sowie vergleichsweise schwierige Handlungen (Klage vor Gericht) erfragt. Diese Einzelitems ergeben in ihrer Summe die Skala *institutionelles Coping*. Zudem erfüllt die Skala die Anforderung an eine abhängige Variable in einer linearen Regression, die zur empirischen Prüfung von Zusammenhängen in der Theorie des geplanten Verhaltens die übliche Methode ist.

Es sei an dieser Stelle nochmals darauf verwiesen, dass die Erfassung einer Vielzahl von Intentionen und Handlungen als Einschränkung im engen Sinne der Theorie des geplanten Verhaltens zu sehen ist, denn Ajzens TACT-Regel (siehe Kapitel 2.5.2) ist somit kaum einzuhalten. In der Abwägung verschiedener Forschungsinteressen und in Kenntnis anderer Befragungen, die eine Breite an Intentionen und Handlungen erfasst haben (Schwarz, 2007), wurden in der Befragung die verschiedenen Intentions- und Handlungsitems erfasst.

5.2.1 Methodisches Vorgehen

Um die Coping-Skala dahingehend zu prüfen und zu optimieren, ob unterschiedlich schwierige Handlungen auf einer Skala abgebildet werden und wie sich deren Schwierigkeitsgrade unterscheiden, wird eine Software zur Rasch-Skalierung eingesetzt. Hier wird *WINMIRA* (in der Demoversion 2001) eingesetzt, da diese als einschlägige Software empfohlen wird (Bühner, 2006) und frei verfügbar ist. Eine Kurzbeschreibung der Software findet sich bei von Davier (1997). Entsprechend den WINMIRA-Konventionen wurden die Variablen vor dem Import recodiert (0 = *ja* und 1 = *nein*). In WINMIRA wurde als zu rechnendes Modell das Rasch-Modell gewählt.

Nach der Überprüfung der Itemschwierigkeit in WINMIRA folgt der Schritt, je eine Gesamtskala für die Coping-Intention und Coping-Handlung zu bilden. Die jeweiligen Skalen werden als Summenscore der einzelnen Items gebildet, was auch Lechner und Niehaus (2010, S. 24) im Zusammenhang mit Rasch-Skalierung für methodisch sinnvoll halten. Ferner ist ein Summenscore im Gegensatz zu gewichteten Indizes für Außenstehende gut nachvollziehbar. Denn um den Summenscore zu bilden, werden die Werte aller relevanten Coping-Variablen (siehe Abbildung 26) aufaddiert. Hierzu werden die Variablen vorab recodiert (1 = *ja* und 0 = *nein*), sodass der Summenscore bei acht Einzelitems maximal den Wert 8 einnehmen kann. Ein höherer Summenscore steht also für eine stärkere Intention bzw. Handlung und entspricht somit der Logik des MOVE-Modells, wonach mehr Coping aus Teilhabe an umweltpolitisch relevanten Entscheidungsprozessen resultiert.

Um aus Perspektive umweltbezogener Gerechtigkeit mögliche Unterschiede beim Coping zwischen Menschen mit und ohne Migrationshintergrund sowie Befragten in stark und gering belasteten Wohnstandorten zu prüfen, werden zur graphischen Veranschaulichung parallele Box-Plots sowie Demographie-Plots gezeigt und Mann-Whitney U-Tests gerechnet.

5.2.2 Ergebnisse

In WINMIRA wurden je neun Variablen dahingehend überprüft, ob sie im Sinne der Rasch-Skalierung unterschiedlich schwierige Handlungen darstellen. Tabelle 25 gibt einen Überblick über die Ausprägung der einzelnen dichotomen Variablen sowie deren Variablen-Label, die in den folgenden WINMIRA-Ausgaben angegeben sind. Tabelle 25 zeigt, dass mehr Befragte berichten, Intentionen zu haben, als Handlungen durchgeführt zu haben. Auch wird offensichtlich, dass es einzelne Intentionen und Handlungen gibt, die von mehr Befragten intendiert oder umgesetzt werden als andere.

Tabelle 25 berichtet ferner für diejenigen, die angaben, eine Handlung zu intendieren oder umgesetzt zu haben, das Geschlecht und die faktische Belastungssituation. Insgesamt geben etwas mehr Frauen an, Handlungen zu intendieren oder umzusetzen. In vielen Fällen leben die Menschen, die mit Ja geantwortet haben, in einem weniger belasteten Gebiet. Auffällig ist hier die deutliche Abweichung beim Lärm. Denn es geben zwar nur wenige an, sich bei der Stadt wegen einer Lärmbelastung beschweren zu wollen (8,2%) oder dies getan zu haben (5,8%), diese wohnen jedoch in beiden Fällen zu über 70% in belasteten Gebieten.

Die Klage vor Gericht wurde am seltensten beabsichtigt oder umgesetzt. Hier sind die Fallzahlen sehr gering. So stehen hinter den 4,3% derer, die sich vorstellen können zu klagen, zwölf Personen, die sich in sieben Männer und fünf Frauen aufteilen, von denen acht Befragte in belasteten und somit vier in gering belasteten Gebieten wohnen. Von den 312 Befragten gab eine Frau aus einem belasteten Gebiet, die sich belästigt fühlte, an, gegen Verkehrslärmbelastung geklagt zu haben. Hierbei handelt es sich um eine Wohnungseigentümerin ohne Migrationshintergrund mit Abitur, die Anwohnerin einer Hauptverkehrsstraße ist und in einer Bürgerinitiative aktiv war. Sie ist den Klageweg mit Unterstützung eines Anwaltes bis vors Bundesgericht gegangen. Im Ergebnis wurde die Straße zur Einbahnstraße rückgebaut. Bemerkenswert ist ferner, dass diejenigen, die angaben, ehrenamtlich tätig zu sein, zu 70,4% in gering belasteten Gebieten wohnen.

Tabelle 26 gibt die *Item Location* der in Tabelle 25 beschriebenen einzelnen Intentionsitems gemäß WINMIRA wieder. Diese kann ausgehend von der in Tabelle 27 dargestellten *Relative Category Frequencies* nachvollzogen werden, welche die Häufigkeit der Antworten *ja/nein* berichtet. Je mehr der Befragten mit Ja antworteten, desto geringer ist die relative Schwierigkeit (= *Item's Score*). In der Logik der Rasch-Skalierung ist eine Handlung mit häufiger Nennung einfacher als eine mit seltener Nennung. Ein hoher Wert bei der Item Location steht also für eine Handlung, die von vielen Befragten intendiert wurde und daher als relativ einfach gilt. Für die Coping-Handlung werden die entsprechenden Ausgaben in Tabelle 28 und Tabelle 29 berichtet. Ausgehend von den in WINMIRA ermittelten Häufigkeiten, wurde die unterschiedliche Schwierigkeit einzelner Handlungen in Abbildung 26 festgehalten. Da WINMIRA in dieser Analyse lediglich für eine Kontrolle unterschiedlicher Schwierigkeiten im Rasch-Sinne und nicht für ein gesamtes Rasch-Modell eingesetzt wurde, wird im Folgenden darauf verzichtet, weitere Ergebnisse zu berichten.

Tabelle 25: Ausprägung der Einzelitems zu Intention und Handlung

	Intention			Handlung		
	% ja	% männl. von ja	% in belastetem Gebiet von ja	% ja	% männl. von ja	% in belastetem Gebiet von ja
Unterschriftenliste unterschreiben (HH_301/HH_401)	83,9	53,4	46,4	23,0	54,4	41,4
Unterschriften aktiv sammeln (HH_302/HH_402)	39,4	51,3	40,7	4,3	38,5	30,8
Ehrenamtliche Tätigkeit im Quartier (HH_303/HH_403)	21,9	46,2	40,0	17,9	52,8	29,6
Besuch städtischer Info-Veranstaltungen (HH_304/HH_404)	42,7	49,2	43,4	19,6	56,9	40,7
Besuch Ortsbeiratssitzung (HH_305/HH_405)	7,0	60,0	42,9	7,9	60,9	41,7
Beschwerde bei Stadtverwaltung wegen Lärm (HH_307/HH_407)	8,2	41,7	72,0	5,8	44,4	77,8
Beschwerde bei Stadtverwaltung wegen Luftbelastung (HH_308/HH_408)	6,6	47,4	40,0	3,9	33,3	67,7
Formeller Einspruch (HH_310/HH_410)	17,9	55,6	42,6	5,6	35,3	35,3
Klage gegen Lärm-/ Luftbelastung (HH_311/HH_411)	4,3	58,3	61,5	Eine Frau in einem belasteten Gebiet		

% gültige Prozente

Tabelle 26: Item Location für Coping-Intentionen (WINMIRA)

```
   item    |   item
   label   | location
_____|_____
  HH_301   |  4.33835
  HH_302   |  1.16089
  HH_303   |  0.07306
  HH_304   |  1.34361
  HH_305   | -1.62408
  HH_307   | -1.33773
  HH_308   | -1.62408
  HH_310   | -0.26332
  HH_311   | -2.06670
```

Tabelle 27: Itemscore der einzelnen Items der Coping-Intentionen (WINMIRA)

expected category frequencies and item scores:

Item label	Item's Score	Stdev	relative category frequencies	
			0	1
HH_301	0.16	0.36	0.842	0.158
HH_302	0.60	0.49	0.396	0.604
HH_303	0.78	0.42	0.225	0.775
HH_304	0.57	0.49	0.428	0.572
HH_305	0.93	0.25	0.067	0.933
HH_307	0.92	0.28	0.084	0.916
HH_308	0.93	0.25	0.067	0.933
HH_310	0.82	0.39	0.182	0.818
HH_311	0.95	0.21	0.046	0.954

Tabelle 28: Item Location für Coping-Handlungen (WINMIRA)

```
   item    |   item
   label   | location
_____|_____
  HH_401   |  1.79590
  HH_402   | -0.50493
  HH_403   |  1.32579
  HH_404   |  1.53130
  HH_405   |  0.25466
  HH_407   | -0.15015
  HH_408   | -0.72423
  HH_410   | -0.31608
  HH_411   | -3.21225
```

Tabelle 29: Itemscore der einzelnen Items der Coping-Handlung (WINMIRA)

Item label	Item's Score	Stdev	relative category frequencies 0	1
HH_401	0.77	0.42	0.233	0.767
HH_402	0.96	0.20	0.043	0.957
HH_403	0.83	0.38	0.172	0.828
HH_404	0.80	0.40	0.197	0.803
HH_405	0.92	0.27	0.079	0.921
HH_407	0.94	0.23	0.057	0.943
HH_408	0.96	0.19	0.036	0.964
HH_410	0.95	0.22	0.050	0.950
HH_411	1.00	0.06	0.004	0.996

Abbildung 26: Items der Skalen Coping-Intention und -Handlung, sortiert nach Schwierigkeit entsprechend den Ergebnissen der WINMIRA-Analyse

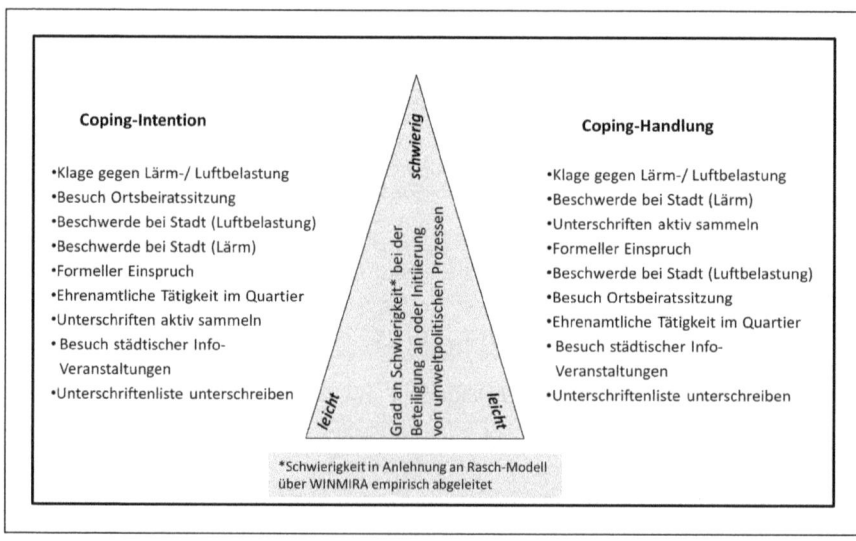

Die Skalen *Coping-Intention* und *Coping-Handlung* wurden als Summenscore basierend auf den Einzelitems gebildet. Die Reliabilität der Intentionsskala liegt mit α = ,635 knapp unter dem als zuverlässig geltenden Wert von α ,7. Vier Items genügen kaum dem Trennschärfekriterium von $r_{it} \geq ,3$. Sie zeigen somit als Einzelitem nur bedingt Unterschiede zwischen einzelnen Probanden auf und haben nur einen geringen Bezug zur Gesamtskala. Die Trennschärfe wird als Inter-Item-Korrelation in den Ausgaben zur Reliabilität berichtet. Angesichts der vorab angestellten Überlegungen zur Rasch-Skalierung wird – um eine möglichst große Varianz unterschiedlich schwieriger intendierter Handlungen abbilden zu können – die Vielfalt der Coping-Intentionen jedoch beibehalten und einzelne Items mit geringer Trennschärfe nicht aus der Skala entfernt. Die Reliabilität der Handlungsskala ist mit α ,716 reliabel. Die korrigierte Trennschärfe liegt hier bei allen Items über $r_{it} = ,3$. Allein die Trennschärfe des Items *Klage gegen Lärm-/Luftbelastung* liegt mit $r_{it} = ,277$ knapp darunter.

Die Histogramme in Abbildung 27 und Abbildung 28 zeigen die Verteilung der beiden Summenscore-Variablen *Coping-Intention* und *Coping-Handlung*. Diese Variablen sind nicht normalverteilt, sondern rechtsschief, da es entsprechend der Rasch-Logik nur weniger Befragte gibt, die schwierige Coping-Intentionen und Handlungen berichten. Der Mittelwert der Coping-Handlung (siehe Abbildung 28) liegt mit ,87 deutlich unter dem der Intention von 2,26 (siehe Abbildung 27). Dieser Unterschied spiegelt den bereits oben beschriebenen Sachverhalt wider, dass mehr Befragte beabsichtigen zu handeln, als angaben, es zu tun.

Abbildung 27: Histogramm der Skala Coping-Intention

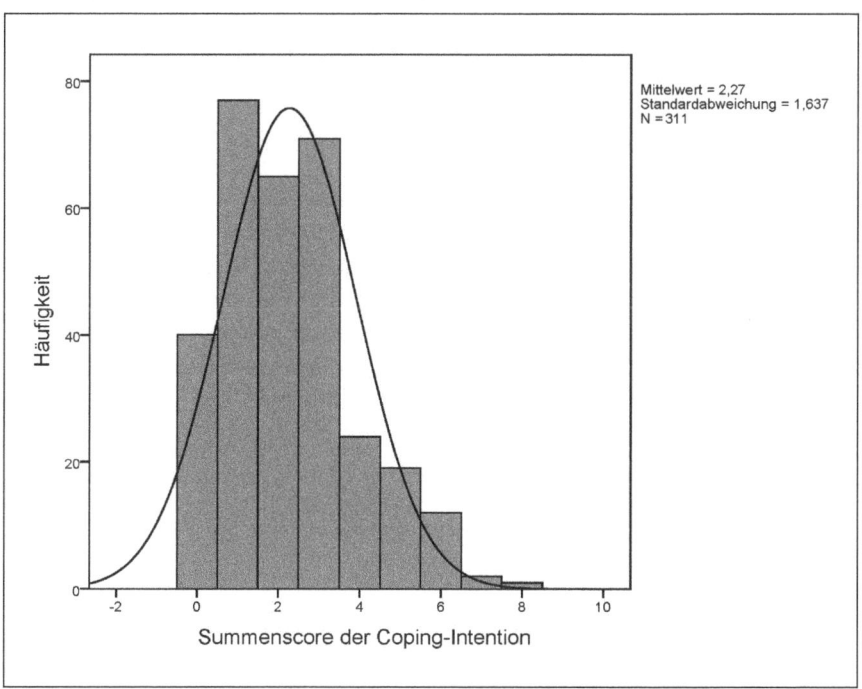

Abbildung 28: Histogramm der Skala Coping-Handlung

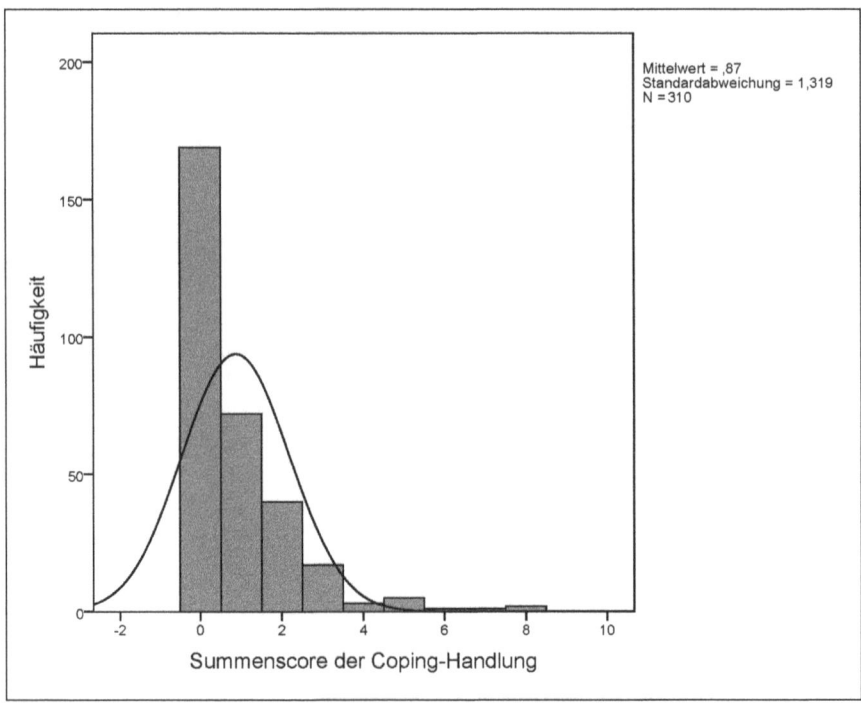

Unterschiede der Coping-Intentionen lassen sich zwischen stark und gering belasteten Wohnstandorten in den graphischen Darstellungen anhand des Box-Plots (Abbildung 29) nicht ausmachen und sind auch statistisch nicht signifikant (Mann-Whitney U-Test, $p < ,068$). Bei den Coping-Handlungen liegt, wie die Plots in Abbildung 30 bereits vermuten lassen, der Summenscore in stark belasteten Gebieten deutlich niedriger als in gering belasteten Gebieten. Dieser Zusammenhang ist statistisch signifikant (Mann-Whitney U-Test, $p < ,042$).

Abbildung 29: Ausprägung der Coping-Intentionen in hoch belasteten und gering belasteten Gebieten

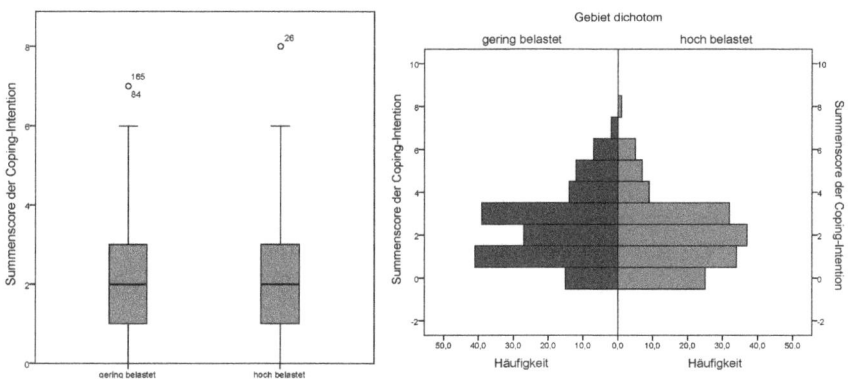

Abbildung 30: Ausprägung der Coping-Handlungen in hoch belasteten und gering belasteten Gebieten

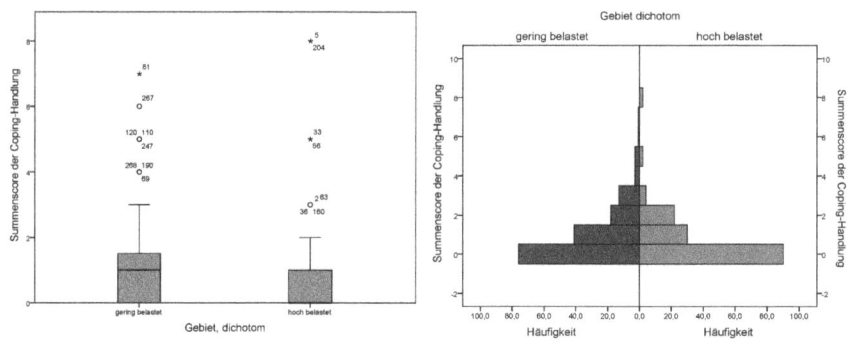

Unterschiede der Coping-Intentionen lassen sich zwischen Menschen mit und ohne Migrationshintergrund in den graphischen Darstellungen anhand des Box-Plots (siehe Abbildung 31 und 32) nicht ausmachen. Allerdings gibt es Ausreißer in den hohen Bereich, also Nennung mehrerer Coping-Intentionen, nur bei Menschen mit Migrationshintergrund. Der Unterschied ist statistisch nicht signifikant (Mann-Whitney U-Test, $p = ,961$). Bezogen auf Migration und Coping-Handlung gibt es einen signifikanten Unterschied zwischen Menschen mit und ohne Migrationshintergrund (Mann-Whitney U-Test, $p < ,000$), wobei der Median der Menschen ohne Migrationshintergrund höher liegt, sie also berichten, mehr Coping-Handlungen umzusetzen. In den Box-Plots zu Coping-Handlungen (Abbildung 30 und Abbildung 32) sind jeweils extreme Ausreißer zu finden, diese liegen um mehr als drei Kastenlängen außerhalb des Box-Plots und sind durch einen Stern gekennzeichnet.

Da die Anzahl der genannten Coping-Handlungen pro Befragtem in belasteten Gebieten und bei Menschen mit Migrationshintergrund signifikant kleiner ist als in der jeweils anderen Gruppe, wurde der Mann-Whitney U-Test mit *Migrationshintergrund* als Differenzmerkmal allein für die Fälle in belasteten Gebieten gerechnet. Die Ergebnisse zeigen, dass sich Befragte mit Migrationshintergrund in stark belasteten Gebieten statistisch signifikant von denen ohne Migrationshintergrund durch eine niedriger ausgeprägte Skala für selbstberichtete Coping-Handlungen unterscheiden (Mann-Whitney U-Test, $p = ,002$). Dies bedeutet, dass sie von weniger und einfacheren Coping-Handlungen berichten als Menschen ohne Migrationshintergrund.

Abbildung 31: Ausprägung der Coping-Intentionen bei Befragten mit und ohne Migrationshintergrund

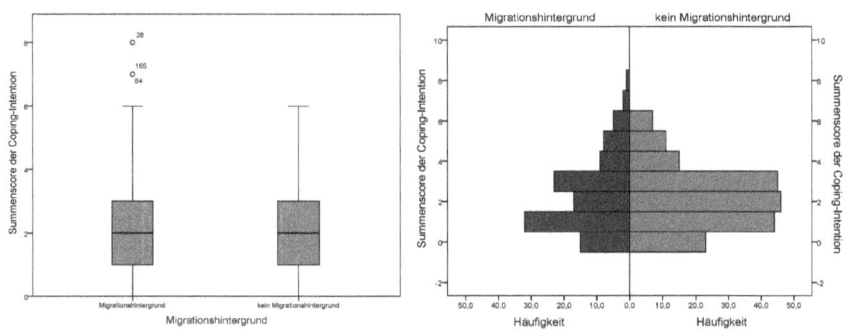

Abbildung 32: Ausprägung der Coping-Handlung bei Befragten mit und ohne Migrationshintergrund

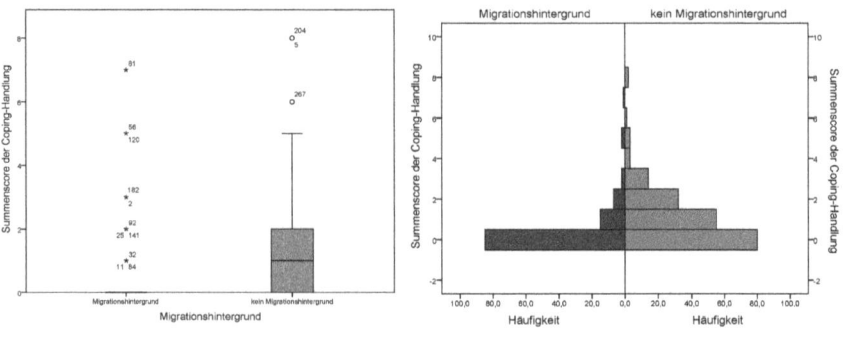

5.2.3 Fazit der Teilanalyse

Es ist gelungen, Coping-Skalen zu bilden, die unterschiedlich schwierige Handlungen des institutionellen Copings repräsentieren und die in den folgenden Analysen als abhängige Variablen verwendet werden können. Bei der Einordnung der Ergebnisse ist zu berücksichtigen, dass die faktische Umsetzung wohl nochmal geringer ausfällt als die selbst berichtete.

Die Skala zu Coping-Handlungen erfüllt die statistischen Anforderungen an Reliabilität und Trennschärfe einzelner Items hierbei besser als die Skala zur Coping-Intention. In einer erneuten Erhebung sollten insbesondere die vier Items, die nicht ausreichend trennscharf sind (*Ehrenamt, Besuch einer Sitzung der Bezirksvertretung, Beschwerde bei der Stadt gegen Lärm* sowie *Klage vor Gericht*) optimiert werden.

In den beiden Skalen, die auf dem Summenscore von Einzelitems basieren, können relevante Zusammenhänge auf der Ebene einzelner Intentionen und Handlungen unberücksichtigt bleiben. So gab es einen deutlichen Unterschied im Antwortverhalten sowohl bei der Intention als auch bei der Handlung hinsichtlich einer Beschwerde bei der Stadt wegen der Lärmbelästigung im Wohnumfeld zwischen den Befragten in stark und denen in gering belasteten Gebieten. Bei der Betrachtung des Summenscores der Coping-Intentionsskala wurde kein signifikanter Unterschied zwischen stark und gering belasteten Gebieten festgestellt. Es sind also Aussagen auf der Ebene von Einzelitems möglich, die von den Aussagen auf der Ebene von Gesamtskalen abweichen, was in zukünftigen Analysen teilweise eine Betrachtung auf der Ebene von Einzelitems sinnvoll erscheinen lässt.

Abbildung 26 zeigt, dass sich viele der Items in ihrer relativen Schwierigkeit zwischen Intention und Handlung nicht unterscheiden. Einen deutlichen Unterschied gibt es bei dem Item *Unterschriften sammeln*. Viele bejahen die Frage „*Würden Sie selbst Unterschriften für eine Aktion sammeln, die sich für die Verbesserung oder den Erhalt ihres derzeitigen Wohnumfeldes einsetzt?*" Aber nur wenige berichten, dies getan zu haben. Kreuztabellen zeigen, dass 63% derjenigen, die sich vorstellen können, eine Unterschriftenliste zu unterschreiben, in gering belasteten Gebieten wohnen. Von denen, die faktisch unterschrieben haben, sind es 58,6%. Dies kann einerseits daran liegen, dass die Frage sehr allgemein nach dem Wohnumfeld gestellt wurde und nicht nach der Umweltbelastungssituation. In zukünftige Befragungen könnten hier auch Formen des Protests in den neuen Medien aufgenommen werden, da beispielsweise Online-Petitionen stark zunehmen.

Die graphischen Darstellungen von Unterschieden bei den Coping-Skalen sowohl für die Variable *Migrationshintergrund* als auch für die faktische Belastungssituation zeigen, dass diejenigen mit Migrationshintergrund und diejenigen, die in belasteten Gebieten leben, häufig bejahen, Intentionen zu haben, aber seltener bejahen, Handlungen durchgeführt zu haben. Hierbei ist zu beachten, dass sich aufgrund der quotierten Befragung die Gruppe der Menschen mit Migrationshintergrund in gleichen Anteilen auf belastete und gering belastete Gebiete verteilt, der Faktor Migrationshintergrund also selbst den statistisch signifikanten Unterschied macht.

5.3 Zur Relevanz der wahrgenommenen Verhaltenskontrolle für institutionelles Coping im Wohnumfeld

In der Theorie des geplanten Verhaltens nach Ajzen (1991) ist die *wahrgenommene Verhaltenskontrolle* neben der *Einstellung* und der *subjektiven Norm* ein Prädiktor, um die Intention einer Person, eine bestimmte Handlung durchzuführen, vorherzusagen. Die in Kapitel 3 formulierte These, dass aus der Perspektive umweltbezogener Verfahrensgerechtigkeit vor allem die wahrgenommene Verhaltenskontrolle die Intention und somit auch die Handlung vorhersagt, gilt es im Folgenden empirisch zu überprüfen. Die Fokussierung auf umweltbezogene Verfahrensgerechtigkeit bedeutet, dass im Folgenden institutionelles Coping im Wohnumfeld als Intention und Handlung betrachtet wird. Dies wurde in der Befragung mit der eigens entwickelten Coping-Skala erhoben (siehe Kapitel 5.2).

Die Prädiktoren *Einstellung, subjektive Norm* und *wahrgenommene Verhaltenskontrolle* wurden mit mehreren Items gemessen. Daher ist es möglich, basierend auf Faktorenanalysen und inhaltlichen Überlegungen Subskalen für diese Prädiktoren zu bilden. Die Bildung von Subskalen ist eine gute Möglichkeit, um das allgemeine Modell von Ajzen zu spezifizieren. Um die Relevanz der wahrgenommenen Verhaltenskontrolle bei der Vorhersage von institutionellem Coping zu ermitteln, werden im Folgenden Analysen auf der Ebene von Gesamt- und Subskalen gerechnet. Einen Überblick über die Skalen, deren Items sowie deren Reliabilität, angegeben über das standardisierte Cronbachs Alpha, gibt Tabelle 30. Skalen sind mit einem α von ,7 und größer als reliabel einzustufen.

In den Analysen zur Vorhersage der Lärmbelästigung hat die Einstellung zur Ruhe einen hohen erklärenden Wert (siehe Kapitel 5.1.2 sowie Riedel, Scheiner, Müller & Köckler, 2013). Diese empirisch basierte Erkenntnis ist ausschlaggebend dafür, statistisch zu prüfen, ob im MOVE-Modell die subjektive Wahrnehmung von Umweltgüte der Theorie des geplanten Verhaltens tatsächlich vorgelagert ist und diese wie im theoretisch basierten MOVE-Modell angenommen initialisiert (siehe Kapitel 3) oder als Teil der Einstellung verstanden wird (siehe Fazit der Teilanalyse aus 5.1.2).

Da nicht nur Lärm, sondern auch Luftbelastung Gegenstand der Erhebung war, ist es inhaltlich sinnvoll, die subjektiv wahrgenommene Lärm- und Luftbelastung gemeinsam zu betrachten. Zumal auch die Skalen zur Coping-Intention und -Handlung Maßnahmen gegen Lärm- und Luftbelastungen einschließen. Auch wenn die Variablen *Luft-* und *Lärmbelastung* nur schwach auf einem signifikanten Niveau korrelieren (r_s (304) = ,300, p < ,000) sollen sie aufgrund der inhaltlichen Gründe in eine Skala subjektiv wahrgenommene Umweltgüte integriert werden. Obwohl die aus dem Pre-Test entwickelte Skala zur Einstellung hoch reliabel (α = ,807) ist, wird angesichts der Erkenntnisse aus Kapitel 5.1.2 die Subskala *subjektiv wahrgenommene Umweltbelastung* mit in die Gesamtskala *Einstellung* aufgenommen (siehe Tabelle 30). Dies ergibt zwar eine insgesamt weniger reliable Skala (α = ,783), da sie über α = ,7 liegt, ist sie aber immer noch als reliabel einzustufen.

Da die subjektiv wahrgenommen Umweltgüte bei der Konzeption der Befragung nicht als Teil der Skala *Einstellung* verstanden wurde, wurde sie in Anlehnung an andere Studiendesigns als 5er-Likert-Skala formuliert. Die Einstellungsitems wurden hingegen durchgängig mit einer 6er-Likert-Skala erhoben. Aus diesem Grunde wurden alle Werte, die nun gemeinsam die Skala *Einstellung* bilden, z-standardisiert. Dies bedeutet, dass alle Items nun den Mittelwert 0 und eine Standardabweichung von 1 haben. Aufgrund der Standardisierung können die Items mit verschiedenen Ausprägungen zu einer Skala integriert werden. Die Subskala *subjektiv wahrgenommene Umweltgüte* hat eine schwache Reliabilität (α = ,536) und ist daher aus statistischer Perspektive eher fragwürdig. Die weiteren Analysen werden zeigen, ob die Subskala *subjektiv wahrgenommene Umweltgüte* innerhalb des MOVE-Modells einen erklärenden Wert für die Vorhersage von Coping-Intentionen hat und somit auch bei relativ niedriger Reliabilität der Subskala das Modell tatsächlich derart umgestellt werden sollte, dass die subjektiv wahrgenommene Umweltgüte als Teil der Einstellung gefasst wird.

Tabelle 30: *Skalen* Einstellung, subjektive Norm *und* wahrgenommene Verhaltenskontrolle *mit ihren Einzelitems, Subskalen und Reliabilitäten*

Einstellung (Gesamtskala) (α = ,782)

Subskala Ruhe (α = ,781)
- In meiner Wohnung möchte ich Ruhe vor Lärm von draußen haben.
- Ein ruhiges Wohnumfeld ist mir wichtig.
- Maßnahmen, die verhindern, dass Lärm in meine Wohnung eindringt, sind gut für meine Gesundheit.
- In Ruhe schlafen ist sehr wichtig für mich.

Subskala Wirksamkeit (α = ,756)
- Es ist sehr wichtig für mich, mein Wohnumfeld positiv zu beeinflussen.
- Wenn ich mich einbringe, kann ich mein Wohnumfeld verbessern.
- Es ist wichtig, dass sich Menschen vor Ort für die Entwicklung ihres Wohnumfeldes einsetzen.
- Mit Bürgerinitiativen kann man viel erreichen.
- Wenn ich mich für weniger Lärm und Luftbelastung einsetze, dann habe ich selbst etwas davon.

Subskala subjektiv wahrgenommene Umweltgüte (α = ,536)
- Wie häufig fühlen Sie sich in Ihrem Wohnumfeld, also außerhalb Ihrer Wohnung, durch Lärm belästigt?
- Wie häufig fühlen Sie sich in Ihrem Wohnumfeld durch Abgase/Luftverschmutzung belästigt?

Subjektive Norm (Gesamtskala) (α = ,658)

- Leute, die mir wichtig sind, denken, ich sollte mich engagieren, um die Luft- und Lärmbelästigung in unserem Wohnumfeld zu verringern.
- Die meisten Menschen, die mir wichtig sind, würden es unterstützen, wenn ich mich für weniger Lärm und Luftbelastung engagiere.
- Es wird von mir erwartet, dass ich mich für weniger Lärm und Luftbelastung in meinem Wohnumfeld einsetze.

Wahrgenommene Verhaltenskontrolle (Gesamtskala) (α = ,735)

Subskala Antrieb (α = ,708)
- Ich habe andere Sorgen, als mich in die Entwicklung meines Wohnumfeldes einzubringen.
- Ich habe keine Zeit, mich um die Entwicklung meines Wohnumfeldes zu kümmern.
- Ich fühle mich oft so schlapp, dass ich nicht die Kraft habe, mich um die Entwicklung meines Wohnumfeldes zu kümmern.

Subskala Zutrauen (α = ,653)
- Ich traue mir zu, mich in die Entwicklung meines Wohnumfeldes einzubringen.
- Ich traue mir zu, ein Mitglied des Ortsbeirats anzusprechen, wenn ich mich durch Luftschadstoffe oder Lärm in meinem Wohnumfeld belästigt fühle.

Subskala Handlungswissen (α = ,713)
- Ich weiß gar nicht, was ich machen könnte, um mich in die Entwicklung meines Wohnumfeldes einzubinden.
- Ich kenne mich gut mit dem deutschen Rechtssystem aus.
- Ich weiß gar nicht, welche Möglichkeiten ich habe, etwas gegen Luft- und Lärmbelästigung zu machen.

Einzelitems der Gesamtskala wahrgenommene Verhaltenskontrolle
- Ich weiß, wie es um die Luft- und Lärmbelastung in meinem Wohnumfeld steht.
- Ich könnte mir einen Anwalt finanziell leisten, um gegen die Luft- oder Lärmbelastung zu klagen.

5.3.1 Methodisches Vorgehen

Um die Relevanz von Einstellung, subjektiver Norm und wahrgenommener Verhaltenskontrolle für die Erklärung der Varianz in der Intention zu berechnen und um darüber hinaus die Relevanz der einzelnen Subskalen (siehe Tabelle 30) zu ermitteln, wird je eine lineare Regression gerechnet. Dasselbe Vorgehen wird für die Coping-Handlung gewählt, sodass in der Summe vier lineare Regressionen gerechnet werden.

Um aus Perspektive umweltbezogener Gerechtigkeit mögliche Unterschiede bei der Ausprägung von Einstellung, subjektiver Norm und wahrgenommener Verhaltenskontrolle zwischen Menschen mit und ohne Migrationshintergrund zu prüfen, werden zur graphischen Veranschaulichung parallele Box-Plots für Gesamtskalen gezeigt. Für die Gesamt- und Subskalen werden die Mittelwerte für die relevanten Subgruppen verglichen und mögliche Unterschiede basierend auf dem Mann-Whitney U-Test auf Signifikanz geprüft. Der aus dieser Perspektive ebenfalls relevante Zusammenhang zur objektiven Umweltbelastung wird auf dieselbe Weise untersucht.

5.3.2 Beschreibung der Ergebnisse

Tabelle 31 zeigt die Ausprägung der Variablen, die bei listenweisem Fallausschluss in die im Folgenden beschriebenen Regressionen einfließen.

Tabelle 31: Ausprägung der Variablen des Regressionsmodells zur Vorhersage von Intention und Handlung sowie soziodemographische Variablen

	total
N	266
Einstellung gesamt*	–,0008 (,56927)
Ruhe*	,0005 (,78629)
Wirksamkeit*	,0031 (,706)
Subj. Umweltgüte*	–,0131 (,8255)
Subjektive Norm	3,21 (1,22)
Wahrg. Verhaltenskontrolle	3,79 (,92)
Antrieb	3,59 (1,37)
Zutrauen	4,39 (1,43)
Handlungswissen	3,6 (1,31)
Coping-Intention	2,3 (1,6)
Coping-Handlung	0,9 (1,3)
Alter	52,98 (16,6)
Geschlecht, männlich	52,9%
Mit Migrationshintergrund	37,6%

Mittelwerte (Standardabweichung)
Werte sind auf die zweite Stelle nach dem Komma gerundet
*Werte sind z-standardisiert und nicht gerundet

Die Varianz in der Intention des institutionellen Copings erklärt das Regressionsmodell mit den Gesamtskalen insgesamt zu 26% (siehe Tabelle 32). Die ANOVA zeigt ein hochsignifikantes Ergebnis $F(3, 265) = 32{,}44; p < {,}000$. Somit hat das Modell Gültigkeit über die Stichprobe hinaus für die Grundgesamtheit. Heteroskedastizität der Residuen liegt nicht vor. Der Konditionsindex der Kollinearitätsdiagnose liegt bei 11,34 und ist somit deutlich unter dem kritischen Wert von 30.

Die β-Gewichte aller drei Regressoren sind signifikant und sagen die Intention mittel bis schwach voraus, da sie zwischen $β = {,}191$ und $β = {,}309$ liegen (siehe Abbildung 33). Den stärksten Einfluss hat demnach die wahrgenommene Verhaltenskontrolle ($β = {,}309; p < {,}000$), gefolgt von der Einstellung ($β = {,}207; p < {,}001$) sowie der subjektiven Norm ($β = {,}191; p < {,}001$).

Tabelle 32: Zunahme der Modellgüte im Regressionsmodell zur Erklärung der Intention mit Gesamtskalen

		Modellzusammenfassung[d]		
Modell	R	R-Quadrat	Korrigiertes R-Quadrat	Standardfehler des Schätzers
1	,424[a]	,180	,177	1,474
2	,488[b]	,238	,232	1,424
3	,520[c]	,271	,263	1,395

Einflussvariablen: (Konstante)
Modell 1: wahrgenommene Verhaltenskontrolle gesamt
Modell 2: + Einstellung institutionell gesamt,
Modell 3: + Subjektive Norm
Abhängige Variable: Summenscore der Coping-Intention

Abbildung 33: Regressionsmodell Coping-Intention mit Gesamtskalen zu Einstellung, subjektiver Norm und wahrgenommener Verhaltenskontrolle

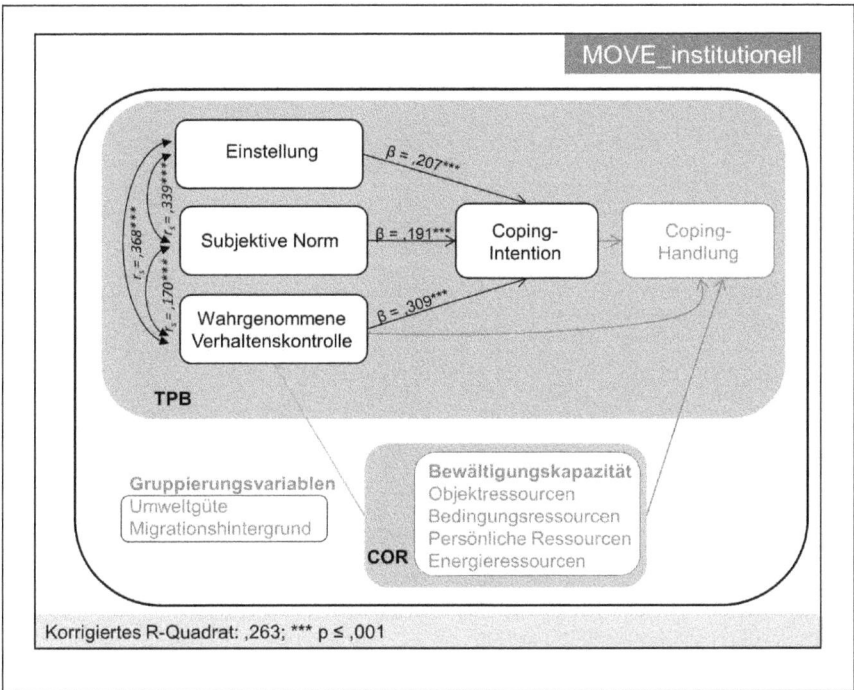

Abbildung 34, die die Ergebnisse zur Vorhersage der Coping-Handlung mit den Gesamtskalen berichtet, zeigt, dass die wahrgenommene Verhaltenskontrolle und die Intention zu ungefähr gleichen Teilen die selbst berichtete Handlung vorhersagen, wobei der Einfluss der Intention geringfügig stärker ist als der der wahrgenommenen Verhaltenskontrolle.

Abbildung 34: Regressionsmodell Coping-Handlung mit Gesamtskala zur wahrgenommenen Verhaltenskontrolle

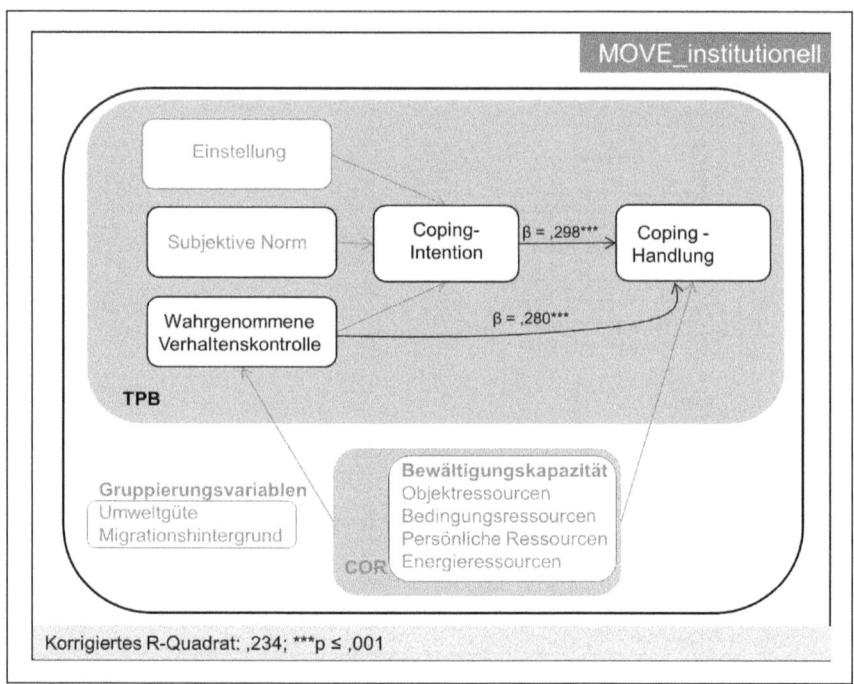

Die Varianz in der Intention institutionellen Copings erklärt das Regressionsmodell mit den Subskalen insgesamt zu 27% (siehe Tabelle 33). Die ANOVA zeigt ein hochsignifikantes Ergebnis $F (5, 278) = 21{,}58; p < {,}000$. Heteroskedastizität der Residuen liegt nicht vor. Der Konditionsindex der Kollinearitätsdiagnose liegt bei 11,93.

Die β-Gewichte der signifikanten Regressoren sagen die Intention mittel bis schwach voraus, da sie zwischen $\beta = {,}211$ und $\beta = {,}141$ liegen (siehe Abbildung 35). Den stärksten Einfluss hat demnach die Subskala *Handlungswissen* (Teil der Gesamtskala der *wahrgenommenen Verhaltenskontrolle*) ($\beta = {,}211; p < {,}000$), gefolgt von der Subskala *subjektiv wahrgenommenen Umweltgüte* ($\beta = {,}187; p < {,}001$) sowie der Wirksamkeit ($\beta = {,}177; p < {,}005$) (beide Teil der Gesamtskala *Einstellung*), der subjektiven Norm ($\beta = {,}161; p < {,}005$) und schließlich dem *Zutrauen* ($\beta = {,}141; p < {,}020$), einer Subskala der *wahrgenommenen Verhaltenskontrolle*. Zur Einordnung der Subskalen bezogen auf die Gesamtskalen sowie der zugrunde liegenden Items siehe Tabelle 30.

Tabelle 33: Zunahme der Modellgüte im Regressionsmodell zur Erklärung der Coping-Intention mit Subskalen

		Modellzusammenfassung[f]		
Modell	R	R-Quadrat	Korrigiertes R-Quadrat	Standardfehler des Schätzers
1	,362[a]	,131	,128	1,525
2	,445[b]	,198	,192	1,468
3	,500[c]	,250	,242	1,422
4	,519[d]	,269	,258	1,407
5	,532[e]	,283	,270	1,395

Einflussvariablen: (Konstante)
Modell 1: Einstellung institutionell Wirksamkeit,
Modell 2: + Wahrgenommene Verhaltenskontrolle Handlungswissen,
Modell 3: + Einstellung subjektiv wahrgenommene Umweltgüte,
Modell 4: + Subjektive Norm,
Modell 5: + Wahrgenommene Verhaltenskontrolle Zutrauen
Abhängige Variable: Summenscore der Coping-Intention

Abbildung 35: Regressionsmodell Coping-Intention mit Subskalen

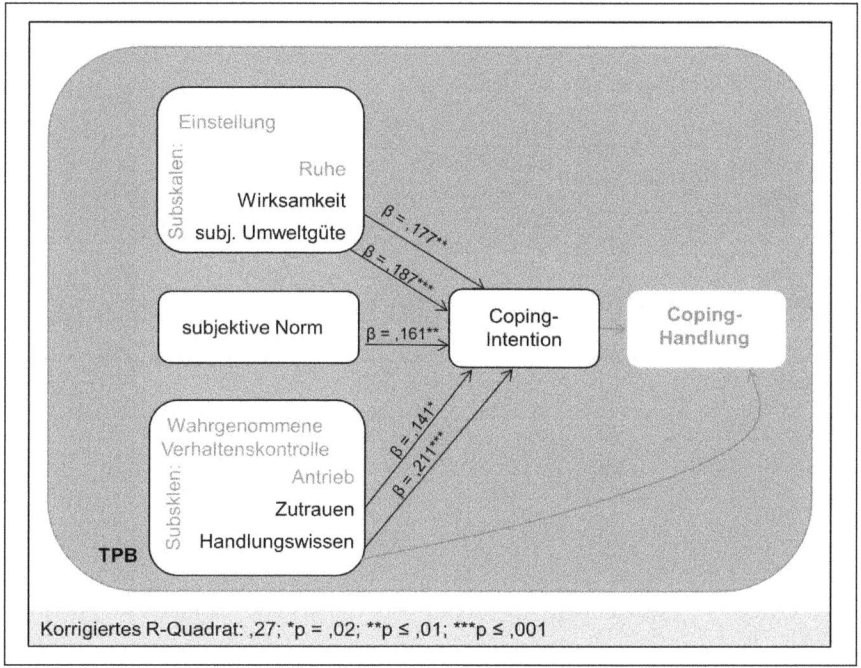

Die Varianz der Coping-Handlung (siehe Abbildung 36) wird vor allem über die Coping-Intention (β = ,319; p < ,01) vorhergesagt. Hoch signifikant, aber etwas schwächer als der Einfluss der Intention ist der Einfluss des Zutrauens (β = ,202; p < ,001), der jedoch stärker ist als der Einfluss von *Handlungswissen*. Die Subskala *Antrieb* trägt auch in dieser Subskalenanalyse nicht zur Aufklärung der Varianz bei.

Abbildung 36: Regressionsmodell Coping-Handlung mit Subskalen

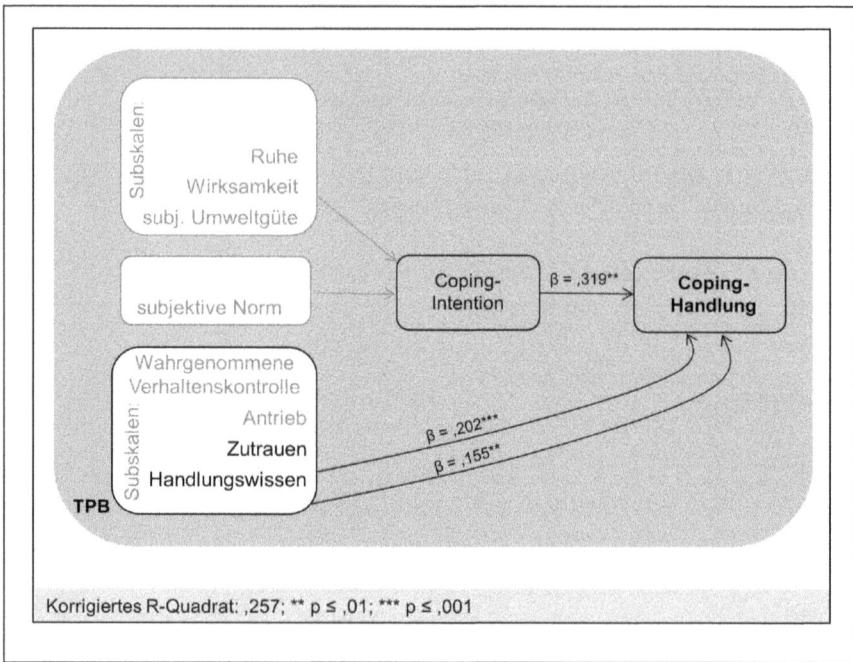

Abbildung 37: Verteilung der Skala Einstellung, gruppiert nach Gebietstypen und Migrationshintergrund

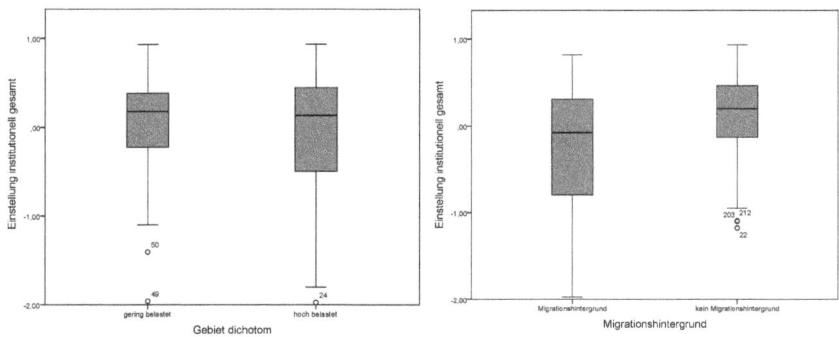

Abbildung 37 zeigt, gruppiert für gering und stark belastete Gebiete sowie für Menschen mit und ohne Migrationsgrund, die Verteilung der Skala *Einstellung* im Box-Plot an. Die Einstellung ist sowohl in hochbelasteten Gebieten als auch bei Menschen mit Migrationshintergrund geringer als in der jeweils anderen Gruppe. Der Mann-Whitney U-Test gibt keinen signifikanten Unterschied hinsichtlich der Einstellung zwischen stark und gering belasteten Gebieten an (Mann-Whitney U-Test, $p < ,798$). Bezogen auf das Differenzmerkmal Migrationshintergrund ist der Unterschied jedoch hochsignifikant (Mann-Whitney U-Test, $p < ,000$). Hinsichtlich der subjektiven Norm (siehe Abbildung 38) gibt es keine signifikanten Unterscheide in den Untergruppen der beiden Differenzmerkmale.

Abbildung 38: Verteilung der Skala subjektive Norm, gruppiert nach Gebietstypen und Migrationshintergrund

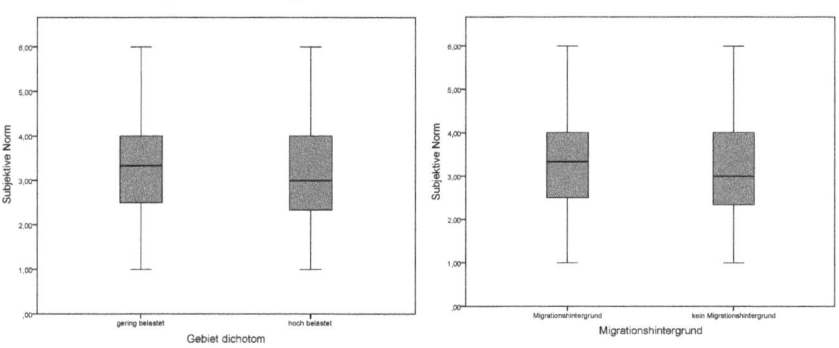

Abbildung 39: *Verteilung der Skala wahrgenommene Verhaltenskontrolle, gruppiert nach Gebietstypen und Migrationshintergrund*

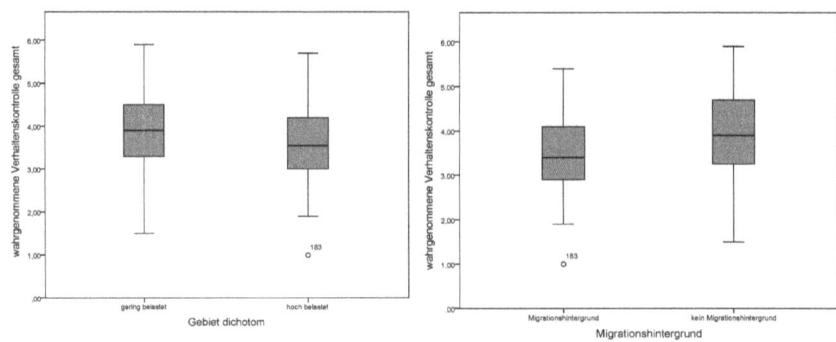

Abbildung 39 zeigt eine geringere wahrgenommene Verhaltenskontrolle sowohl für Befragte mit Migrationshintergrund als auch für Befragte in hoch belasteten Gebieten. Der Unterschied ist bei beiden Differenzmerkmalen hoch signifikant (wahrgenommene Verhaltenskontrolle/Gebiet, $p < ,004$; Mann-Whitney U-Test wahrgenommene Verhaltenskontrolle/Migrationshintergrund, $p < ,000$). Tabelle 34 berichtet die Mittelwerte der jeweiligen Gesamt- und Subskalen unterschieden in hoch und gering belastete Gebiete sowie in Befragte mit und ohne Migrationshintergrund. Mittelwerte sind in allen Fällen bei Befragten ohne Migrationshintergrund höher als bei Befragten mit Migrationshintergrund. In der Theorie des geplanten Verhaltens steht ein höherer Wert eines der Prädiktoren (*Einstellung, subjektive Norm, wahrgenommene Verhaltenskontrolle*) für eine höhere Wahrscheinlichkeit, dass eine Coping-Handlung intendiert oder umgesetzt wird. Mit Ausnahme der Skala *subjektive Norm* und der Subskala *Handlungswissen* ist dieser Unterschied signifikant. Der größte Unterschied ist bei der Skala *Zutrauen* auszumachen. Diese besteht aus den beiden Items: *„Ich traue mir zu, mich in die Entwicklung meines Wohnumfeldes einzubringen"* und *„Ich traue mir zu, ein Mitglied des Ortsbeirats anzusprechen, wenn ich mich durch Luftschadstoffe oder Lärm in meinem Wohnumfeld belästigt fühle."*

Der Unterschied in der Ausprägung der Mittelwerte bei Befragten in gering und hoch belasteten Gebieten ist mit Ausnahme der Subskala *subjektiv wahrgenommene Umweltgüte* (siehe hierzu Kapitel 5.1.2) ebenfalls immer in gering belasteten Gebieten höher als in hoch belasteten. Allerdings ist dieser Unterschied seltener signifikant als bei dem Differenzmerkmal *Migrationshintergrund*.

Tabelle 34: Mittelwerte der jeweiligen Skalen für Gebietstypen und Migrationshintergrund

Mittelwert	mit Migrationshintergrund	ohne Migrationshintergrund	p	gering belastetes Gebiet	hoch belastetes Gebiet	p
Einstellung gesamt[1]	−0,2264	0,1170	***	0,0234	−0,0066	
Ruhe[1]	−0,2875	0,1531	***	0,0501	−0,0135	
Wirksamkeit[1]	−0,2006	0,0982	***	0,0908	−0,0922	**
Subj. Umweltgüte[1]	−0,1403	0,661	**	−0,2209	0,2470	***
Subjektive Norm	3,2623	3,1193		3,2838	3,1031	
Wahrg. Verhaltenskontrolle	3,4559	3,9537	***	3,9241	3,6072	**
Antrieb	3,2853	3,8333	***	3,6144	3,6100	
Zutrauen	3,7727	4,8128	***	4,6797	4,1678	**
Handlungswissen	3,5474	1,45817		3,8465	3,3037	***

[1]Werte sind z-standardisiert, * $p <= 0,01$; ** $p <= 0,001$ (nach Mann-Whitney U-Test)

5.3.3 Fazit der Teilanalyse

In der theoretischen Entwicklung des MOVE-Modells wurde die *wahrgenommene Verhaltenskontrolle* als bedeutender Prädiktor für die Vorhersage von Coping-Intentionen theoretisch herausgearbeitet. Die empirischen Analysen innerhalb der Theorie des geplanten Verhaltens bestätigen diese These. Betrachtet man die Ebene der Subskalen, so wird deutlich, dass für die Vorhersage der Coping-Intention der stärkste Einfluss bei der Subskala *Handlungswissen* liegt. Für die Vorhersage der Coping-Handlung liegt er bei der Subskala *Zutrauen*.

Auf der Ebene der Subskalen geht der zweitstärkste Einfluss auf die gesamte Coping-Intention von der Subskala *subjektiv wahrgenommene Umweltgüte* aus (siehe Abbildung 36). Hiermit wird die Entscheidung, diese Skala als Teil der *Einstellung* zu verstehen, aus der statistischen Analyse heraus gestärkt.

Bei der Analyse auf der Ebene der Subskalen trug die Subskala *Antrieb* weder zur Vorhersage der Coping-Intention noch zur Vorhersage der Coping-Handlung bei. Dies legt nahe, die Items, die zu dieser Subskala subsummiert wurden, in einer erneuten Befragung aus forschungsökonomischen Gründen nicht wieder aufzunehmen.

Bezogen auf umweltbezogene Gerechtigkeit lassen die Ergebnisse vor allem für Befragte mit Migrationshintergrund auf eine Benachteiligung im Vergleich zu Menschen ohne Migrationshintergrund schließen. Durchweg berichten sie eine geringere Einstellung und vor allem eine schwächere wahrgenommene Verhaltenskontrolle, was vor allem in einem deutlich ausgeprägten und stark signifikanten Unterschied hinsichtlich des Zutrauens festzumachen ist. In den Analysen konnte kein signifikanter Unterschied hinsichtlich des Wissens zwischen Menschen mit und ohne Migrationshintergrund ausgemacht werden.

Die wahrgenommene Verhaltenskontrolle ist im MOVE-Modell der eine Teil der Schnittstelle, um die Theorie des geplanten Verhaltens und die Ressourcenerhaltungstheorie miteinander zu verbinden. Da die lineare Regression die Bedeutung der wahrgenommenen Verhaltenskontrolle statistisch bestätigt hat, ist es von großem Interesse, welche Ressourcen wiederum die wahrgenommene Verhaltenskontrolle vorhersagen, was im folgenden Kapitel 5.4 analysiert wird.

5.4 Ressourcen und deren Relevanz im MOVE-Modell

Im MOVE-Modell werden die Theorie des geplanten Verhaltens und die Ressourcenerhaltungstheorie miteinander verknüpft. Die Verknüpfung basiert insbesondere auf der These, dass die wahrgenommene Verhaltenskontrolle durch Ressourcen vorhergesagt werden kann. Ajzen (2006) hat mit der „*actual behavioral control*" bereits eine faktische Verhaltenskontrolle mit in die Theorie des geplanten Verhaltens aufgenommen. Diese faktische Verhaltenskontrolle sagt nach Ajzen auch die selbstberichtete Handlung vorher. Im MOVE-Modell wird die faktische Verhaltenskontrolle mithilfe von Ressourcen konkretisiert, die sich an Kategorien von Hobfolls Ressourcenerhaltungstheorie anlehnen. Es werden somit zwei bislang unverbundene psychologische Theorien zueinander in Beziehung gesetzt, um Handlungsmöglichkeiten für mehr umweltbezogene Verfahrensgerechtigkeit identifizieren zu können.

Die theoretische Annahme, dass die wahrgenommene Verhaltenskontrolle in der Theorie des geplanten Verhaltens den stärksten Einfluss auf die Vorhersage institutionellen Copings hat, konnte empirisch gestützt werden (siehe Kapitel 5.3). Nun gilt es, aus der Empirie Rückschlüsse zu den Prädiktoren der wahrgenommenen Verhaltenskontrolle zu ziehen. In Kapitel 5.3 wurden bereits *Zutrauen Handlungswissen* und *Antrieb* als Subskalen der wahrgenommenen Verhaltenskontrolle identifiziert (siehe Tabelle 30) sowie deren Einfluss auf die Varianz von Coping-Intention (siehe Abbildung 35) und Coping-Handlung (siehe Abbildung 36) untersucht. Ferner wird die von Ajzen angenommene Beziehung von faktischer Verhaltenskontrolle und Coping-Handlung untersucht.

In der Befragung wurden die in Kapitel 2.5.1.3 herausgearbeiteten Ressourcen erfasst (siehe Kapitel 4.2.2). Im Gegensatz zum Pre-Test wurden in der Haupterhebung soziale Netzwerke und die Teamwirksamkeitsskala erhoben. Beide wurden spezifisch für die Fragestellung umweltbezogener Verfahrensgerechtigkeit entwickelt (siehe Tabelle 35). Die drei Items zur Teamwirksamkeit wurden mit einer 6er-Likert-Skala erhoben (von 1: *stimme gar nicht zu* bis 6: *stimme voll und ganz zu*. Die vier Items zu sozialen Netzwerken konnten mit Ja und Nein beantwortet werden. Einen Überblick über die Ausprägung der Einzelitems und die Reliabilität beider Skalen gibt Tabelle 35.

Tabelle 35: Skalen Teamwirksamkeit und soziales Netzwerk

Skala (mit Einzelitems)	M (SD)
Teamwirksamkeit (TWS) (α ,589)	3,91 (1,26)
• Wenn ich mit meinen Freunden und meiner Familie zusammenarbeite, kann ich viele Probleme, die ich mit meiner Wohnung oder meinem Wohnumfeld habe, lösen.	4,25 (1,66)
• Es gibt nur wenig, was ich tun kann, um mein Wohnumfeld zu verändern, da können mir auch meine Freunde und meine Familie nicht helfen. (RECODE)	3,58 (1,73)
• Was in der Zukunft mit meiner Wohnsituation passiert, hängt größtenteils von meiner Fähigkeit ab, gut mit anderen zusammenzuarbeiten.	3,89 (1,72)
	% ja
Soziales Netzwerk (α ,674)	1,46 (,35)
• Kennen Sie jemanden persönlich, der in einer politischen Partei aktiv ist?	49,7%
• Kennen Sie jemanden persönlich, der sich gut mit dem deutschen Rechts- und Verwaltungssystem auskennt?	57,4%
• Kennen Sie jemanden persönlich, der bei der Stadtverwaltung arbeitet?	44,8%
• Kennen Sie jemanden persönlich, der gute Kontakte zu den Medien (Zeitung, Radio, Fernsehen) hat?	32,9%

5.4.1 Methodisches Vorgehen

Zunächst werden bi-variate Zusammenhänge zwischen den einzelnen identifizierten Prädiktoren, die die faktische Verhaltenskontrolle repräsentieren, und der wahrgenommenen Verhaltenskontrolle als zu erklärender Variable sowie deren Subskalen (siehe Kapitel 5.3) errechnet.

Die Variable *Bildungsstand* wurde dummy-codiert, der hohe Bildungsabschluss ist hier die Referenzgröße. Die berufliche Tätigkeit wurde zu einer ordinalen Variable transformiert, indem drei auf das Einkommen bezogene Gruppen gebildet wurden (kein bzw. minimales Einkommen: Kleinkind, Schüler, Hausfrau/geringes Einkommen: Wehr-, Zivildienst, Azubi, Studi, Rentner, arbeitslos/hohes Einkommen: Angestellter, Beamter, Arbeiter, selbstständig).

In einem zweiten Schritt wird mit einer schrittweisen Regression untersucht, ob die theoretisch identifizierten Variablen in der Summe die Varianz in der wahrgenommenen Verhaltenskontrolle erklären können. In einem nächsten Schritt wird bei ausreichender Modellgüte im Sinne der Modelloptimierung entschieden, welche Variablen einen erklärenden Wert haben und in das Modell eingehen. Anders als bei der mehrfach empirisch getesteten Theorie des geplanten Verhaltens handelt es sich bei der hier zu analysierenden Verbindung von Ressourcen und wahrgenommener Verhaltenskontrolle sowie Coping-Handlung um einen empirisch bislang noch nicht gesicherten Zusammenhang. Die Relevanz der einzelnen Prädiktoren ist bislang also rein theoretisch und mit einer Zahl von zwölf Variablen recht umfangreich gewählt. Im Sinn einer Modelloptimierung ist eine möglichst geringe Zahl an Variablen bei einer möglichst hohen Modellgüte zu verfolgen. Die Variablen, die sich in der schrittweisen Regression als erklärend herausstellen, werden in das Modell zur Vorhersage übernommen, sofern sie in der Summe ein ausreichend aussagekräftiges Modell ergeben. Sowohl die bi-variaten Zusammenhangmaße als auch die Regressionen werden sowohl für die wahrgenommene Verhaltenskontrolle insgesamt als auch für die drei Subskalen (*Antrieb*, *Zutrauen* und *Handlungswissen*, siehe Tabelle 30) sowie die Skala *Coping-Handlung* gerechnet.

Um aus Perspektive umweltbezogener Gerechtigkeit mögliche Unterschiede bei der Ausprägung von Ressourcen zwischen Menschen mit und ohne Migrationshintergrund zu prüfen, werden die diesbezüglichen Ausprägungen ausgewählter Ressourcen graphisch veranschaulicht. Für alle Ressourcen, die mit metrischen oder ordinalen Variablen abgebildet werden, werden die Mittelwerte für die relevanten Subgruppen verglichen, mögliche Unterschiede basierend auf dem Mann-Whitney U-Test auf Signifikanz geprüft und die Effektstärke berechnet. Bei dichotomen Variablen werden für die jeweilige Gruppe Prozentwerte angegeben, die Signifikanz des Unterschieds aus dem *Chi-Quadrat* abgeleitet und die Effektstärke mittels Phi ermittelt. Für das aus Perspektive umweltbezogener Gerechtigkeit ebenfalls relevante Differenzmerkmal der *Belastungssituation im Wohnumfeld* werden dieselben Methoden angewendet.

5.4.2 Beschreibung der Ergebnisse

Tabelle 36 gibt einen Überblick über die Ausprägung der Variablen, die bei listenweisem Fallausschluss in die Analyse zur Vorhersage der wahrgenommenen Verhaltenskontrolle insgesamt eingegangen sind. Alle Ausprägungen der Variablen, die theoretisch relevant sind, sind grau dargestellt. Diejenigen Variablen, die in das statistische Modell (Abbildung 40) eingegangen sind, sind schwarz dargestellt. Die Variablen werden als Ressourcen, sortiert nach der Ressourcenerhaltungstheorie, entsprechend dem MOVE-Modell aufgeführt.

Fälle von Menschen mit Migrationshintergrund sind mit rund 25% in diesen Analysen im Vergleich zur Stichprobe, in der 36,8% der Befragten einen Migrationshintergrund haben, schwächer vertreten.

Tabelle 37 zeigt bi-variate Zusammenhänge zwischen den Prädiktoren (Ressourcen) und den abhängigen Variablen. Jede der theoretisch identifizierten Ressource hat zumindest mit einer der abhängigen Variablen einen signifikanten Zusammenhang. Es gibt Variablen, die sowohl mit der Gesamtskala, aber auch mit mehreren Subskalen mittelstark korrelieren (*Deutschkenntnisse, Teamwirksamkeit, soziale Netzwerke* und *Einkommen*). Andere Variablen wie *mit einem Partner zusammenzuleben*, das *Alter* oder der *selbstberichtete Gesundheitszustand* haben nur mit wenigen/einzelnen abhängigen Variablen einen signifikanten Zusammenhang. Die stärksten Zusammenhänge mit der wahrgenommenen Verhaltenskontrolle als Gesamtskala haben die Skalen *soziale Netzwerke, Haushaltseinkommen* und *Teamwirksamkeit*.

Tabelle 38 berichtet die Ergebnisse der schrittweisen Regression mit allen zwölf Ressourcen. Von diesen gehen insgesamt vier in das Regressionsmodell, weil sie einen statistisch signifikanten Einfluss auf die Vorhersage der wahrgenommenen Verhaltenskontrolle haben. Dies sind, wie schon aus den Ergebnissen der bi-variaten Analysen zu erwarten, die Variablen *soziale Netzwerke, Teamwirksamkeit* und *Haushaltseinkommen*. Ferner ist *zur Miete wohnen* als Prädiktor ins Modell aufgenommen worden. Insgesamt erklären diese vier Variablen die wahrgenommene Verhaltenskontrolle zu 30% (siehe Tabelle 38). Akaikes Informationskriterium (AIC), das die Modellgüte ins Verhältnis zur Anzahl der erklärenden Variablen setzt, hat bei Modell 4 den niedrigsten Wert. Werden mit der Methode ENTER alle zwölf Variablen ins Modell aufgenommen, so liegt das korrigierte R-Quadrat zwar bei einem Wert von ,326, es werden also 32% der Varianz erklärt, allerdings liegt das AIC mit −98,89 unter dem in Tabelle 38 in berichteten Wert von −101,9. Das Modell würde somit nicht der Anforderung gerecht, einen möglichst hohen Aussagegehalt bei einer möglichst geringen Anzahl an Variablen zu generieren.

Tabelle 36: Ausprägung der Variablen des Regressionsmodells zur Vorhersage der wahrgenommenen Verhaltenskontrolle

	Alle theoretisch relevanten Variablen, die in schrittweise Regression eingeflossen sind M (SD)/%	Variablen, die im Modell in Abbildung 40 enthalten sind. M (SD)/%
N	211	229
Objektressourcen		
zur Miete wohnend	69,2%	69,9%
Haushalt mit PKW	71,6%	
Bedingungsressourcen		
Mit Partner zusammenlebend	57,8%	
Haushaltsgröße	2,3 (1,4)	
Alter	54,7 (16,5)	
Bildungsstand		
Höherer Schulabschluss	37,4%	
Mittlere Reife	16,6%	
Volks-/Hauptschule	46%	
Gesundheitszustand	3 (0,9)	
Berufliche Tätigkeit	2,4 (0,6)	
Soziale Netzwerke	1,47 (0,4)	1,47 (0,35)
Deutschkenntnisse		
Verstehen	4,7 (0,8)	
Sprechen	4,7 (0,7)	
Schreiben	4,5 (0,8)	
Persönliche Ressourcen		
Teamwirksamkeit	3,8 (1,3)	3,86 (1,26)
Energieressourcen		
Haushaltseinkommen pro Kopf	1.114 (662)	1.105 (649)
Wahrgenommene Verhaltenskontrolle	3,9 (0,9)	3,89 (0,92)
Antrieb	3,85 (1,3)	
Zutrauen	4,58 (1,4)	
Handlungswissen	3,67 (1,4)	
Geschlecht, männlich	52,9%	51,1%
mit Migrationshintergrund	25,4%	26,6%

Tabelle 37: Bi-variate Zusammenhänge (Rangkorrelation nach Spearman) der Prädiktoren und der wahrgenommenen Verhaltenskontrolle sowie deren Subskalen

	Wahrgenommene Verhaltenskontrolle	Antrieb	Zutrauen	Handlungswissen
Objektressourcen				
zur Miete wohnend	−,227**	−,198**		−,150*
Haushalt mit PKW	,166**			,223**
Bedingungsressourcen				
Mit Partner zusammenlebend			−,140*	
Haushaltsgröße		−,123*	−,220**	
Alter		,203**		
Bildungsstand				
Höherer Schulabschluss	,264**		,182**	,313**
Mittlere Reife				
Volks-/Hauptschule	−,253**		−,208**	−,298**
Gesundheitszustand	,120*			,122*
Berufliche Tätigkeit	,103*		,132*	,175**
Soziale Netzwerke	,401**		,380**	,386**
Deutschkenntnisse				
Verstehen	,272**	,178**	,315**	,117*
Sprechen	,240**	,197**	,292**	
Schreiben	,269**	,200**	,267**	,148*
Persönliche Ressourcen				
Teamwirksamkeit	,311**	,152**	,292**	,261**
Energieressourcen				
Haushaltseinkommen pro Kopf	,378**		,408**	,207**

** Die Korrelation ist auf dem 0,01-Niveau signifikant.
* Die Korrelation ist auf dem 0,05-Niveau signifikant.

Tabelle 38: Zunahme der Modellgüte im Regressionsmodell zur Erklärung der wahrgenommenen Verhaltenskontrolle

				Modellzusammenfassung[e]		
					Auswahlkriterien	
Modell	R	R-Quadrat	Korrigiertes R-Quadrat	Standardfehler des Schätzers	AIC	Durbin-Watson-Statistik
1	,409[a]	,167	,163	,84986	–66,664	
2	,479[b]	,229	,222	,81955	–80,999	
3	,537[c]	,288	,278	,78944	–95,812	
4	,561[d]	,315	,302	,77635	–101,893	1,897

a. Einflussvariablen: (Konstante), soziales_Netzwerk
b. Einflussvariablen: (Konstante), soziales_Netzwerk, Teamwirksamkeit
c. Einflussvariablen: (Konstante), soziales_Netzwerk, Teamwirksamkeit, Haushaltseinkommen pro Kopf in tsd. EUR
d. Einflussvariablen: (Konstante), soziales_Netzwerk, Teamwirksamkeit, Haushaltseinkommen pro Kopf in tsd. EUR, Wohnen Sie zur Miete oder in Ihrem Eigentum?
e. Abhängige Variable: Wahrgenommene Verhaltenskontrolle gesamt

Ausgehend von der in Tabelle 38 berichteten Modellzusammenfassung wird im Folgenden mit den in Modell 4 eingegangenen Variablen eine Regression mit der Methode ENTER gerechnet. Diese Fokussierung auf signifikante Variablen erhöht insgesamt die Fallzahl (von 211 auf 229, siehe Tabelle 36). Im Folgenden werden die Ergebnisse der linearen Regression mit diesen 4 Variablen berichtet.

Tabelle 39: Modellgüte des Modells zur Vorhersage der wahrgenommenen Verhaltenskontrolle

			Modellzusammenfassung[b]		
Modell	R	R-Quadrat	Korrigiertes R-Quadrat	Standardfehler des Schätzers	Durbin-Watson-Statistik
1	,571[a]	,326	,314	,76525	1,899

a. Einflussvariablen: (Konstante), Wohnen Sie zur Miete oder in Ihrem Eigentum? Teamwirksamkeit, Haushaltseinkommen pro Kopf in tsd. EUR, soziales_Netzwerk
b. Abhängige Variable: wahrgenommene Verhaltenskontrolle gesamt

Die Varianz in der wahrgenommenen Verhaltenskontrolle erklärt dieses Regressionsmodell mit den vier Prädiktoren zu 31% (siehe Tabelle 39). Die ANOVA zeigt ein hoch signifikantes Ergebnis $F(4, 228) = 27,097; p > ,000$. Somit hat das Modell Gültigkeit über die Stichprobe hinaus für die Grundgesamtheit. Heteroskedastizität der Residuen liegt nicht vor. Der Konditionsindex der

Kollinearitätsdiagnose liegt bei 13,65 und ist somit deutlich unter dem kritischen Wert von 30.

Abbildung 40 zeigt die standardisierten Beta-Koeffizienten der vier signifikanten Prädiktoren. Den stärksten Einfluss hat der Prädiktor *soziale Netzwerke*, gefolgt von *Teamwirksamkeit*, *Haushaltseinkommen* und *zur Miete wohnend*. Letzteres hat einen negativen Einfluss auf die *wahrgenommene Verhaltenskontrolle*, was bedeutet, dass Eigentümer eine stärkere wahrgenommene Verhaltenskontrolle haben als Mieterinnen und Mieter. Der Einfluss wurde kontrolliert für die Variablen *Migrationshintergrund* und *subjektiv empfundene Lärmbelästigung*. Diese Variablen beeinflussen das Ergebnis nicht.

Die Vorhersage der Subskala *Zutrauen* entspricht im Wesentlichen denen der gesamten wahrgenommenen Verhaltenskontrolle. Die ANOVA zeigt ein hoch signifikantes Ergebnis $F(3, 223) = 31,78; p < ,000$. Die Modellgüte mit einem korrigierten R-Quadrat von ,293 zeigt, dass die drei Prädiktoren fast 30% der Varianz dieser Subskala erklären. In das Modell sind die Variablen *soziales Netzwerk* ($\beta = ,341; p < ,000$), *Haushaltseinkommen* ($\beta = ,270; p < ,000$) und *Teamwirksamkeit* ($\beta = ,210; p < ,000$) eingeflossen. Die vergleichsweise starken bi-variaten Zusammenhänge mit den Prädiktoren *Deutschkenntnisse beim Verstehen* und *Sprechen* (siehe Tabelle 37) sind wie weitere Prädiktoren mit signifikantem bi-variaten Zusammenhang in der Regression nicht zum Tragen gekommen.

Die Vorhersage der Subskala *Antrieb* ist mit den Ressourcen nur schlecht möglich. Zwar zeigt die ANOVA ein hoch signifikantes Ergebnis der Regression $F(2, 222) = 18,29; p < ,000$. Die Modellgüte ist mit einem korrigierten R-Quadrat von ,135 jedoch sehr schwach. In das Modell sind die Variablen *Alter* ($\beta = ,321; p < ,000$) und *selbstberichteter Gesundheitszustand* ($\beta = ,297; p < ,000$) eingeflossen. Demnach nimmt der Antrieb als Subskala der wahrgenommenen Verhaltenskontrolle mit dem Alter und dem Gesundheitszustand zu. Das Alter weist einen entsprechenden bi-variaten Zusammenhang auf, der Gesundheitszustand wird erst in Kombination mit dem Alter signifikant.

Abbildung 40: Regressionsmodell zur Vorhersage der wahrgenommenen Verhaltenskontrolle mit Ressourcen

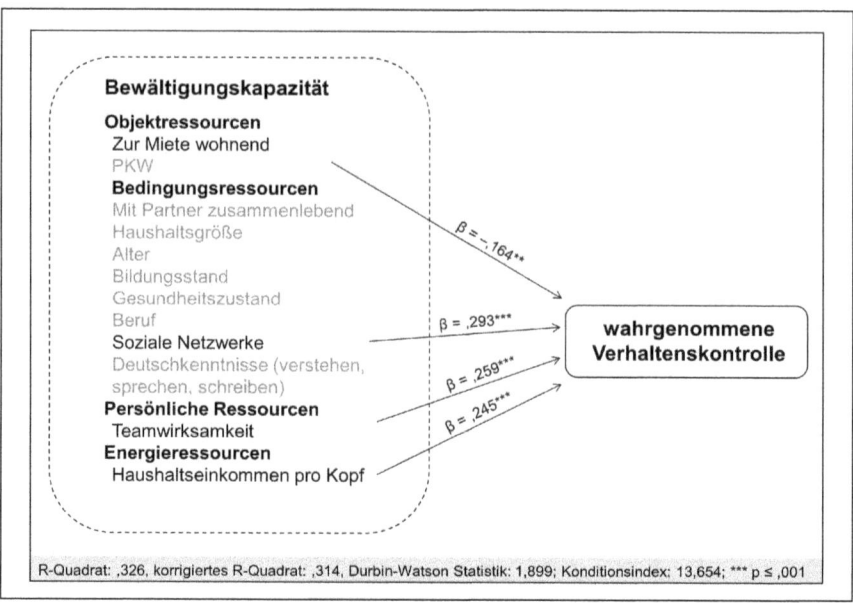

Die Varianz der Subskala *Handlungswissen* kann mit den Prädiktoren zu 21% vorhergesagt werden. Abbildung 41 zeigt die Ergebnisse der linearen Regression mit den Variablen, die sich in einer ersten schrittweisen Regression als geeignet für die Modellbildung herausgestellt haben. Erneut sind soziale Netzwerke und Teamwirksamkeit relevant. Bezogen auf die Subskala *Handlungswissen* zeigt sich ferner, dass Menschen mit einem Volks- oder Hauptschulabschluss im Vergleich zu denjenigen mit einem hohen Abschluss weniger Handlungswissen haben. Dasselbe gilt für Menschen mit einem Realschulabschluss bzw. mittlerer Reife, jedoch nicht in dem Ausmaß wie für Menschen mit Haupt- oder Volksschulabschluss. In Abbildung 41 wird die Modellgüte berichtet.

Abbildung 41: Regressionsmodell zur Vorhersage der Subskala Handlungswissen, als Teil der wahrgenommenen Verhaltenskontrolle

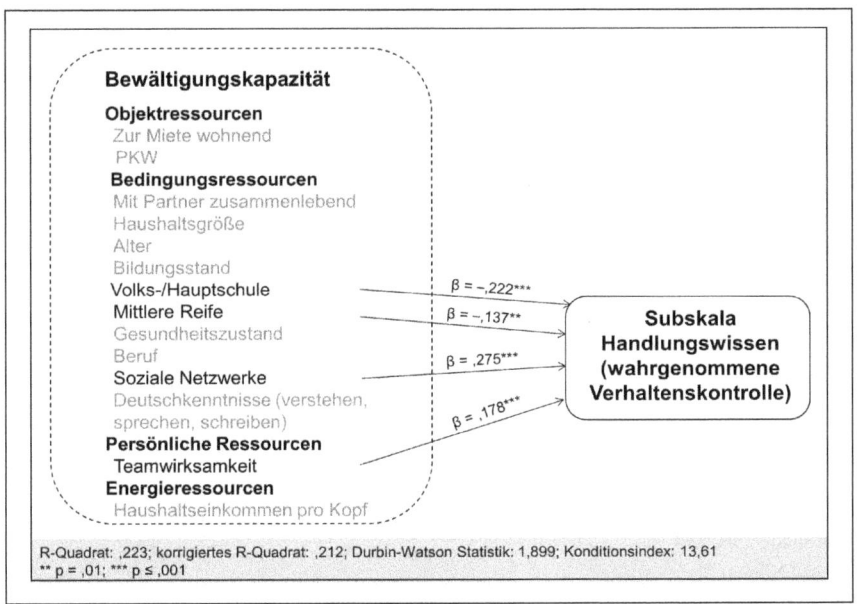

Tabelle 40 berichtet die bi-variaten Zusammenhänge zwischen der Skala für Coping-Handlungen und den Ressourcen, die in Anlehnung an die Ressourcenerhaltungstheorie ermittelt wurden. Zwar gibt es in jeder Ressourcenkategorie mindestens eine Ressource, die einen signifikanten Zusammenhang zur Coping-Handlung hat, allerdings sind die Zusammenhänge durchweg schwächer als mit der wahrgenommenen Verhaltenskontrolle (siehe Tabelle 37) und zum Teil auch nur schwach signifikant. Den stärksten Zusammenhang gibt es zwischen den sozialen Netzwerken und der Coping-Handlung.

Die Vorhersage der Coping-Handlung mit den Prädiktoren *Coping-Intention*, den Subskalen der *wahrgenommenen Verhaltenskontrolle* sowie den Ressourcen erklärt 31% der Varianz der Coping-Handlung (siehe Abbildung 42). Die ANOVA zeigt ein hoch signifikantes Ergebnis $F (5, 270) = 25{,}337; p < {,}000$. Die Modellgüte mit einem korrigierten R-Quadrat von ,311 zeigt, dass die fünf Prädiktoren gut 30% der Varianz der Coping-Handlungen erklären. Abbildung 42 zeigt, dass die Intention den größten Anteil an der Varianzaufklärung hat. Von den Subskalen der wahrgenommenen Verhaltenskontrolle trägt ausschließlich das *Zutrauen* signifikant zum Modell bei. Aus Sicht verfügbarer Ressourcen erhöhen gute soziale Netzwerke, ein höheres Alter und Eigentum die Coping-Handlung.

Tabelle 40: Bi-variate Zusammenhänge (Rangkorrelation nach Spearman) der Prädiktoren und der Skala für Coping-Handlungen

	Coping-Handlung
Objektressourcen	
Zur Miete wohnend	–,181*
Haushalt mit PKW	
Bedingungsressourcen	
Mit Partner zusammenlebend	
Haushaltsgröße	
Alter	
Bildungsstand	
Höherer Schulabschluss	,155**
Mittlere Reife	
Volks-/Hauptschule	–,173**
Gesundheitszustand	
Berufliche Tätigkeit	,133*
Soziale Netzwerke	,332**
Deutschkenntnisse	
Verstehen	,176**
Sprechen	,134*
Schreiben	,117*
Persönliche Ressourcen	
Teamwirksamkeit	,171**
Energieressourcen	
Haushaltseinkommen pro Kopf	,188**

** Die Korrelation ist auf dem 0,01 Niveau signifikant.
* Die Korrelation ist auf dem 0,05 Niveau signifikant.

Abbildung 42: Regressionsmodell zur Vorhersage der Skala Coping-Handlung

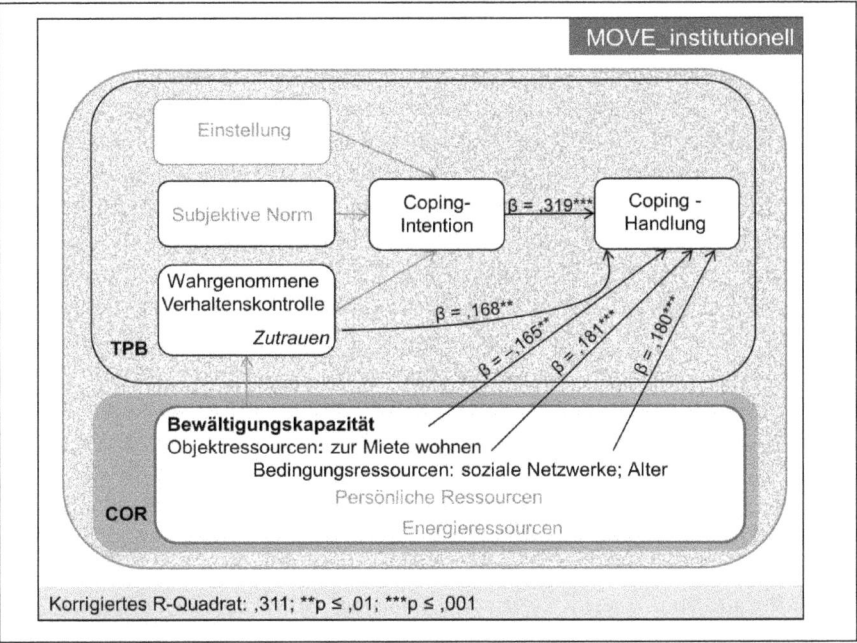

Tabelle 41: Modellgüte des Modells zur Vorhersage der Skala Coping-Handlung

			Modellübersicht[f]		
Modell	R	R-Quadrat	Angepasstes R-Quadrat	Standardfehler der Schätzung	Durbin-Watson
1	,423[a]	,179	,176	1,221	
2	,492[b]	,242	,236	1,175	
3	,522[c]	,272	,264	1,153	
4	,544[d]	,296	,286	1,136	
5	,569[e]	,323	,311	1,116	1,985

a. Prädiktoren: (Konstante), Summenscore der Coping-Intention
b. Prädiktoren: (Konstante), Summenscore der Coping-Intention, wahrgenommene Verhaltenskontrolle Zutrauen
c. Prädiktoren: (Konstante), Summenscore der Coping-Intention, wahrgenommene Verhaltenskontrolle Zutrauen, Wohnen Sie zur Miete oder in Ihrem Eigentum?
d. Prädiktoren: (Konstante), Summenscore der Coping-Intention, wahrgenommene Verhaltenskontrolle Zutrauen, Wohnen Sie zur Miete oder in Ihrem Eigentum?, Alter
e. Prädiktoren: (Konstante), Summenscore der Coping-Intention, wahrgenommene Verhaltenskontrolle Zutrauen, Wohnen Sie zur Miete oder in Ihrem Eigentum?, Alter, soziales_Netzwerk
f. Abhängige Variable: Summenscore der Coping-Handlung

Die für die Vorhersage der wahrgenommenen Verhaltenskontrolle relevanten Ressourcen sind durchweg bei Befragten in hoch belasteten Gebieten signifikant schlechter ausgeprägt als bei Befragten in gering belasteten Gebieten (siehe Tabelle 44). So leben Menschen in hoch belasteten Gebieten häufiger zur Miete, geben an, weniger sozial vernetzt zu sein, suchen seltener im Team nach Lösungen für Probleme und verfügen über ein geringeres Haushaltseinkommen pro Kopf. Dieser Unterschied lässt sich für das Differenzmerkmal *Migrationshintergrund* nur für die Ressource *Einkommen* festmachen (siehe Tabelle 42). Bei diesem Differenzmerkmal ist der Unterschied deutlicher ausgeprägt als zwischen Befragten in gering und hoch belasteten Gebieten. Befragte mit Migrationshintergrund berichten im Durchschnitt 820 € Netto-Haushaltseinkommen pro Kopf monatlich, während es bei Befragten ohne Migrationshintergrund 1.232 € sind. Abbildung 43 zeigt die Unterschiede im Haushaltseinkommen gruppiert nach Migrationshintergrund. Bezogen auf alle Befragten verfügen rund 7% über ein Haushaltseinkommen von weniger als 400 € pro Person im Monat (siehe Tabelle 43).

Bezogen auf die weiteren erhobenen Ressourcen lassen sich die folgenden Ergebnisse beschreiben. 39,3% der Befragten mit Migrationshintergrund haben einen höheren Bildungsabschluss, was annähernd dem Anteil der Befragten ohne Migrationshintergrund (39,1%) entspricht. Wird dieser Unterschied nur für Befragte, die in hoch belasteten Gebieten leben, betrachtet (siehe Tabelle 45), so haben die dort Befragten Menschen mit Migrationshintergrund einen wenige Prozentpunkte höheren Anteil an Personen mit einem höheren Schulabschluss als die Befragten ohne Migrationshintergrund. Dieser Unterschied ist jedoch nicht signifikant.

Hinsichtlich der Deutschkenntnisse gibt es einen signifikanten Unterschied zwischen Befragten mit und ohne Migrationshintergrund. Die Befragten mit Migrationshintergrund gaben signifikant schlechtere Deutschkenntnisse beim Verstehen, Sprechen und Schreiben an (siehe Tabelle 42). 74,8% der Befragten mit Migrationshintergrund leben mit einem Partner oder einer Partnerin zusammen, während es von den Befragten ohne Migrationshintergrund nur 54,2% sind. Dieser Unterschied ist ebenso wie die Haushaltsgröße, die mit durchschnittlich 3,5 Personen in den Haushalten mit Migrationshintergrund um 1,5 Personen über der bei den Haushalten ohne Migrationshintergrund liegt, hoch signifikant. Diese Unterschiede sind zwischen hoch und gering belasteten Gebieten nicht signifikant.

Insgesamt leben 73,6% der Befragten in einem Haushalt, der zumindest über einen PKW verfügt. In den hoch belasteten Gebieten sind dies geringfügig weniger. Der Unterschied ist jedoch nicht signifikant. Die Befragten mit Migrationshintergrund unterscheiden sich auf einem signifikanten, aber schwachen Niveau von den Befragten ohne Migrationshintergrund dahingehend, dass sie häufiger über ein Auto verfügen.

Tabelle 42: Unterschiedliche Ausprägung der jeweiligen Ressourcen bei Befragten mit bzw. ohne Migrationshintergrund

	mit Migrationshintergrund	ohne Migrationshintergrund	p*	Effektstärke*
Objektressourcen				
Zur Miete wohnend***	70,3%	69,3%		
Haushalt mit PKW	82,7%	68,3%	,006	−,158
Bedingungsressourcen				
Mit Partner zusammenlebend	74,8%	54,2%	,000	−,204
Haushaltsgröße	3,46	1,98	,000	−,465
Alter	47,50	58,16	,000	−,296
Schulabschluss				
Höherer	39,3%	39,1%		
Mittlere Reife	17,9%	15,6%		
Volks-/Hauptschule (inkl. ohne Abschluss)	42,9%	45,3%		
Gesundheitszustand	3,11	2,93		
Berufliche Tätigkeit	2,26	2,35		
Soziale Netzwerke***	1,417	1,48		
Deutschkenntnisse				
Verstehen	3,89	4,83	,000	−,5
Sprechen	3,90	4,85	,000	−,507
Schreiben	3,82	4,72	,000	−,449
Persönliche Ressourcen				
Teamwirksamkeit***	3,859	3,903		
Energieressourcen				
Haushaltseinkommen pro Kopf***	820	1232	,000	−,329

Mittelwerte bei metrischen und prozentuale Angaben bei dichotomen Variablen
Werte sind auf die zweite Stelle nach dem Komma gerundet.
* Es werden bei p und der Effektstärke nur signifikante Werte berichtet.
*** Ressourcen, die die wahrgenommene Verhaltenskontrolle vorhersagen (siehe Abbildung 40)

Abbildung 43: Ausprägung des Haushaltseinkommens bei Befragten mit und ohne Migrationshintergrund

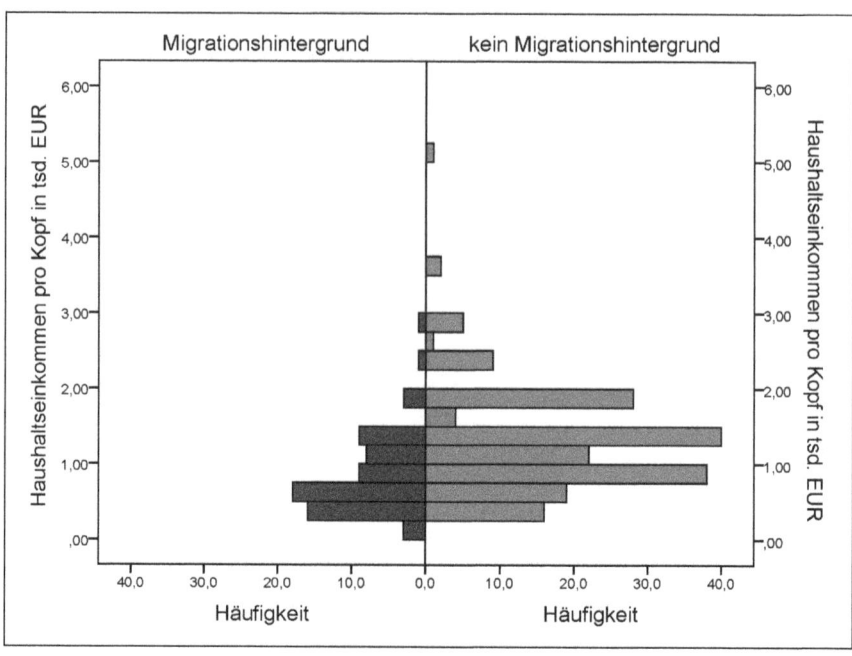

Tabelle 43: Monatliches Haushaltseinkommen pro Kopf in EUR, kategorisiert

		Häufigkeit	Prozent	Gültige Prozent
	unter 200	3	1,0	1,2
	201 bis 400	18	5,8	7,1
	401 bis 600	27	8,7	10,6
	601 bis 800	52	16,7	20,4
Gültig	801 bis 1000	22	7,1	8,6
	1001 bis 1500	82	26,3	32,2
	1501 bis 2000	31	9,9	12,2
	über 2001	20	6,4	7,8
	Gesamtsumme	255	81,7	100,0
Fehlend	System	57	18,3	
Gesamtsumme		312	100,0	

Tabelle 44: Unterschiedliche Ausprägung der jeweiligen Ressourcen nach Gebietstypen

	gering belastetes Gebiet	hoch belastetes Gebiet	p*	Effektstärke*
Objektressourcen				
Zur Miete wohnend	60,3%	79,6%	,000	,210
Haushalt mit PKW	76,6%	70,7%		
Bedingungsressourcen				
Mit Partner zusammenlebend	63,5%	61,5%		
Haushaltsgröße	2,58	2,50		
Alter	54,65	54,91		
Schulabschluss				
Höherer	43,6%	32,4%	,045	,115
Mittlere Reife	17,9%	14,9%		
Volks-/Hauptschule (inkl. ohne Abschluss)	38,5%	52,7%	,013	,143
Gesundheitszustand	3,10	2,85	,079	–,114
Berufliche Tätigkeit	2,37	2,24		
Soziale Netzwerke	1,533	1,374	,000	–,23
Deutschkenntnisse				
Verstehen	4,51	4,47		
Sprechen	4,53	4,48		
Schreiben	4,41	4,38		
Persönliche Ressourcen				
Teamwirksamkeit	4,043	3,748	,021	–,135
Energieressourcen				
Haushaltseinkommen pro Kopf	1.1860	1.0531	,099	–,104

Mittelwerte (Standardabweichung) bei metrischen und prozentuale Angaben bei dichotomen Variablen
Werte sind auf die zweite Stelle nach dem Komma gerundet.
* Es werden bei p und der Effektstärke nur signifikante Werte berichtet.
*** Ressourcen, die die wahrgenommene Verhaltenskontrolle vorhersagen (s. Abbildung 40)

Tabelle 45: Unterschiedliche Ausprägung der jeweiligen Ressourcen bei Befragten mit bzw. ohne Migrationshintergrund in hoch belasteten Gebieten

	mit Migrationshintergrund	ohne Migrationshintergrund	p*	Effektstärke*
Objektressourcen				
Zur Miete wohnend***	73,5%	83,3%		
Haushalt mit PKW	85,5%	61,8%	,002	−,253
Bedingungsressourcen				
Mit Partner zusammenlebend	70,9%	53,9%	,043	−,169
Haushaltsgröße	3,53	1,84	,000	,539
Alter	45,61	59,73	,000	,372
Schulabschluss				
Höherer	34,5%	31,1%		
Mittlere Reife	18,2%	13,3%		
Volks-/Hauptschule (inkl. ohne Abschluss)	47,3%	55,6%		
Gesundheitszustand	3,08	2,71	,036	−,38
Berufliche Tätigkeit	2,26	2,24		
Soziale Netzwerke***	1,34	1,39		
Deutschkenntnisse				
Verstehen	3,92	4,79	,000	−,383
Sprechen	3,92	4,81	,000	−,4
Schreiben	3,87	4,69	,000	−,345
Persönliche Ressourcen				
Teamwirksamkeit***	3,66	3,78		
Energieressourcen				
Haushaltseinkommen pro Kopf***	818,50	1.151,60	,001	−,306

Mittelwerte (Standardabweichung) bei metrischen und prozentuale Angaben bei dichotomen Variablen
Werte sind auf die zweite Stelle nach dem Komma gerundet.
* Es werden bei *p* und der Effektstärke nur signifikante Werte berichtet.
*** Ressourcen, die die wahrgenommene Verhaltenskontrolle vorhersagen (siehe Abbildung 40)

5.4.3 Fazit der Teilanalyse

Die Analysen zeigen, dass die theoretisch abgeleiteten Variablen 30% Varianz in der wahrgenommenen Verhaltenskontrolle erklären können. Die Annahme, dass die wahrgenommene Verhaltenskontrolle durch Ressourcen vorhergesagt werden kann, ist somit empirisch gestützt. Für alle Ressourcenbereiche nach Hobfoll konnten Ressourcen identifiziert werden, die erklärenden Charakter haben. Die erst in Anlehnung an Hobfoll entwickelten Skalen *Teamwirksamkeit* und *soziale Netzwerke* tragen deutlich zur Erklärung der wahrgenommenen Verhaltenskontrolle bei. Hierdurch wird das Verständnis von Vulnerabilität nicht allein auf Faktoren wie Einkommen, das wie auch hier bestätigt durchaus einen signifikanten und bedeutenden Einfluss hat, beschränkt.

Die Analyse von Unterschieden nach den Differenzmerkmalen Umweltgüte und Migrationshintergrund zeigt eine signifikant schlechtere Ressourcenverfügbarkeit für Befragte in hoch belasteten Gebieten. Menschen mit Migrationshintergrund sind lediglich hinsichtlich des Einkommens signifikant benachteiligt. Hinsichtlich der Voraussetzungen für die wahrgenommene Verhaltenskontrolle sind Menschen mit Migrationshintergrund also nur in der Ressource *Einkommen* benachteiligt. Sie verfügen demnach über soziale Netzwerke, suchen teamwirksam Problemlösungen und unterscheiden sich auch hinsichtlich ihres Eigentumsstatus nicht signifikant von Befragten ohne Migrationshintergrund. Inwieweit die Aussagen dadurch eingeschränkt sind, dass der Anteil von Haushalten mit Migrationshintergrund bei dieser Regression aufgrund der fehlenden Werte beim Einkommen weniger repräsentiert ist als in der Gesamtstichprobe, kann nicht abschließend bewertet werden. Über die Imputation fehlender Einkommenswerte konnte die Fallzahl für diese Regression erhöht werden (siehe Kapitel 4.5.3.3).

Das Haushaltseinkommen ist für die Vorhersage der Subskala *Handlungswissen* nicht relevant. Und die Subskala Handlungswissen hat ihrerseits den größten Einfluss auf die Coping-Intention (siehe Abbildung 36). Ob die Einkommenssituation eines Haushaltes somit einen geringen Einfluss auf die Coping-Intention hat, könnte bei umfangreicheren Daten in einer Pfadanalyse untersucht werden. Die Analysen auf der Ebene der Subskalen zeigen insgesamt, dass auch Ressourcen, die in der Analyse auf der Ebene der Gesamtskalen nicht relevant wurden, relevant sein können, um Teilaspekte der wahrgenommenen Verhaltenskontrolle zu verstehen. Hierzu zählt bezogen auf das Handlungswissen als Teil der wahrgenommenen Verhaltenskontrolle die *Bildung*. Bezüglich der Bildung zeichnen sich Befragte in hoch belasteten Gebieten durch einen signifikant niedrigeren Schulabschluss aus als Befragte in gering belasteten Gebieten. Ein diesbezüglicher signifikanter Unterschied zwischen Befragten mit und ohne Migrationshintergrund konnte statistisch nicht erfasst werden.

Die Subskala *Antrieb* konnte mit den Variablen kaum erklärt werden. Da diese bereits in der Analyse auf der Ebene von Subskalen innerhalb der Theorie des geplanten Verhaltens keinen erklärenden Wert hatte, wird die Schlussfolgerung gestärkt, diese Skala nicht wieder zu erheben.

Die Skala *Zutrauen* wird in der linearen Regression von denselben Prädiktoren vorhergesagt wie die gesamte wahrgenommene Verhaltenskontrolle. In den bi-variaten Analysen wurde ein Zusammenhang zwischen Deutschkenntnissen und dem Zutrauen erkannt. Es ist durchaus möglich, dass dieser Zusammenhang das in Kapitel 5.3 ermittelte geringere Zutrauen von Befragten mit Migrationshintergrund erklärt. Dieser Zusammenhang kann jedoch relativ schwach sein, sodass er bei der geringen Fallzahl im Modell nicht zum Tragen kam.

Die Coping-Handlung kann mithilfe von Ressourcen geringfügig besser vorhergesagt werden als ohne. Das in diesem Kapitel beschriebene Modell erklärt 31% der Varianz in der Intention während Intention und wahrgenommene Verhaltenskontrolle allein 23% der Varianz erklären. Die in Anlehnung an die Ressourcenerhaltungstheorie abgeleiteten Variablen liefern also nicht nur einen Beitrag zur Erklärung der wahrgenommenen Verhaltenskontrolle, sondern tragen auch zur Erklärung der Coping-Handlung bei. In allen Analysen, sowohl zur Vorhersage der wahrgenommenen Verhaltenskontrolle als auch der Coping-Handlung, haben soziale Netzwerke den stärksten erklärenden Einfluss unter den Ressourcen.

6 Diskussion der empirischen Ergebnisse

Ziel der empirischen Untersuchung ist es, aus der Perspektive umweltbezogener Gerechtigkeit Determinanten der Teilhabe von Haushalten an umweltpolitisch relevanten Entscheidungsprozessen, die sich auf das Wohnumfeld beziehen, zu ergründen. Das eigens für diese Fragestellung theoretisch entwickelte MOVE-Modell stellt den Rahmen der empirischen Untersuchung dar. Mit der empirischen Überprüfung des MOVE-Modells und drei zentraler Hypothesen sollen Rückschlüsse auf umweltbezogene Verfahrensgerechtigkeit gezogen werden. Dazu werden die in Kapitel 5 beschriebenen Detailanalysen nun im Zusammenhang diskutiert. Hierbei geht es in Kapitel 6.1 zunächst um das MOVE-Modell in seinen Zusammenhängen. Im Kapitel 6.2 werden empirische Ergebnisse zu Unterschieden innerhalb des Modells, die angesichts umweltbezogener Gerechtigkeit relevant sind, im Zusammenhang diskutiert. In einem weiteren Schritt werden in Kapitel 6.3 aus der Evidenz der Untersuchung Anforderungen für mehr umweltbezogene Gerechtigkeit abgeleitet. Die Struktur dieses Kapitels 6 lehnt sich somit an Gordon Walkers (2012, Kapitel 1 und insb. 3) *Claim Making*, das aus *Evidence*, *Justice* und *Reasoning* besteht, an (siehe hierzu auch die einleitenden Ausführungen in Kapitel 1). Die folgenden Kapitel 6.1 und 6.2 diskutieren die Evidenz, während in Kapitel 6.3 diese Ergebnisse vor dem Hintergrund umweltbezogener Gerechtigkeit bewertet und in einen weiteren, über das Modell hinausgehenden theoretisch basierten Erklärungszusammenhang gestellt werden. Hierzu wird auf den Stand der Forschung, wie er in Kapitel 2.1 beschrieben ist, Bezug genommen. Im abschließenden Kapitel 7 werden die hier diskutierten empirischen Ergebnisse und daraus abgeleiteten Anforderungen für die Handlungsfelder der Stadtplanung und des planerischen Umweltschutzes in einem Gesamtfazit konkretisiert.

6.1 Das MOVE-Modell im empirischen Test

Das MOVE-Modell bietet einen Erklärungsansatz, Determinanten zum Coping von Haushalten mit Umweltbelastungen darzustellen und ihre Relevanz im Verhältnis zueinander einzuordnen. Es erklärt, was Haushalte tun, um ihre Exposition gegenüber negativen Umweltfaktoren zu verringern beziehungsweise gegenüber positiven Faktoren zu erhöhen. Hierbei wird davon ausgegangen, dass Bewältigungsmöglichkeiten einzelner Haushaltsmitglieder Auswirkungen auf die Umweltgüte des gesamten Haushaltes haben. Die zentrale Grundannahme des Modells ist, dass die Ressourcen eines Haushalts seine Coping-Möglichkeiten bezogen auf externe Umweltfaktoren, und somit seine Vulnerabilität, bestimmen. In der Haupterhebung wurde der Fokus auf die Erklärung von institutionellem Coping im Außenbereich, als eine Möglichkeit, mit Umweltbelastungen im Wohnumfeld umzugehen, gelegt. Institutionelles Coping steht hier für die Teilhabe an und Initiierung von Entscheidungsprozessen im Bereich des Umweltschutzes und der Stadtplanung. Die im Coping-Inventar benannten Handlungsmöglichkeiten Alltagshandeln sowie bauliches Coping wurden nicht untersucht.

Das in Kapitel 3 theoretisch entwickelte MOVE-Modell konnte nicht mit all seinen Elementen empirisch getestet werden. Die folgenden Einschränkungen, auf die bereits jeweils in Kapitel 5 eingegangen wurde, sind zu berücksichtigen: Aufgrund der relativ geringen Fallzahl (N = 312) konnten keine Pfadanalysen gerechnet werden. Daher wurde das MOVE-Modell in einzelnen multiplen linearen Regressionen einem empirischen Test unterzogen. Die Stichprobe enthält mit 36,8 % weniger als die beabsichtigten 50 % Menschen mit Migrationshintergrund. Die befragten Menschen mit Migrationshintergrund verteilen sich jedoch zu gleichen Teilen auf gering und hoch belastete Gebiete (siehe Tabelle 19). Von den Befragten mit Migrationshintergrund haben 82,1 % einen türkischen Migrationshintergrund. Die in dem theoretischen Modell (Abbildung 11) dargestellten Rückkopplungen konnten nicht untersucht werden, da keine Langzeiterhebung durchgeführt wurde.

Das theoretisch abgeleitete MOVE-Modell wurde in den statistischen Analysen in seinen wesentlichen Komponenten empirisch bestätigt, aber auch modifiziert. Das in Abbildung 44 dargestellte MOVE-Modell ist eine durch die empirische Analyse spezifizierte und modifizierte Variante des theoretischen MOVE-Modells. Es liefert in den linearen multiplen Regressionen ausreichend gute Modellgütewerte, um die Varianz von Coping-Intentionen und selbstberichteten Coping-Handlungen zu erklären (siehe Kapitel 5.3). Hierbei hat, wie in der 1. Hypothese angenommen (siehe Kapitel 3.5), die wahrgenommene Verhaltenskontrolle den größten erklärenden Anteil. Wie Abbildung 44 zeigt, ist es gelungen, für die Prädiktoren *Einstellung* und *wahrgenommene Verhaltenskontrolle* Subskalen zu entwickeln. Diese sind dort als Aufzählung gelistet. Den größten erklärenden Wert, um Unterschiede in der Coping-Intention zu erklären, hat hierbei die Subskala *Handlungswissen*, gefolgt von *subjektiv wahrgenommener Umweltgüte* sowie *Wirksamkeit, Zutrauen* und *subjektiver Norm*. Die grau dargestellten Subskalen *Ruhe* und *Antrieb*, sind als Teil der Gesamtskala reliabel, tragen als Subskala jedoch nicht zur Erklärung von Varianz innerhalb dieses Modells bei (siehe Abbildung 35). Die Entwicklung von Subskalen hat sich als durchaus aufschlussreich herausgestellt. So kann beispielsweise das latente und recht umfassende Konstrukt der wahrgenommenen Verhaltenskontrolle mithilfe der Subskalen Handlungswissen und Zutrauen weiter konkretisiert werden, was insbesondere für Schlussfolgerungen für mehr umweltbezogene Verfahrensgerechtigkeit hilfreich ist. Diese werden in Kapitel 6.3 gezogen, da sie über die Diskussion der reinen Ergebnisse hinausgehen und sich aus dem Forschungskontext ergeben.

Abbildung 44: MOVE-Modell, modifizierte Version nach empirischer Erhebung

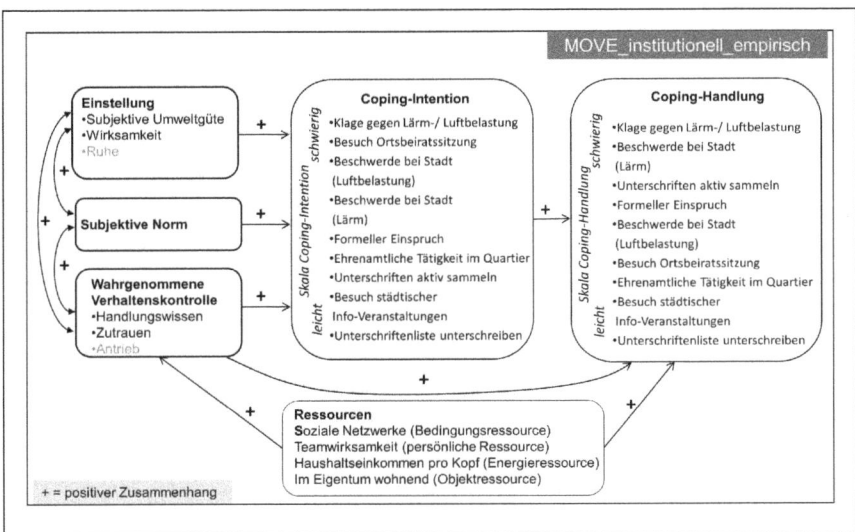

Ferner war es möglich, in einer weiteren multiplen linearen Regression die Varianz in der wahrgenommenen Verhaltenskontrolle mithilfe von Ressourcen vorherzusagen (siehe Kapitel 5.4). Die Kombination der Theorie des geplanten Verhaltens und der Ressourcenerhaltungstheorie scheint demnach nicht nur theoretisch sinnvoll zu sein, sondern genügt auch statistischen Anforderungen an ein Modell. Laut den Ergebnissen der Regressionsanalyse fördern soziale Netzwerke, gefolgt von Teamwirksamkeit, Haushaltseinkommen und Wohnen im selbstgenutzten Eigentum, die wahrgenommene Verhaltenskontrolle der Befragten (siehe Abbildung 40). Somit trägt je eine Ressource aus den vier in Abbildung 44 dargestellten Ressourcengruppen (Objekt-, Bedingungs-, persönliche und Energieressourcen) zur Erklärung der Varianz in der wahrgenommenen Verhaltenskontrolle bei.

Analysen bi-variater Zusammenhänge zwischen den einzelnen theoretisch abgeleiteten Ressourcen und Subskalen der wahrgenommenen Verhaltenskontrolle haben auch Zusammenhänge zwischen weiteren Ressourcen gezeigt. So gab es einen signifikanten und mittelstarken Zusammenhang zwischen dem Verstehen der deutschen Sprache, als einer Bedingungsressource, und dem Zutrauen, als einer Subskala der wahrgenommenen Verhaltenskontrolle. Ferner haben die bivariaten Analysen gezeigt, dass die Subskala *Handlungswissen* jeweils mit einem höheren Schulabschluss und sozialen Netzwerken korreliert (weitere Zusammenhänge zeigt Tabelle 37). Die Ergebnisse dieser bi-variaten Analysen zeigen auf, dass die vier in dem Gesamtmodell als signifikant ermittelten Ressourcen nicht allein als relevant für die Vorhersage von Bewältigung von Umweltbelastungen im Wohnumfeld anzusehen sind. Wenn das MOVE-Modell gezielt zur Erklärung für einzelne Coping-Handlungen eingesetzt wird, so sollten die in den bi-variaten Analysen identifizierten Ressourcen berücksichtigt werden.

Interessant ist bei der Betrachtung von Subskalen zudem, dass das Haushaltseinkommen für die Vorhersage der Subskala *Handlungswissen*, welche ihrerseits den größten Einfluss auf die Coping-Intention hat (siehe Abbildung 35), nicht relevant ist. Für die Vorhersage von Unterschieden beim Handlungswissen waren vielmehr Bildung, soziale Netzwerke und Teamwirksamkeit relevant (siehe Abbildung 41). Die Ressourcenerhaltungstheorie nach Hobfoll liefert einen guten Rahmen, um Ressourcen, die über das verfügbare Einkommen hinausgehen, zu identifizieren.

Eine Coping-Skala wurde entwickelt, welche unterschiedlich schwierige Handlungen zum institutionellen Coping im Wohnumfeld abbildet, und in den Analysen als abhängige Variable fungiert (siehe Kapitel 5.2). Wie schwierig einzelne Handlungen sind, wurde mittels probabilistischer Testtheorie aus der Empirie abgeleitet. Unterschiedlich schwierige Items wurden zu einer Skala zusammengefasst (siehe Abbildung 26). Die einzelnen Items der Skala sind in Abbildung 44 nach ihrer Schwierigkeit dargestellt. Diese Skala kann in weiteren Erhebungen validiert werden und bei einer größeren Fallzahl könnten auch Rückschlüsse auf Personenparameter im Sinne einer Raschskala gezogen werden. Entsprechend der Skala für Coping-Handlungen wurde auch eine Skala für Coping-Intentionen entwickelt, die aus denselben Items besteht. Für diese wurden in den statistischen Analysen teilweise andere Schwierigkeiten ermittelt (siehe Reihenfolge in Abbildung 44, sowie ausführlich in Tabelle 25).

Dieser Ansatz einfacher und schwieriger Coping-Handlungen geht davon aus, dass Menschen, die vulnerabler sind, einfachere oder keine Coping-Handlungen umsetzen. Die Skala zeigt auf, dass das Unterschreiben von Unterschriftenlisten, der Besuch städtischer Informationsveranstaltungen oder das Sammeln von Unterschriften als Formen des institutionellen Copings im Außenbereich einfach umsetzbar sind. Demnach sollten diese Handlungen auch von vulnerablen

Haushalten durchgeführt werden können. Es ist denkbar, dass Menschen über positive Erfahrungen mit relativ einfachen Formen der Teilhabe in ihrem Handeln bekräftigt werden können, und ein positiver Lernprozess begonnen wird. So könnte eine erfolgreiche Unterschriftenlistenaktion dazu führen, dass sich die Einstellung zu institutionellem Handeln im Hinblick auf die angenommene Wirksamkeit erhöht. Es ist ebenso denkbar, dass bedingt durch den Besuch einer städtischen Informationsveranstaltung das wahrgenommene Handlungswissen, und somit die wahrgenommene Verhaltenskontrolle, erhöht wird. Diese Lernprozesse, bei denen es sich um Ressourcengewinnspiralen nach Hobfoll handelt (siehe Kapitel 2.5.1), sind hier im Konjunktiv formuliert und können nur im Längsschnitt oder einer lebensbiographischen Perspektive erhoben werden. Zudem hängen sie von externen Effekten ab. Wenn Unterschriftenlistenaktionen erfolglos sind und Informationsveranstaltungen vulnerable Personen nicht erreichen, können sie auch in eine Abwärtsspirale führen.

Der Ansatz der Coping-Skala ermöglicht es, Coping nicht nur in der Summe unterschiedlich schwieriger Handlungen zu sehen, sondern auch Analysen bezogen auf einzelne Coping-Handlungen durchzuführen. So ist es im Hinblick auf umweltbezogene Gerechtigkeit bemerkenswert, dass nur wenige Befragte, die in hoch belasteten Gebieten wohnen, angaben, im Ehrenamt aktiv zu sein. Dies kann ein Ausdruck für wenig aktive Teilhabe in belasteten Gebieten sein.

Ferner gehen die Möglichkeiten, lokalen Umweltbelastungen zu begegnen, über das in der Haupterhebung betrachtete institutionelle Coping hinaus. So umfasst das Coping-Inventar zusätzlich Coping durch Alltagshandeln oder bauliches Coping (siehe Kapitel 3). Der Pre-Test hat gezeigt, dass die sehr unterschiedlichen Coping-Handlungen in einer Erhebung nicht erfasst werden können (siehe Kapitel 4.4.3). Es wäre interessant zu untersuchen, ob bei anderen Coping-Handlungen andere Ressourcen die Varianz in der wahrgenommenen Verhaltenskontrolle erklären als in den hier vorliegenden Analysen.

Im Vergleich zu dem in Kapitel 3 beschriebenen theoretischen Modell gab es zwei bedeutende Modifikationen und Vereinfachungen des MOVE-Modells: Zum einen wird die objektive Umweltgüte aufgrund ihres geringen Einflusses auf die wahrgenommene Belästigung nicht mehr als die initialisierende Determinante verstanden (siehe Kapitel 5.1), zum anderen wird die subjektiv wahrgenommene Belästigung in die Skala Einstellung integriert (siehe Kapitel 5.3).

Es wurde zunächst angenommen, dass es einer objektiven Belastung bedarf, um das MOVE-Modell zu initialisieren. Denn es wurde in Anlehnung an Stressmodelle davon ausgegangen, dass sich Menschen ohne Belastung nicht belästigt fühlen und ohne Belästigung keine Handlungen intendieren oder umsetzen. In den

Analysen konnte jedoch kein signifikanter Unterschied zwischen den Skalen zu Coping-Intentionen in hoch und gering belasteten Gebieten ausgemacht werden (siehe Kapitel 5.2.2). Bezüglich der Coping-Handlungen sind diese in den hoch belasteten Gebieten sogar geringer ausgeprägt als in den gering belasteten Gebieten. Zudem wurde deutlich, dass auch diejenigen, die in nicht belasteten Gebieten wohnen, Intentionen haben und von Handlungen berichten. So zeigen Kreuztabellen (siehe Tabelle 25) für einzelne Handlungen der Coping-Skala, dass 63% derjenigen, die sich vorstellen können eine Unterschriftenliste zu unterschreiben, in gering belasteten Gebieten wohnen. Aufgrund der Quotierung machen Befragte in gering belasteten Gebieten 51% der Befragten aus (siehe Tabelle 18). Von denen, die faktisch unterschrieben haben, sind es 58,6%. Dieses Antwortverhalten kann darin begründet liegen, dass die Frage, eine Unterschriftenliste zu unterzeichnen, allgemein nach dem Wohnumfeld gestellt wurde und somit nicht die faktische Lärm- und Luftbelastung die entsprechende Coping-Handlung auslösen. Von denjenigen, die angaben, eine Coping-Handlung durchgeführt zu haben, lebten in der Regel weniger als 50% in hoch belasteten Gebieten. Es kann im Sinne der Überlegungen zu umweltbezogener Verfahrensgerechtigkeit darauf hindeuten, dass die Handlungen in gering belasteten Gebieten stärker ausgeprägt sind als in hoch belasteten. Zudem kommt Hobfolls Gedanke zum Tragen, dass Ressourcen permanent investiert werden, auch um Stress zu vermeiden (siehe Kapitel 2.5.1). Einen signifikanten Unterschied in den Coping-Handlungen zwischen gering und hoch belasteten Gebieten gibt es jedoch nur bei ehrenamtlicher Tätigkeit und einer Beschwerde bei der Stadt gegen Lärm. Während mehr Befragte in gering belasteten Gebieten ehrenamtlich tätig sind, sind es mehr Befragte in hoch belasteten Gebieten, die sich bei der Stadtverwaltung wegen einer Lärmbelastung beschweren (siehe Tabelle 25). Dies zeigt, dass die anfängliche Vermutung, eine Belastung führt zu einer diesbezüglichen Handlung, nicht abwegig ist, in dem empirischen Modell für institutionelles Coping aber nicht zum Tragen kommt. Allerdings sind die Fallzahlen dieser Coping-Handlungen sehr gering, da es sich bei der Coping-Handlung *Beschwerde bei der Stadt* um eine relativ schwierige Handlung handelt. 18 Befragte haben sich wegen einer Lärmbelästigung und 12 Befragte wegen einer Luftbelästigung bei der Stadtverwaltung beschwert.

In Rückbezug auf die von Hobfoll benannten Verlustspiralen (siehe Kapitel 2.5.1) lässt sich dieser in der Auswertung identifizierte fehlende Zusammenhang zwischen Belastung und Intention sowie Handlung einordnen. Diejenigen, die in stark belasteten Gebieten wohnen, könnten sich demnach in einer Verlustspirale befinden, die sich auch dadurch auszeichnet, dass bestehende Intentionen nicht zu einer Handlung führen. Angesichts der empirischen

Ergebnisse und im Rückbezug auf den Stand der Forschung kann festgehalten werden, dass die objektive Belastungssituation Intentionen und Handlungen im Bereich des institutionellen Copings nicht initialisiert. Die objektive Umweltgüte wird daher im MOVE-Modell zum institutionellen Coping nicht als Determinante verstanden (siehe Abbildung 44). Offen bleibt, ob die Umweltgüte andere Handlungen nach dem Coping-Inventar determiniert. Hier könnten weitere Befragungen zu baulichem oder Alltags-Coping Aufschluss geben.

Die subjektiv wahrgenommene Belästigung durch Umweltstressoren war im theoretischen MOVE-Modell den Prädiktoren der Theorie des geplanten Verhaltens vorgelagert und wurde durch die objektive Umweltgüte sowie verschiedene moderierende Faktoren erklärt (siehe Kapitel 3). Die statistischen Analysen haben entsprechend dem Stand der Forschung bestätigt, dass die subjektive Wahrnehmung einer objektiv modellierten Lärmsituation als Belästigung von einer Vielzahl von Faktoren abhängt (siehe Kapitel 2.2.1). Es ist in den in Kapitel 5.1 und den hierauf bezogenen gemeinsam mit Riedel et al. (2013) veröffentlichten Analysen gelungen, eine Determinante aus dem Bereich der psychologischen Variablen zu identifizieren, die einen erklärenden Beitrag zu Wahrnehmung von Lärm liefert. Hierbei handelt es sich um die Skala *Einstellung zur Ruhe*, die als Skala aus vier Einzelitems gebildet wird. Diese Einzelitems erfassen, ob a) eine befragte Person in ihrer Wohnung Ruhe vor Lärm von draußen haben möchte, b) ihr ein ruhiges Wohnumfeld wichtig ist, c) sie davon ausgeht, dass Maßnahmen, die verhindern, dass Lärm in ihre Wohnung eindringt, gut für ihre Gesundheit sind und d) der befragten Person ein ruhiger Schlaf sehr wichtig ist (siehe Tabelle 30). Aufgrund dieser Ergebnisse wurde die subjektiv wahrgenommene Umweltgüte als Teil der Einstellungsskala in die Prädiktoren der Theorie des geplanten Handelns aufgenommen. Die statistischen Tests stützen diese Umstellung (siehe Kapitel 5.1 und 5.3, insb. Tabelle 30).

Es sei an dieser Stelle vermerkt, dass ein weiterer Grund für den geringen erklärenden Gehalt der objektiven Lärmbelastung für die Belästigung in den Unsicherheiten liegen kann, mit denen Programme zur Berechnung von Lärmbelastung behaftet sind (siehe Kapitel 2.2.1). Weiter ist zu beachten, dass es im Wohnumfeld der Menschen, die an belasteten Straßen wohnen, auch ruhige Nebenstraßen gibt, die sie bei der Beantwortung der Frage nach der wahrgenommenen Belästigung im Wohnumfeld berücksichtigt haben könnten.

Ganz ungeachtet dieses komplexen Wahrnehmungsvorgangs ist zu beachten, dass Lärm auch dann gesundheitliche Auswirkungen hat, wenn er nicht als Belästigung wahrgenommen wird (siehe Kapitel 2.2.1). Nicht nur aus diesem Grund ist für die Debatte zu Indikatoren umweltbezogener Gerechtigkeit festzuhalten, dass Rückschlüsse zur faktischen Belastung nicht auf der Grundlage subjektiv wahrgenommener Belastungen gezogen werden dürfen (Köckler & Weible, 2011). Somit ist in Studien – nicht nur zu umweltbezogener Gerechtigkeit – je nach Zielsetzung genau zu beachten, welcher Indikator verwendet wird. Werden ausschließlich subjektive Lärmindikatoren verwendet, ist davon auszugehen, dass die objektive Lärmbelastung deutlich unterschätzt wird.

Über das MOVE-Modell sollte ein umfassender Einblick in die Vulnerabilität von Haushalten gegenüber ihrer lokalen Umwelt gewonnen werden (siehe Kapitel 2.3). Die Nutzung der Ressourcenerhaltungstheorie als heuristisches Modell war insoweit hilfreich, als sie mit Teamwirksamkeit und sozialen Netzwerken zwei aus stadtplanerischer Perspektive äußert relevante Prädiktoren hervorgebracht hat, die zudem den höchsten erklärenden Gehalt für die wahrgenommene Verhaltenskontrolle haben. Hiermit kann die Debatte um einen erweiterten Vulnerabilitätsbegriff bereichert werden. Es wäre sinnvoll, Befragungen ganzer Haushalte durchzuführen, um die hier aufgestellte These von personenbezogener Vulnerabilität zu Vulnerabilität eines Haushaltes empirisch zu prüfen.

6.2 Evidenz zur Differenz

Im Kapitel 5 wurde bei den jeweiligen Analysen anhand der Differenzmerkmale Migrationshintergrund und Umweltgüte untersucht, ob es Unterschiede hinsichtlich dieser Merkmale bei den Variablen des MOVE-Modells gibt. Diese Analyse zu Differenzen hinsichtlich der Ausprägung des Modells ist bedingt durch die theoretische Rahmung der Gesamtuntersuchung durch umweltbezogene Gerechtigkeit. Im Folgenden werden daher Unterschiede im Hinblick auf diese beiden Differenzmerkmale im Zusammenhang diskutiert. Einschränkend ist hierbei zu beachten, dass es aus finanziellen Gründen keine Hin- und Rückübersetzung des türkischsprachigen Fragebogens gab. Was dazu geführt hat, dass eine Frage nicht ausgewertet werden konnte (siehe Kapitel 4.5). Zudem haben Haushalte mit Migrationshintergrund ihr Einkommen seltener angegeben als die deutschen Haushalte. Fehlende Einkommenswerte wurden daher regressionsbasiert ersetzt (siehe Kapitel 4.5.3.3). Dennoch sind in den Analysen zur Relevanz von Ressourcen im MOVE-Modell weniger Haushalte mit Migrationshintergrund vertreten als in der Gesamtstichprobe. Zudem erschwert der Forschungsgegenstand die Quotierung der Befragung. So bedingt umweltbezogene Verteilungsgerechtigkeit, dass Menschen mit einem türkischen Migrationshintergrund schwieriger in gering belasteten Gebieten zu finden sind.

Die Box-Plots in Kapitel 5.2 zu Unterschieden bei den Coping-Skalen zeigen, dass diejenigen, die einen Migrationshintergrund haben, und diejenigen, die in belasteten Gebieten leben, zwar häufig angeben, eine Coping-Intention zu haben, aber nicht von den entsprechenden Handlungen berichten. Hierbei ist zu beachten, dass sich aufgrund der quotierten Befragung die Gruppe der Menschen mit Migrationshintergrund in gleichen Anteilen auf belastete und gering belastete Gebiete verteilt, der Faktor Migrationshintergrund also selbst den statistisch signifikanten Unterschied macht. Menschen in gering belasteten Gebieten geben an, sich mehr in umweltpolitisch relevante Entscheidungsprozesse einzubringen. Dies kann in Anlehnung an Hobfoll als Indiz für eine Aufwärtsspirale in Gebieten relativ guter Umweltgüte gesehen werden und im Ergebnis dazu beitragen, dass sie in einer relativ besseren Umweltgüte leben. Diese Aussagen beziehen sich auf die Coping-Skala als Summe von Einzelitems. Einzelitems wie die *Beschwerde gegen Lärm*, wurden sowohl hinsichtlich der Intention als auch der Handlung in stark belasteten Gebieten häufiger als in gering belasteten Gebieten berichtet.

Wie angenommen hat die wahrgenommene Verhaltenskontrolle den größten erklärenden Anteil für Coping-Intentionen und -Handlungen. Die Subskala *Handlungswissen* trägt insbesondere zur Erklärung der Varianz bei selbstberichteten Coping-Intentionen bei, während die Subskala *Zutrauen* insbesondere die Varianz bei Coping-Handlungen erklärt. Die wahrgenommene Verhaltenskontrolle ist bei Befragten mit Migrationshintergrund schwächer ausgeprägt als bei den Befragten ohne Migrationshintergrund. Dieser Unterschied bei der gesamten wahrgenommenen Verhaltenskontrolle begründet sich vor allem in einem deutlich ausgeprägten und stark signifikanten Unterschied hinsichtlich des *Zutrauens*. Dies kann ein Grund dafür sein, dass Befragte mit Migrationshintergrund signifikant seltener von Coping-Handlungen berichten als deutsche Befragte. Die Skala besteht aus den zwei Items, sich zuzutrauen a) sich in die Entwicklung des eigenen Wohnumfeldes einzubringen, b) ein Mitglied des Ortsbeirats anzusprechen, wenn man sich durch Luftschadstoffe oder Lärm in seinem Wohnumfeld belästigt fühle. In einer erneuten Erhebung könnte diese Skala weiterentwickelt werden, indem beispielsweise ein weiteres Item identifiziert wird, dass Zutrauen repräsentiert.

In den Analysen konnte kein signifikanter Unterschied hinsichtlich des *Wissens* zwischen Menschen mit und ohne Migrationshintergrund ausgemacht werden. Handlungswissen wurde hierbei über die drei Items erfasst: Kenntnis zu haben a) sich in die Entwicklung des Wohnumfeldes einzubringen oder b) etwas gegen Lärm- und Luftbelastung zu machen sowie c) über das deutsche Rechtssystem (siehe Tabelle 30). Diese Ergebnisse stimmen nicht mit Analysen beispielsweise zum Wissen von Menschen mit Migrationshintergrund zum Gesundheitswesen überein. In den Gesundheitswissenschaften werden geringe

Kenntnisse des Gesundheitssystems von Migrantinnen und Migranten immer wieder festgestellt (siehe beispielsweise Geiger, 1998). Diese Aussage bezieht sich jedoch auf Migranten unterschiedlicher Herkunftsländer. In der empirischen Untersuchung des MOVE-Modells wurde der Fokus auf die Gruppe von Menschen mit türkischem Migrationshintergrund gelegt, von denen viele bereits lange in Deutschland leben und hier zum Teil die Schule besucht haben. Dies kann ein Grund sein, weshalb sie sich bezüglich des Handlungswissens nicht so sehr von Menschen ohne Migrationshintergrund unterscheiden. Da diese Begründung rein spekulativ ist, sollte dieser auf den ersten Blick bestehende Widerspruch zu Forschungsergebnissen der Gesundheitswissenschaften zu Handlungswissen von Migrantinnen weiter untersucht werden.

Hinsichtlich der vier Ressourcen, die die wahrgenommene Verhaltenskontrolle vorhersagen, sind Befragte mit Migrationshintergrund nur in der Ressource Einkommen benachteiligt. Sie verfügen demnach über soziale Netzwerke, suchen teamwirksam Problemlösungen und unterscheiden sich auch hinsichtlich ihres Eigentumsstatus nicht signifikant von Befragten ohne Migrationshintergrund (siehe Tabelle 42). Die Gruppe türkischer Migranten hat eine relative hohe Eigentumsquote, insbesondere im Ruhrgebiet. In NRW hatten im Jahr 2009 37% der türkeistämmigen Migranten Wohneigentum (Sauer, 2009). Diese Quote liegt nur geringfügig unter der durchschnittlichen Eigentumsquote in NRW, die bei rund 40% liegt (NRW Bank, 2013, S. 6).

Betrachtet man Differenzen im Hinblick auf die Umweltgüte, so konnte in den Analysen in Kapitel 5 festgestellt werden, dass Befragte, die in hoch belasteten Gebieten leben, eine vergleichsweise geringe wahrgenommene Verhaltenskontrolle haben. In den Gebieten mit schlechterer Umweltgüte haben die Befragten ein signifikant niedrigeres *Handlungswissen* sowie weniger *Zutrauen* als Befragte, die in besserer Umweltgüte leben.

Hinsichtlich der vier Ressourcen, die die wahrgenommene Verhaltenskontrolle vorhersagen, konnten bezogen auf die Umweltgüte mehr Differenzen ausgemacht werden als in Bezug auf den Migrationshintergrund. So sind Befragte, die in schlechter Umweltgüte leben, signifikant seltener Eigentümer, verfügen über signifikant schlechtere soziale Netzwerke und geringere Teamwirksamkeit als Befragte, die in besserer Umweltgüte leben. Der Unterschied bezogen auf das Haushaltseinkommen ist hingegen nur schwach signifikant. Somit ergibt sich im Hinblick auf die Ressourcensituation der Menschen mit Migrationshintergrund ein genau entgegengesetztes Bild (siehe Tabelle 44).

Vereinfacht lässt sich für die befragten Menschen mit vor allem türkischem Migrationshintergrund festhalten, dass sie sich nicht von den deutschen

Befragten hinsichtlich der relevanten Ressourcen, abgesehen vom Einkommen, und ihrer Intention unterscheiden, dass sie jedoch eine deutlich geringere wahrgenommene Verhaltenskontrolle haben und sich dies insbesondere in der Subskala Zutrauen niederschlägt. Im Ergebnis berichten sie über weniger Coping-Handlungen. Auch bezogen auf das Differenzmerkmal Umweltgüte wurden signifikante Unterschiede zwischen hoch und gering belasteten Gebieten festgestellt. So berichten Menschen in hoch belasteten Gebieten eine signifikant geringere Einstellung und eine hoch signifikant geringere wahrgenommene Verhaltenskontrolle. Im Hinblick auf die Ressourcen, die Unterschiede in der wahrgenommenen Verhaltenskontrolle vorhersagen, sind Befragte in hoch belasteten Gebieten durchweg schlechtergestellt. In den Analysen konnten keine geschlechtsbezogenen Unterschiede gefunden werden.

6.3 Claim Making für umweltbezogene Gerechtigkeit

Die bislang diskutierte Evidenz, die aus der empirischen Untersuchung des MOVE-Modells resultiert, wird im Folgenden vor dem Hintergrund umweltbezogener Gerechtigkeit in einen weiteren Kontext gesetzt. Ziel ist es, im Sinne des Claim Makings über eine reine empirische Analyse hinauszugehen und Anforderungen an gesellschaftliches Handeln abzuleiten. Für Walker sind neben der Evidenz (*How things are*) sowohl die Einordnung von Ungleichheiten aus einer gerechtigkeitstheoretischen Perspektive (*How things ought to be*) sowie Erklärungsansätze (*Why things are how they are*) zentrale Elemente eines Claim Makings bei umweltbezogener Gerechtigkeit (Walker, 2012, insb. Kapitel 3). In diesem Unterkapitel der Diskussion der empirischen Ergebnisse werden Anforderungen abgeleitet, die sich bezogen auf umweltbezogene Gerechtigkeit unmittelbar aus dem MOVE-Modell ergeben. Im Folgenden und im abschließenden Kapitel 7 werden hieraus Anforderungen an die Handlungsfelder Stadtplanung und planerischer Umweltschutz abgeleitet.

Wenn man die in Kapitel 6.2 diskutierten Ergebnisse aus einer gerechtigkeitstheoretischen Perspektive einordnet, so lassen sie für Befragte mit Migrationshintergrund auf eine Benachteiligung im Vergleich zu Menschen ohne Migrationshintergrund schließen. In Kapitel 2.1.2 wurde herausgearbeitet, dass eine Benachteiligung von ethnischen Gruppen hinsichtlich der Teilhabe an umweltpolitisch relevanten Entscheidungsprozessen als umweltbezogene Verfahrensungerechtigkeit bewertet wird. Die in Kapitel 5 durchgeführten Unterschiedstests und deren Diskussion im Zusammenhang in Kapitel 6.2 liefern Evidenz für eine umweltbezogene Ungerechtigkeit gegenüber Menschen mit türkischem Migrationshintergrund sowohl hinsichtlich der selbstberichteten

Teilhabe an Entscheidungsprozessen als auch der hierfür erforderlichen Voraussetzungen. Zudem konnte eine Benachteiligung von Menschen, die in vergleichsweise schlechter Umweltgüte leben, ausgemacht werden. Menschen mit Migrationshintergrund, die in hoch belasteten Gebieten wohnen, sind also vulnerabler, um mit institutionellem Coping Umweltbelastungen im Wohnumfeld zu begegnen, als Menschen ohne Migrationshintergrund und/oder solche, die in gering belasteten Gebieten leben.

In der empirischen Untersuchung wurde festgestellt, dass nur wenige Befragte, die in hoch belasteten Gebieten wohnen, angaben, im Ehrenamt aktiv zu sein. Dieser Punkt ist stimmig mit den Ausführungen zu umweltbezogener Verfahrensgerechtigkeit, die davon ausgehen, dass mangelnde Teilhabe eine Ursache für Verteilungsungerechtigkeit ist (Gosine & Teelucksingh, 2008; Schlosberg, 2007). Diese Befunde stimmen mit aktuellen Ergebnissen von Ziersch, Osborne und Baum (2011) überein, die in ihrer australischen Studie zum ehrenamtlichen Engagement von Bewohnerinnen und Bewohnern in ihrem Stadtteil unter anderem zu folgendem Ergebnis gelangten:

> „Those living in the most advantaged areas had greatest local group involvement and those in the least advantaged area the least. However, in the final logistic regression model, area of residence was not significant, whereas perceived neighbourhood cohesion and perceived local services were associated with a higher likelihood of participation in local community groups" (Ziersch, Osborne & Baum, 2011, S. 396).

In benachteiligten Stadtteilen gibt es demnach weniger ehrenamtliche Gruppen, wenngleich die Faktoren, die die Benachteiligung charakterisieren, diesen Unterschied nicht erklären. Angesichts ihrer Forschung gelangen Ziersch, Osborne und Baum zu dem Gesamtfazit, dass Nachbarschaften mit einem höheren sozioökonomischen Status zu mehr ehrenamtlichen Engagement führen:

> „This also offers support to the notion that a positive neighbourhood environment can provide an ‚energising' influence that encourages residents to become involved in local community groups and organisations (Saegert & Winkel, 2004), and that such environments are associated with indicators of higher SES."

Was die Fähigkeiten, einfache oder und schwierige Handlungen umzusetzen, völlig außer Acht lässt, ist die Wirksamkeit der Handlungen. Denn es ist möglich, dass eine Person angesichts der ihr verfügbaren Ressourcen eine vergleichsweise schwierige Handlung umsetzt und beispielsweise vor Gericht gegen eine umweltbezogene Belastung klagt. Auch wenn ein Betroffener diese schwierige Handlung umsetzt, kann es sein, dass diese Handlung nicht zu einer Veränderung der Umweltgüte führt. Dies kann, im Sinne umweltbezogener Verteilungsgerechtigkeit sogar gerecht sein, wenn das Gericht die Rechte derer wahrt, die beispielsweise nicht über die Ressourcen verfügen, um sich in ein Gerichtsverfahren einzubringen. Hier wird nochmal deutlich, dass das MOVE-Modell Zusammenhänge auf der Haushaltsebene aus verhaltenswissenschaftlicher Perspektive erklärt. Es klärt nicht, wie die Gesellschaft oder die Handlungsfelder Stadtplanung und Umweltpolitik damit umgehen. Dies wird erst über die Rahmung durch umweltbezogene Gerechtigkeit erforderlich und möglich. Hierbei ist Ergebnisgerechtigkeit (siehe Kapitel 2.1.3) ein wichtiger Bewertungsmaßstab umweltbezogener Gerechtigkeit. Daher wird das MOVE-Modell in Kapitel 7 aus planerischer Perspektive in einen weiteren Zusammenhang gestellt.

In Kapitel 6.2 wurde diskutiert, dass Menschen mit Migrationshintergrund über weniger *Zutrauen* verfügen, als Menschen ohne Migrationshintergrund. Zudem haben die Analysen in Kapitel 5.3 gezeigt, dass das Zutrauen seinerseits die Varianz in der Coping-Handlung erklärt (siehe Abbildung 36). Wenn man nun bedenkt, dass Menschen mit türkischem Migrationshintergrund sich nicht hinsichtlich ihrer Intention, aber wohl hinsichtlich der selbstberichteten Handlung von Menschen ohne Migrationshintergrund unterscheiden, so kommt dem Zutrauen eine große Bedeutung zu, um Erklärungsansätze für umweltbezogene Ungerechtigkeit bei türkischen Migranten zu entwickeln.

Sehr aufschlussreich ist hier ein Bezug zu dem gerechtigkeitstheoretischen Aspekt der Anerkennung von Individuen oder gesellschaftlichen Gruppen (*Recognition*), wie er in Kapitel 2.1.4.2 bereits eingeführt wurde. Sehr treffend beschreibt Schlosberg hier einen wechselseitigen Prozess von Anerkennung und Verfahrensgerechtigkeit: „If you are not recognized, you do not participate; if you do not participate you are not recognized" (Schlosberg, 2007, S. 26). Auf die Wechselwirkung zwischen Partizipation und individueller Entwicklung verweist Schlosberg recht allgemein:

> „Likewise, Carol Gould (1996: 81) insists that ‚[...] if engaging in common activity is one of the necessary conditions for their self-development then it follows that there is an equal right to participate in determining the source of such common activity'" (Schlosberg, 2007, S. 27).

Hier kann die Subskala *Zutrauen* des MOVE-Modells dem, was Gould allgemein als self-development bezeichnet, als ein Aspekt zugeordnet werden. Wenn eine Person positive Erfahrungen durch Partizipation gewinnt, so ist es möglich, dass ihr Zutrauen wächst und sie einen Weg der Selbstentwicklung beschreitet. Dann hat diese Person mehr Fähigkeiten (*Capabilites*), ihre Umwelt selbst zu gestalten und kann diese auch in eine Funktion (*Functioning*) überführen (siehe Kapitel 2.1.4.2). Dieser Überlegung lässt sich auch die folgende Einschätzung von Bertram (2014, S. 87) zu den aktiven Stuttgart-21-Gegnern zuordnen:

> „Während die Forscher des Wissenschaftszentrums Berlin (Rucht et al. 18.10.2010: 9, 15–17) eine Mehrheit der Teilnehmer/innen (52,6%) dem Typ der ‚situativ Engagierten' mit ‚geringe[r] Protesterfahrung' zurechnen, da sie in den vergangenen fünf Jahren an nur wenigen Protesten teilgenommen haben, kommen die Demokratieforscher zu dem Schluss, dass circa achtzig Prozent über langjährige Protesterfahrung etwa aus der 68er-Bewegung oder den Auseinandersetzungen um Atomkraft und Nachrüstung verfügten, häufig allerdings längere Zeit aufgrund anderer Prioritätensetzungen protestabstinent gewesen seien."

Daher ergänze ich Schlosbergs Gedanken zu *Recognition* und *Participation* um die Perspektive der Selbsteinschätzung von Personen. So kann die Selbsteinschätzung, teilhaben zu können (wahrgenommene Verhaltenskontrolle insgesamt), sowie das Zutrauen in das eigene Handeln aus dem dualen wechselseitigen Prozess von Anerkennung durch Institutionen und Verfahrensgerechtigkeit einen Prozess aus drei sich wechselseitig beeinflussenden Faktoren machen: *Wenn eine Person keine Anerkennung erfährt, so partizipiert sie nicht, wenn sie nicht partizipiert, so gewinnt sie kein Zutrauen in die Partizipation, um teilzuhaben und anerkannt zu werden.* Hier gibt es eine starke Parallele zu den von Hobfoll beschriebenen Verlustspiralen (siehe Kapitel 2.5.1.2).

Diese Erkenntnisse sind hilfreich für die Entwicklung zielgruppenspezifischer Strategien. Wenn deutlich ist, dass Menschen in hoch belasteten Gebieten und Menschen mit Migrationshintergrund vergleichsweise vulnerabler sind als andere, so gilt es, insbesondere deren Ressourcen zu stärken oder ihre Vulnerabilität in hoheitlichem Handeln zu berücksichtigen. Dieser Gedanke wird in Kapitel 7 bezogen auf Planung ausgeführt.

Angesichts dieser theoretisch plausiblen Wechselwirkungen wird in Abbildung 45 das MOVE-Modell, wie bereits in Kapitel 3, mit Rückkopplungspfeilen dargestellt. Auch wenn dies nicht empirisch getestet wurde, so ist dies doch ein wichtiger theoretischer Punkt, der hier aufgrund fehlender Möglichkeiten zur empirischen Prüfung nicht verloren gehen sollte. Das MOVE-Modell fungiert bereits als ein heuristisches Modell für eine Dissertation, die umweltbezogene Verfahrensgerechtigkeit aus einer lebensbiographischen Perspektive analysiert. Ebenso enthält das MOVE-Modell die Differenzmerkmale, die in Abbildung 44 nicht enthalten sind, da diese zentral sind, um Differenzen und somit umweltbezogene Ungerechtigkeiten zu identifizieren und sie anschließend gerechtigkeitstheoretisch bewerten zu können. Zudem wird hier im allgemeinen Modell (Abbildung 45) der konkrete Bezug zu institutionellem Coping aufgelöst, da das MOVE-Modell auch für andere Bereiche des Coping-Inventars getestet werden könnte. Im Gegensatz zum theoretischen Modell vor dem empirischen Test ist Umweltgüte nicht mehr ein initialisierender Faktor und die subjektiv wahrgenommene Umweltgüte ist Teil der Einstellung gegenüber der Coping-Intention (siehe Abbildung 45).

Abbildung 45: MOVE-Modell final

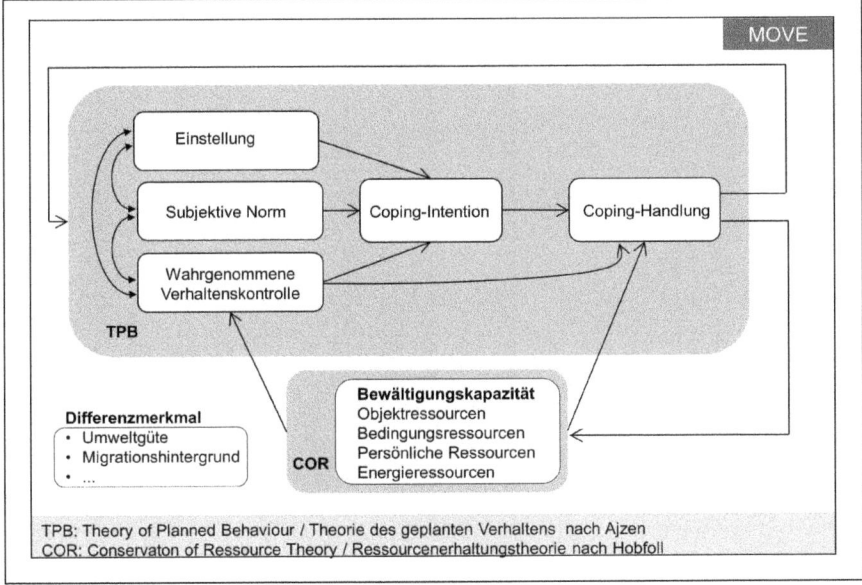

Fazit

7 Fazit und weiterer Forschungsbedarf

Vor dem Hintergrund umweltbezogener Gerechtigkeit leite ich aus den Erkenntnissen des MOVE-Modells als Anforderung an die Stadtplanung und den planerischen Umweltschutz die Einführung eines neuen, ergänzenden umweltpolitischen Prinzips ab, das soziale Ungleichheit bei Umwelt zum Gegenstand hat. Dieses Prinzip nenne ich das „bevölkerungsbezogene Vulnerabilitätsprinzip" (VPP = Vulnerability of the Population Principle) (Köckler, 2016, 2014, 2014a, 2014b). Bevor dieses Prinzip in Kapitel 7.2 ausführlich dargestellt wird, werden einleitend zentrale Erkenntnisse des MOVE-Modells zusammenfassend dargestellt. Abschließend wird in Kapitel 7.3 weiterer Forschungsbedarf skizziert.

7.1 Zentrale Erkenntnisse

Mit dem MOVE-Modell wurde die in Analysen umweltbezogener Gerechtigkeit verbreitete Perspektive in der Betrachtung sozialer Ungleichheit bei Umweltfaktoren von räumlichen Mustern und umweltpolitisch relevanten Verfahren auf Haushalte eingenommen. Dieser Perspektivwechsel verfolgt das Anliegen, in Kenntnis der Fähigkeiten von Individuen zur Teilhabe an und Initiierung von umweltpolitisch relevanten Entscheidungsprozessen mehr über die Vulnerabilität von Haushalten gegenüber Umweltfaktoren zu lernen und hieraus Anforderungen an Stadtplanung und planerischen Umweltschutz für mehr umweltbezogene Gerechtigkeit abzuleiten.

Um diese haushaltsbezogene Perspektive einzunehmen, wurde das MOVE-Modell entwickelt (siehe Kapitel 3) und empirisch getestet (siehe Kapitel 4 und 5). Das Modell beschreibt, welche Faktoren in welchem Ausmaß erklären, wie Haushalte mit Umweltbelastungen in ihrem Wohnumfeld umgehen. Haushalte, die nach der Logik des MOVE-Modells weniger Coping-Handlungen zur Bewältigung von Umweltbelastungen durchführen, sind vulnerabler als diejenigen, die mehr Coping-Handlungen umsetzen. Im Sinne des Claim Makings (siehe Kapitel 1) wurden zunächst Wirkungszusammenhänge erforscht, die Unterschiede in institutionalisiertem Coping (siehe Kapitel 3.1) erklären, und Evidenz zu sozialer Ungleichheit bei dieser umweltbezogenen Handlungsweise geschaffen, die sodann gerechtigkeitstheoretisch eingeordnet wurde (siehe Kapitel 6.3).

Das theoretisch abgeleitete MOVE-Modell wurde in den statistischen Analysen in seinen wesentlichen Komponenten empirisch bestätigt, aber auch modifiziert. Im empirischen Test des MOVE-Modells konnte die Skala institutionelles Coping mit unterschiedlich schwierigen Coping-Handlungen ermittelt werden (siehe Kapitel 5.2). In multiplen linearen Regressionen konnten ausreichend gute Modellgütewerte erzielt werden, um Varianzen im Coping zu erklären (siehe Kapitel 5.3). Die wahrgenommene Verhaltenskontrolle hat hierbei, wie angenommen, einen starken erklärenden Gehalt. Die wahrgenommene Verhaltenskontrolle konnte ihrerseits durch verschiedene Ressourcen, die in Anlehnung an die Ressourcenerhaltungstheorie (siehe Kapitel 2.5.1.2) abgeleitet wurden, vorhergesagt werden (siehe Kapitel 5.4). Die Kombination der Theorie des geplanten Verhaltens mit der Ressourcenerhaltungstheorie scheint demnach nicht nur theoretisch sinnvoll zu sein, sondern auch statistischen Anforderungen an ein Modell zu genügen. Laut den Ergebnissen der Regressionsanalyse fördern soziale Netzwerke, gefolgt von Teamwirksamkeit, Haushaltseinkommen und Wohnen im selbstgenutzten Eigentum, die wahrgenommene Verhaltenskontrolle der Befragten (siehe Abbildung 40).

Entgegen der theoretischen Annahme (siehe Kapitel 3) hat die Umweltbelastung keine initialisierende Funktion für die Prädiktoren im MOVE-Modell. Ferner konnte die Wahrnehmung von Umweltbelastungen als Belästigungen teilweise durch die psychologische Variable „Einstellung zur Ruhe" erklärt werden. Diese beiden Erkenntnisse haben neben weiteren Gründen dazu geführt, das MOVE-Modell basierend auf den statistischen Analysen mit den Daten der empirischen Erhebung dahingehend zu modifizieren, dass die objektive Umweltbelastung dem Modell nicht mehr als ein Prädiktor vorgelagert ist und die subjektiv wahrgenommene Umweltbelastung als Teil der Einstellung zur Coping-Intention in das Modell integriert wurde (siehe Kapitel 5.1 und 5.3).

Um Differenzen im MOVE-Modell zu identifizieren, wurden einerseits Unterschiede zwischen Befragten mit und ohne Migrationshintergrund sowie bezogen auf Befragte, die in gering und hoch belasteten Wohngebieten leben, analysiert. Vereinfacht lässt sich für die befragten Menschen mit vor allem türkischem Migrationshintergrund festhalten, dass sie sich nicht von den deutschen Befragten hinsichtlich der relevanten Ressourcen, abgesehen vom Einkommen, und ihrer Intention, sich in umweltpolitisch relevante Entscheidungsprozesse einzubringen oder diese zu initiieren, unterscheiden, dass sie jedoch eine deutlich geringere wahrgenommene Verhaltenskontrolle haben, was sich insbesondere in der Subskala *Zutrauen* niederschlägt. Im Ergebnis berichten sie über weniger Coping-Handlungen. Auch bezogen auf die Gruppierungsvariable *Umweltgüte* wurden signifikante Unterschiede zwischen hoch und gering belasteten Gebieten festgestellt. So berichten Menschen in hoch belasteten Gebieten eine signifikant geringere Einstellung und eine hoch signifikant geringere wahrgenommene Verhaltenskontrolle. Im Hinblick auf die Ressourcen, die Unterschiede in der wahrgenommenen Verhaltenskontrolle vorhersagen, sind Befragte in hoch belasteten Gebieten durchweg schlechtergestellt. In den Analysen konnten keine geschlechtsbezogenen Unterschiede gefunden werden (siehe Kapitel 6.2).

Die Analysen haben gezeigt, dass Menschen in hoch belasteten Gebieten und Menschen mit Migrationshintergrund vergleichsweise vulnerabler sind als andere. In Kapitel 6.3 wurde hieraus die Anforderung abgeleitet, insbesondere Ressourcen dieser Bevölkerungsgruppen zu stärken oder ihre Vulnerabilität in hoheitlichem Handeln zu berücksichtigen. Hierauf gründet sich das im Folgenden beschriebene bevölkerungsbezogene Vulnerabilitätsprinzip.

7.2 Das bevölkerungsbezogene Vulnerabilitätsprinzip

Das „bevölkerungsbezogene Vulnerabilitätsprinzip" (Vulnerability of the Population Principle, VPP) soll insbesondere in der Stadtplanung und dem planerischen Umweltschutz zu einer Berücksichtigung individueller und kollektiver Fähigkeiten von Menschen führen, mit denen sie spezifischen Umwelteinflüssen begegnen können. Es geht also um die Verletzlichkeit gegenüber Umweltfaktoren in einer spezifischen räumlichen Situation. Das bevölkerungsbezogene Vulnerabilitätsprinzip ist in Ergänzung der bereits etablierten Prinzipien der Umweltpolitik zu verstehen (siehe Kapitel 2.4). Da sich Vulnerabilität gerade im Umweltbereich auch auf Ökosysteme (siehe Kapitel 2.3) bezieht, stelle ich das Adjektiv „bevölkerungsbezogen" voraus, um Missverständnisse zu vermeiden. Im Englischen habe ich den Begriff „Vulnerability of the Population Principle" für dieses Prinzip gewählt (Köckler, 2014a).

Das bevölkerungsbezogene Vulnerabilitätsprinzip sieht die öffentliche Hand in der Verantwortung, das Wohl vulnerabler Gruppen besonders zu schützen, und verfolgt gleichzeitig das Ziel, vulnerable Gruppen zu befähigen, ihre Umwelt selbst mitzubestimmen und unvermeidlichen Umweltbelastungen eigenverantwortlich begegnen zu können. Somit steht es in einem Spannungsverhältnis zwischen einem fürsorgenden und zur Selbstorganisation befähigenden Staat (siehe Kapitel 2.4.3).

Räumlicher Planung kommt als hoheitlicher Aufgabe beispielsweise mit der Daseinsvorsorge eine fürsorgende Funktion zu (siehe Kapitel 2.4.2). Die Idee, Daseinsvorsorge an der Vulnerabilität von Bevölkerung auszurichten, hat bereits in einem aktuellen Positionspapier der Akademie für Raumforschung und Landesplanung Berücksichtigung gefunden, das im Ad-hoc-Arbeitskreis „Daseinsvorsorge und gleichwertige Lebensbedingungen", dessen Mitglied ich bin, erarbeitet wurde. So heißt es in dem Positionspapier unter anderem: „Raumbezogene Planungen und insbesondere Strategien zur Daseinsvorsorge sollten die

Vielfalt der Individuen und ihre unterschiedliche Vulnerabilität berücksichtigen. Es geht letztlich nicht um ‚Räume', sondern um die Individuen, die dort leben" (Akademie für Raumforschung und Landesplanung, in Erarbeitung). Diese Berücksichtigung kann in der Konsequenz dazu führen, dass sich Daseinsvorsorge, die derzeit vor allem ein Thema im dünnbesiedelten ländlichen Raum ist, dort an ausgewählte vulnerable Gruppen richtet und vermehrt auch ein Thema für besonders vulnerable Bevölkerungsgruppen in der Stadt wird.

Die Aufgabe, vulnerable Gruppen zu befähigen, ihre Umwelt selbst mitzubestimmen und unvermeidlichen Umweltbelastungen eigenverantwortlich begegnen zu können, gehört nicht zu den alltäglichen Aufgaben von Stadtplanerinnen und Stadtplanern, auch wenn in der Stadtplanung umfangreiche Erfahrungen mit aufsuchenden und teilweise auch befähigenden Planungsansätzen bestehen (siehe Kapitel 2.4.3). Wie wichtig die Teilhabe an Planungsprozessen und die Anerkennung vulnerabler Gruppen im Sinne von *Recognition* (siehe Kapitel 2.1.3) durch Planer ist, habe ich in Kapitel 6 bereits ausgeführt. Dort habe ich Schlosbergs Gedanken zu *Recognition* und *Participation* um die Perspektive der Selbsteinschätzung von Personen in Bezug auf Partizipation erweitert, indem ich folgende mögliche Verlustspirale skizziert habe: *Wenn eine Person keine Anerkennung erfährt, so partizipiert sie nicht, wenn sie nicht partizipiert, so gewinnt sie kein Zutrauen in die Partizipation, um teilzuhaben und anerkannt zu werden.* Diese Erweiterung ist aufgrund der haushaltsbezogenen Perspektive dieser Forschung, die auf der Befragung von Individuen fußt, möglich. Mangelndem Zutrauen zur Teilhabe an Entscheidungsprozessen, wie es für Menschen mit türkischem Migrationshintergrund statistisch nachgewiesen werden konnte, kann mit Empowerment (siehe Kapitel 2.4.3) begegnet werden.

Wenn die Vulnerabilität der Bevölkerung von Planerinnen und Planern berücksichtigt wird, bedeutet dies, dass planerische Interventionen auch Ressourcen berücksichtigen sollten. Wie bereits in Kapitel 2.5 benannt, schlagen Hobfoll und Jackson (1991, S. 119) vor: „[…] successful intervention depends on both on resources of the individual and the intensity of the intervention." Dank der Anwendung der Ressourcenerhaltungstheorie ist es gelungen, einen erweiterten und auf die Teilhabe an umweltpolitisch relevanten Entscheidungsprozessen bezogenen Vulnerabilitätsbegriff abzuleiten, der über den in Kapitel 2.3 beschriebenen Stand der Forschung hinausgeht. Die Rolle von Zutrauen zur Teilhabe wurde bereits ausgeführt. Ferner haben die Analysen mithilfe des MOVE-Modells gezeigt, dass Teamwirksamkeit und soziale Netzwerke Unterschiede in der Teilhabe an Entscheidungsprozessen erklären. Zudem wurde in den statistischen Analysen deutlich, dass es für diese beiden zentralen Prädiktoren keinen signifikanten

Unterschied zwischen Menschen mit und ohne Migrationshintergrund gibt. Allerdings wurde nicht näher analysiert, wie sich die Netzwerke unterscheiden und ob sie sich überschneiden. Es gilt für Planer also, die entsprechenden Netzwerke zu identifizieren und an der Bereitschaft, gemeinsam Probleme zu lösen, anzuknüpfen.

Den etablierten umweltpolitischen Prinzipien entsprechend ist das bevölkerungsbezogene Vulnerabilitätsprinzip als leitend für politisches Handeln und die Umsetzung von Recht gedacht und bezieht sich daher auf die Anwendung bestehender planerischer Instrumente. Die Instrumente der Stadtplanung und des planerischen Umweltschutzes geben, wie in Kapitel 2.4.2 dargelegt wurde, einen guten Rahmen, um umweltbezogene Gerechtigkeit zu verfolgen. Da ein Leitprinzip in einem gesamten politischen Prozess berücksichtigt werden sollte, wird im Folgenden für jeden Schritt des Policy Cycles (siehe Abbildung 9) exemplarisch aufgezeigt, was eine Berücksichtigung des Vulnerabilitätsprinzips in der Stadtplanung bzw. dem planerischen Umweltschutz bedeuten könnte (siehe für die folgenden Ausführungen auch Köckler, 2016).

Die Problemdefinition vieler umweltbezogener Planungen berücksichtigt die Vulnerabilität von Bevölkerung bislang nicht. Würde der Vulnerabilität unterschiedlicher Bevölkerungsgruppen bereits bei der Definition eines Problems, wie beispielsweise der Exposition gegenüber Lärmbelastungen, Rechnung getragen, würde es nicht mehr ausreichen, in Analysen zum Ist-Zustand allein die Anzahl Betroffener zu ermitteln; vielmehr müsste das Schutzgut Mensch sozialdifferenziert betrachtet werden. So könnte eine Lärmkarte mit Sozialdaten angereichert werden. Den kommunalen Ämtern für Statistik liegen in der Regel kleinräumige Sozialdaten wie SGB-II-Quote, Alter oder Migrationsstatus beziehungsweise Nationalität verwaltungsintern auf der Ebene von Gebäudeblöcken vor, welche aussagekräftige Analysen hierzu ermöglichen würden. Im Falle von Neuplanungen bietet insbesondere die Umweltprüfung eine gute Möglichkeit, entsprechende Daten bereitzustellen. Um dem bevölkerungsbezogenen Vulnerabilitätsprinzip gerecht zu werden, sollten in eine räumliche Analyse des Ist-Zustandes auch Mehrfachbelastungen einfließen, da diese die Vulnerabilität Betroffener mitbestimmen. Der Fachplan Gesundheit als ein neues informelles Planungsinstrument kann hier eine gute Grundlage für mehr umweltbezogene Gerechtigkeit in der Stadtplanung liefern, da er das Wissen um Vulnerabilität, wie es den Gesundheitswissenschaften eigen ist, für die räumliche Planung aufbereitet (Köckler, Rüdiger & Baumgart, 2015).

Bei der Strategieentwicklung und der sich daran anschließenden Auswahl aus verschiedenen Alternativen sollten in Ex-ante-Analysen Auswirkungen von

Plänen und Programmen auf vulnerable Gruppen geprüft werden. Wenn bereits in der Problemdefinition und der darauf aufbauenden Bestandsaufnahme Informationen zur Vulnerabilität der Bevölkerung erhoben wurden, ist es möglich, diese in der Abwägung verschiedener Planungsvarianten zu berücksichtigen. So kann beispielsweise bei einer gesamtstädtischen Standortsuche für eine Flächennutzung, die mit Emissionen verbunden ist, die Vorbelastung sowie die Verletzlichkeit der Bevölkerung berücksichtigt werden. Hierbei sollten Planer entsprechend ihrem hoheitlichen Auftrag dafür Sorge tragen, dass vulnerable Bevölkerung vor weiteren Belastungen geschützt wird. Kenntnis über besonders vulnerable Gruppen könnte auch dahingehend missbraucht werden, dass neue Standorte von Investoren gezielt in deren Nachbarschaft angesiedelt werden, da dort geringerer Widerstand erwartet wird. Wirksamkeitsanalysen sollten zudem gezielt prüfen, welche gesellschaftlichen Gruppen von einer Maßnahme profitieren beziehungsweise diese verursachen. Dies bietet die Grundlage für eine Verschränkung mit dem etablierten Verursacherprinzip sowie Aushandlungsmöglichkeiten für mehr umweltbezogene Ergebnisgerechtigkeit (siehe Kapitel 2.1.3).

Auch bei der Implementierung kann die Vulnerabilität der Bevölkerung berücksichtigt werden. So gibt es, wie in Mannheim, im Rahmen der Lärmminderungsplanung kommunale Förderprogramme zum Einbau von Schallschutzfenstern. In Mannheim wurde über konkrete Zuordnung der Förderfähigkeit von ausgewählten Straßenzügen auch die soziale Lage der ansässigen Bevölkerung als Voraussetzung einer Förderung berücksichtigt (Stadt Mannheim, 2012). In anderen Städten, wie z.B. Bremen, ist allein die Lärmexposition ausschlaggebend für eine Förderung (Der Senator für Umwelt, Bau und Verkehr, 2014). In Mannheim werden im Sinne eines fürsorgenden Staates gezielt vulnerable Gruppen adressiert.

Bei der Implementierung von Maßnahmen liefert die sozialgerechte Bodennutzung (siehe Kapitel 2.4) eine Grundlage, um Planungsgewinne einzelner Akteure für die Stadtentwicklung zu nutzen. Hier könnten im Sinne umweltbezogener Ergebnisgerechtigkeit angesichts des beschriebenen Vulnerabilitätsprinzips insbesondere die Personen von den Maßnahmen profitieren, die besonders von umweltbezogener Ungerechtigkeit betroffen sind. Mit Bezug auf die im Baugesetzbuch verankerte sozialgerechte Bodennutzung haben in den letzten Jahren mehrere Kommunen Beschlüsse gefasst, um günstigen Wohnraum zur Verfügung zu stellen, was bereits der (mangelnden) Fähigkeit ganzer gesellschaftlicher Gruppen, sich auf dem Wohnungsmarkt zu behaupten, Rechnung trägt. Die sozialgerechte Bodennutzung könnte aber auch weitergehende kompensatorische Maßnahmen vorsehen. So könnten, wie von Davy (1997, S. 28) benannt, kommunale Entwicklungskonzepte eine kompensatorische Wirkung erzielen.

Die Umsetzung von Planungen und Einzelmaßnahmen nachzuvollziehen, ist Teil der Evaluation. Hierbei sollten Aspekte von Ergebnisgerechtigkeit (siehe Kapitel 2.1.3) berücksichtigt werden, insbesondere ist zu prüfen, ob vereinbarte Kompensationsmaßnahmen umgesetzt wurden, da angesichts der Kenntnisse zu umweltbezogener Verfahrensungerechtigkeit nicht davon auszugehen ist, dass vulnerable Gruppen diese Maßnahmen kennen oder deren Vollzug überprüfen oder gar einklagen würden. Wenn bereits in der Analyse und der Bewertung von Planungsalternativen Vulnerabilität von Bevölkerung Teil des Analyserahmens ist, so kann auch eine Evaluation die Vulnerabilität von Bevölkerung berücksichtigen.

Für alle Elemente des Policy Cycles ist in Verfahren der Stadtplanung und des planerischen Umweltschutzes die Beteiligung der Öffentlichkeit relevant (siehe Abbildung 9). Angesichts der Erkenntnisse zu umweltbezogener Verfahrensgerechtigkeit ist es besonders wichtig, die Fähigkeiten Einzelner zur Teilhabe an oder Initiierung von umweltrelevanten Entscheidungen zu berücksichtigen. Dies kann sich in verschiedenen Formen der aufsuchenden Beteiligung ausdrücken. Als Argumentationshilfe für besondere Aktivitäten einer aktivierenden Beteiligung kann im bestehenden Recht die Aarhus-Konvention herangezogen werden, denn sie verbietet eine Diskriminierung bezogen auf ihre drei Säulen Recht auf Information, Partizipation an Planungsprozessen und Zugang zu Gerichten (siehe Kapitel 2.1.2).

Im Sinne eines fürsorgenden Staates nimmt das Vulnerabilitätsprinzip die Mitarbeiterinnen und Mitarbeiter von Planungs- und Umweltämtern in die Pflicht zu berücksichtigen, dass in ausgewählten Quartieren nicht alle der Einladung im Rahmen der garantierten Beteiligung folgen. Dann ist es Aufgabe der öffentlichen Hand zu versuchen, die Belange dieser Gruppe zu berücksichtigen. Hierzu liefern sozialdifferenzierte Analysen bereits bei der Problembeschreibung eine wertvolle Argumentationshilfe. Gesundheitsämter als Träger öffentlicher Belange könnten hier eine bedeutende Rolle übernehmen.

Die hier skizzierten Überlegungen sollen eine neue Denkweise, die über die Einführung des bevölkerungsbezogenen Vulnerabilitätsprinzips möglich wäre, aufzeigen. Ebenso wie die anderen Prinzipien der Umweltpolitik wäre es wichtig, dieses Prinzip gesetzlich zu verankern. Unabhängig von einer bundes- oder landesgesetzlichen Verankerung bieten lokale Beschlüsse im Stadtrat gute Möglichkeiten, erste Erfahrungen mit der Anwendung dieses Prinzips zu sammeln.

7.3 Weiterer Forschungsbedarf

Weiterer Forschungsbedarf leitet sich ebenso aus den erlangten Erkenntnissen wie aus der für die empirische Erhebung erforderlichen Fokussierung der Fragestellung ab (siehe Kapitel 4 und dort insbesondere Kapitel 4.4.3). Im Folgenden skizziere ich kurz Themen, die in der Forschung vertieft werden sollten:

- **Das MOVE-Modell weiter empirisch testen**
  Ein erneuter empirischer Test des MOVE-Modells im vergleichbaren Design ist von Interesse. Hierbei sollte eine höhere Fallzahl erzielt werden, um das MOVE-Modell als Pfadmodell statistisch zu überprüfen (siehe Kapitel 4.1.2). Ferner erlaubt eine größere Fallzahl im Sinne probabilistischer Testtheorie nicht nur die Skalen unterschiedlich schwieriger Coping-Intentionen und Coping-Handlungen zu validieren, sondern darüber hinaus Persönlichkeitsmerkmale abzuleiten (siehe Kapitel 5.2). Diese Persönlichkeitsmerkmale könnten die Grundlage für eine Ableitung von unterschiedlichen Gruppen liefern, die aufgrund ihrer Fähigkeiten verschiedene Coping-Möglichkeiten wählen. Diese Gruppen könnten wiederum die Grundlage für zielgruppenspezifische Interventionen sein.
  Es wäre zudem sinnvoll, die erneute Erhebung als Panel-Befragung anzulegen. Auf Grundlage dieser Daten könnten in Längsschnittanalysen die theoretisch hergeleiteten Rückkopplungen im MOVE-Modell statistisch überprüft und möglicherweise die Gewinn- und Verlustspiralen von Hobfoll statistisch nachvollzogen werden. Hierbei ist eine Berücksichtigung von Folkes Adaptives Renewables Cycles (siehe Kapitel 2.3) sicherlich sinnvoll.
  In den Kapiteln 4 und 5 wurde auf verschiedene Details eingegangen, die bei einer erneuten Erhebung zu betrachten wären. Hierzu zählen insbesondere die Schlussfolgerungen zur Erfassung der subjektiv wahrgenommenen Umweltbelastung (siehe Kapitel 5.1.3), eine Überarbeitung der Skala zu Coping-Intention, da sich einzelne Items in den statistischen Analysen als nicht ausreichend trennscharf erwiesen haben (siehe Kapitel 5.2.3), die Subskala *Antrieb* als Teil der wahrgenommenen Verhaltenskontrolle nicht mehr zu erheben (siehe Kapitel 5.3.3 sowie Kapitel 5.4.3).

- **Verschiedene Coping-Möglichkeiten von Haushalten analysieren**
  Um das MOVE-Modell erheben zu können, fand eine Fokussierung auf institutionelles Coping statt (siehe Kapitel 4.4.3). Es wäre von großem Interesse, auch andere Coping-Handlungen wie alltägliches Coping und bauliches Coping zu erfassen (siehe Kapitel 3.1).
  Für diese Zwecke sind spezifische Formen des MOVE-Modells zu entwickeln. Die Idee einer Rasch-Skala bei Coping-Intention und -Handlung scheint auch für andere Bereiche sinnvoll.

- **Weitere Faktoren von Umweltgüte analysieren**
  In der hier beschriebenen empirischen Analyse lag der Fokus auf dem Umgang mit den Umweltbelastungen NO_2, PM_{10}, Umgebungslärm (Straße und Schiene)

sowie Nähe zu Großindustrie (siehe Tabelle 6). Im Sinne eines ganzheitlichen Verständnisses von Umweltgüte und der Nutzung aller Coping-Möglichkeiten sollte auch die Teilhabe an oder Initiierung von Entscheidungsprozessen betrachtet werden, die der Entwicklung von Umweltressourcen wie Grünflächen dienen. Zudem könnten weitere belastende Faktoren neben Luft und Lärm in die Analyse aufgenommen werden. Hier bleibt die Herausforderung, im Sinne der TACT-Regel der Theorie des geplanten Verhaltens (siehe Kapitel 2.5.2) spezifische Intentionen und Handlungen zu erfassen und zugleich der Komplexität von Umweltgüte gerecht zu werden (siehe hierzu auch Kapitel 4.2.1).

- **Methode des ko-ethnischen Survey-Designs weiterentwickeln**
Aufgrund inhaltlicher Erfordernisse wurden in der hier beschriebenen Forschung methodische Wege gegangen, um Menschen mit türkischem Migrationshintergrund zu erreichen. Auf die Bedeutung der Methode des ko-ethnischen Interviewdesigns für die Stadtplanung wurde bereits in einem Exkurs in Kapitel 4.5.6 eingegangen. Hier wurde herausgearbeitet, dass Forschung zu umweltbezogener Gerechtigkeit die Lebenswirklichkeiten derjenigen erfassen muss, die in Verteilungsanalysen als benachteiligt auffallen. Das Vorgehen in der empirischen Untersuchung des MOVE-Modells legt nahe, dass das ko-ethnische Interviewdesign hierzu eine gute Grundlage liefert. Eine Anwendung auch in anderen Bereichen der Stadtplanung und des planerischen Umweltschutzes ist angesichts der Debatte zu selektiven Teilhabeprozessen (siehe Kapitel 2.4) durchaus sinnvoll (siehe auch Köckler, 2015).

- **Die subjektive Wahrnehmung objektiver Umweltgüte besser verstehen**
Die Analysen zur subjektiv wahrgenommenen Umweltgüte haben gezeigt, dass die objektive Umweltbelastung sowohl bei Lärm- als auch Luftbelastung die subjektiv wahrgenommene Belästigung nur in einem sehr geringen Maß vorhersagt (siehe Kapitel 5.1). Mit dem hier vorliegenden Forschungsdesign konnte beispielsweise der kausale Zusammenhang zwischen Lebensqualität im Wohnumfeld und wahrgenommener Lärmbelastung nicht geklärt werden (siehe Kapitel 5.1.2.3). Die Erklärung der subjektiv wahrgenommenen Belästigung stand nicht im Zentrum dieser Forschung, ist aber für die Debatte umweltbezogener Gerechtigkeit aus verschiedenen Gründen interessant. Da die Belastung selbst eine Einschränkung der Lebensqualität bedeutet, können Maßnahmen, die zu einer verminderten wahrgenommenen Belästigung führen, für mehr ergebnisbezogene Umweltgerechtigkeit genutzt werden. Gleichzeitig muss Planerinnen und Planern im Sinne des bevölkerungsbezogenen Vulnerabilitätsprinzips deutlich sein, dass auch eine Lärmbelastung, die nicht als Belästigung wahrgenommen wird, gesundheitsrelevant ist.

- **Die Relevanz von Sozialkapital einordnen**
  Im MOVE-Modell wurde festgestellt, dass sowohl die Teamwirksamkeit, also die Bereitschaft, Probleme gemeinschaftlich zu lösen, als auch der Grad, in dem ein Haushalt über soziale Netzwerke verfügt, sowohl die Coping-Intention als auch die Coping-Handlung vorhersagen. Ferner wurde in verschiedenen Studien festgestellt, dass das Sozialkapital eines Wohnumfeldes maßgeblich für bürgerschaftliches Engagement ist. Sowohl das Sozialkapital als auch das ehrenamtliche bürgerschaftliche Engagement sind in benachteiligten Stadtteilen geringer, wie unter anderem in der Diskussion in Kapitel 6.3 herausgearbeitet wurde. Die Verbindung zwischen den Fähigkeiten von Haushaltsmitgliedern, der sozialen Umwelt im Wohnumfeld und dem bürgerschaftlichen Engagement sollten weiter erforscht werden. Hierbei kann auf bestehende Modelle, wie das in Kapitel 2.3 erwähnte „Exposure–disease–stress model for environmental health disparities" von Gee und Payne Sturgess (2004), sowie weitere dort benannte Erkenntnisse aus den Gesundheitswissenschaften aufgebaut werden.
- **Lebenslaufperspektive einnehmen**
  Im Sinne des Empowerment-Ansatzes verspricht biographische Forschung, die Erfahrungen über den Lebenslauf eines Menschen erfasst, weitere Erkenntnisse zu liefern. Ich vertrete in Kenntnis der Theorie und meiner empirischen Analysen die Hypothese, dass Erfahrungen von Selbstwirksamkeit in der Gestaltung des Wohnumfeldes die Ressourcen und insbesondere die wahrgenommenen Ressourcen Einzelner erhöhen (Köckler, 2014). In Kapitel 6.3 wurde bereits die mögliche Relevanz von Erfahrungswissen für das Zutrauen, sich in Entscheidungsprozesse einzubringen, diskutiert. In diesem Sinne könnten auch lang zurückliegende Erfahrungen als Ressourcen dienen, die zur Teilhabe an umweltpolitisch relevanten Entscheidungsprozessen befähigen.
  Susanne Börner, Doktorandin an der Goethe-Universität im deutsch-französischen Forschungsnetzwerk „Saisir l'Europe/Europa als Herausforderung", nutzt das MOVE-Modell als Heuristik für eine lebensbiographische Analyse von Bürgerinitiativen gegen emittierende Betriebe.
- **Rassismus in der Stadtplanung thematisieren**
  Ob wir es in Deutschland mit „Environmental Racism" zu tun haben, wie es in Kapitel 2.1.4.2 beschrieben wurde, war nicht Gegenstand dieser Forschung, dennoch fordert der Befund, dass Menschen mit türkischem Migrationshintergrund ihre Intention nicht in Handlungen umsetzen und bei einigen Determinanten, die die Unterschiede in der Teilhabe an Entscheidungsprozessen ausmachen, benachteiligt sind, zur weiteren Auseinandersetzung auf.

Es sollte angesichts der gerechtigkeitstheoretischen Ausführungen und insbesondere des Aspekts von Anerkennung (*Recognition*) besonders nachdenklich stimmen, dass es Menschen mit türkischem Migrationshintergrund vor allem an Zutrauen fehlt und sie ihre Intention nicht umsetzen. Fragen, die das Leitbild der umweltbezogenen Gerechtigkeit diesbezüglich nahelegt, sind die folgenden: Wie nehmen Stadtplaner, die zu Beteiligung einladen, Migrantinnen in Anhörungen oder Beteiligungsverfahren wahr? Wieviel Mitarbeiterinnen und Mitarbeiter mit (türkischem) Migrationshintergrund gibt es in Planungsverwaltungen und Planungsbüros?

- **Wirksamkeit der Teilhabe in Planungsverfahren nachvollziehen**
  Selbst wenn diese Forschung einen kleinen Beitrag dazu leistet, besser zu erkennen, wer die Fähigkeiten hat, der Einladung von Planung zu folgen, so sagt es noch gar nichts darüber aus, wie Eingaben und Stellungnahmen, die aus dieser Teilhabe entstehen, im Planungsprozess verbleiben. In Kapitel 6.3 wurde bereits die Wirksamkeit der im MOVE-Modell erfassten Coping-Handlungen thematisiert. Es wurde herausgearbeitet, dass es gute Gründe geben kann, warum Eingaben Einzelner, die aus der Teilhabe an Entscheidungsprozessen resultieren, nicht immer zu einer faktischen Veränderung der Umweltsituation führen. Dies könnte auch das Resultat einer konsequenten Umsetzung des bevölkerungsbezogenen Vulnerabilitätsprinzips sein, wenn hoheitliche Planung Interessen vulnerabler Gruppen, die nicht am Verfahren beteiligt sind, wahrt. Für solch eine Analyse müsste eine verfahrensbezogene und keine haushaltsbezogene Perspektive, wie in der hier beschriebenen Forschung, eingenommen werden.

- **Kompetenzen von Planern in der Praxis und Ausbildung fördern**
  In dieser Arbeit wurde die Anforderung an Planerinnen und Planer herausgearbeitet, die Vulnerabilität von Bevölkerung in der Planung zu berücksichtigen und vulnerable Gruppen zu befähigen. Welche Kompetenz brauchen Planerinnen und Planer hierzu?
  In einem Aufsatz zur Planerausbildung betonen Agyeman und Erickson (2012, S. 361) die Relevanz kultureller Kompetenzen von Planerinnen und Planern und beziehen sich bei der Definition dieser Kompetenzen auf Sandercock. „Our broader definition reads: ‚Cultural competency is the range of awareness, beliefs, knowledge, skills, behaviors and professional practice that will assist in planning for, in, and, with multiple publics' (Sandercock 1998)."
  Davy (1997, Preface VIII) arbeitet in diesem Zusammenhang die Bedeutung von Institutionen heraus: „The well-being of a society depends on the availability of institutions that are suitable for processing dissimilar rationalities

(a proposition invented by Mary Douglas). People are not only different from each other in that they have different preferences (as many economists believe) or different rights (as many lawyers believe). Above all, people are different from each other because they read the world in entirely different ways." Es gilt also, nicht nur vulnerable Gruppen zu befähigen, sich in Planungsprozesse einzubringen, sondern auch Planerinnen und Planer sowie die von ihnen genutzten Institutionen derart zu befähigen, dass es möglich wird, vielfältige Sichtweisen für mehr umweltbezogene Gerechtigkeit zu erschließen.

Umweltbezogene Gerechtigkeit ist ein Leitbild, mit dem sich räumliche Planung in Forschung, Lehre und Praxis in den nächsten Jahren vermehrt auseinandersetzen muss. Angesichts bestehender Trends wie zunehmender sozialer Ungleichheit bei Gesundheit, Zuwanderung und neuer, beispielsweise durch den Klimawandel bedingter Umweltprobleme liefert umweltbezogene Gerechtigkeit einen multidimensionalen und interventionsorientierten Rahmen, den die Raumplanung nutzen sollte, damit diese für die US-amerikanische Planung formulierte Aussage nicht auch für die deutsche Raumplanung zutrifft: *„Ironically, zoning, which was intended to protect the public health, safety, and welfare, has often proved to be exclusionary, offering differential protection to different segments of the public"* (Maantay, 2001, S. 1037).

Literatur

AG Menschliche Gesundheit der UVP-Gesellschaft e. V. (2014). *Leitlinien Schutzgut Menschliche Gesundheit. Für eine wirksame Gesundheitsförderung in Planungsprozessen und Zulassungsverfahren* (UVP-Gesellschaft e. V., Hrsg.). Hamm.

Agyeman, J. & Erickson, J. S. (2012). Culture, Recognition, and the Negotiation of Difference: Some Thoughts on Cultural Competency in Planning Education. *Journal of Planning Education and Research, 32* (3), 358–366.

Agyeman, J. & Evans, B. (2004). „Just sustainability": the emerging discourse of environmental justice in Britain? *The Geographical Journal, 170* (2), 155–164. Zugriff am 03.06.2011. Verfügbar unter http://onlinelibrary.wiley.com/doi/10.1111/j.0016-7398.2004.00117.x/full

Agyeman, J. (2005). *Sustainable communities and the challenge of environmental justice.* New York: New York University Press. Verfügbar unter http://www.worldcat.org/oclc/475268880

Agyeman, J. (2013). *Introducing just sustainables. Policy, planning and practice.* London: Zed Books.

Ahrens, R. (2004). *Umwelt und Gesundheit an industriellen Belastungsschwerpunkten („Hot Spots"). Umweltmedizinische Wirkungsuntersuchungen in Dortmund und Duisburg.* Düsseldorf: Ministerium für Umwelt und Naturschutz, Landwirtschaft und Verbraucherschutz des Landes Nordrhein-Westfalen.

Ahuis, H. (Hrsg.). (1993). *Ökologisch nachhaltige Entwicklung von Verdichtungsräumen. Umweltqualitätsziele als Entscheidungsgrundlage für Stadtplanung, Regionalentwicklung und Wohnungsbau [Referate und Diskussionsergebnisse]; [Herbsttagung '92 der Deutschen Akademie für Städtebau und Landesplanung, Landesgruppe Nordrhein-Westfalen, in Hagen-Hohenhof]* (Bd. 76, 1. Aufl.). Dortmund: ILS.

Ajzen, E. & Fishbein, M. (1980). *Understanding attitudes and predicting social behavior.* Englewood Cliffs: Prentice-Hall. Verfügbar unter http://www.worldcat.org/oclc/300622800

Ajzen, I. & Gilbert Cote, N. (2008). Attitudes and the Prediction of Behaviour. In W. D. Crano & R. Prislin (Hrsg.), *Attitudes and attitude change* (S. 289–3011). New York: Psychology Press.

Ajzen, I. (1991). The Theory of Planned Behaviour. *Organizational Behavior and Human Decision Processes, 50,* 179–211.

Ajzen, I. (2006). *Constructing a TpB Questionnaire: Conceptual and Methodological Considerations,* University of Massachusetts. Zugriff am 05.08.2010. Verfügbar unter http://people.umass.edu/aizen/

Ajzen, I. (University of Massachusetts, Hrsg.). (2014). *FAQ List on TPB.* Zugriff am 20.07.2015. Verfügbar unter http://people.umass.edu/aizen/faqtxt.html

Ajzen, I. (University of Massachusetts, Hrsg.). *Acutal Behavioral Control.* Zugriff am 22.07.105. Verfügbar unter http://people.umass.edu/aizen/abc.html

Ajzen, I., Albarracín, D. & Hornik, R. (Hrsg.). (2007). *Predicition and Change of Health Behavior. Applying the Reasoned Action Approach.* London: Lawrence Erlbaum Associates Publishers.

Akademie für Raumforschung und Landesplanung (Hrsg.). (2014). *Umwelt- und Gesundheitsaspekte im Programm Soziale Stadt – Ein Plädoyer für eine stärkere Integration.* (Positionspapier aus der ARL Nr. 97). Zugriff am 10.09.2014. Verfügbar unter http://shop.arl-net.de/media/direct/pdf/pospaper_97.pdf

Akademie für Raumforschung und Landesplanung. (Hrsg.). (2016). *Daseinsvorsorge sichern und gleichwertige Lebensbedingungen schaffen. Perspektiven und Handlungsfelder,* (Positionspapier aus der ARL Nr. 108). Zugriff vom 05.03.2017. Verfügbar unter https://shop.arl-net.de/daseinsvorsorg-und-gleichwertige-lebensverhaeltnisse-neu-denken.html

Albers, G. & Wékel, J. (2008). *Stadtplanung. Eine illustrierte Einführung.* Darmstadt: Wiss. Buchges.

Albers, G. (1995). Stadtplanung. In Akademie für Raumforschung und Landesplanung (Hrsg.), *Handwörterbuch der Raumordnung* (S. 899–905). Hannover: ARL.

Amerasinghe, M., Farrell, L., Jin, S., Shin, N.-y. & Stelljes, K. (2008). *Enabling Environmental Justice: Assessment of Participatory Tools. Background Report Prepared for: Environmental Department United Nations Institute for Training and Research* (MA: Massachusetts Institute of Technology, Hrsg.).

Arnstein, S. R. (1969). A Ladder of Citizen Participation. *JAIP, 35* (4), 216–224.

Atteslander, P. M. & Cromm, J. (2000). *Methoden der empirischen Sozialforschung* (De Gruyter Studienbuch, 9. Aufl.). Berlin, New York: de Gruyter.

Backhaus, K. (2008). *Multivariate Analysemethoden. Eine anwendungsorientierte Einführung* (12., vollständig überarb. Aufl.). Berlin [u. a.]: Springer.

Baitsch, G., Dunkelberg, H. & Eckel, H. (1999). *Dokumentation zum Aktionsprogramm Umwelt und Gesundheit.* Bonn.

Bamberg, S. (2003). How does environmental concern influence specific environmentally related behaviors? A new answer to an old question. *Journal of Environmental Psychology, 23,* 21–32.

Basner, M., Babisch, W., Davis, A., Brink, M., Clark, C., Janssen, S. et al. (2014). Auditory and non-auditory effects of noise on health. *The Lancet, 383* (9925), 1325–1332.

Baur, N. & Fromm, S. (Hrsg.). (2004). *Datenanalyse mit SPSS für Fortgeschrittene. Ein Arbeitsbuch.* Wiesbaden: VS Verlag für Sozialwissenschaften.

Baykara-Krumme, H. (2010). *Interviewereffekte in Bevölkerungsumfragen. Ein Beitrag zur Erklärung des Teilnahme- und Antwortverhaltens von Migranten* (Arbeitspapier des Beziehungs- und Familienpanels Nr. 19). Chemnitz: TU Chemnitz, Institut für Soziologie. Zugriff am 31.05.2014. Verfügbar unter http://www.pairfam.de/uploads/tx_sibibtex/arbeitspapier_19p.pdf

Baykara-Krumme, H. (2013). Sind bilinguale Interviewer erfolgreicher? Interviewereffekte in Migrantenbefragungen. In H.-G. Soeffner (Hrsg.), *Transnationale Vergesellschaftungen. Verhandlungen des 35. Kongresses der Deutschen Gesellschaft für Soziologie in Frankfurt am Main 2010* (Bd. 35, 1) (S. 259–273). Wiesbaden: Springer VS.

Berger, K. (2012). DOGS: Die Dortmunder Gesundheitsstudie. *Bundesgesundheitsblatt – Gesundheitsforschung – Gesundheitsschutz, 55* (6–7), 816–821.

Berglund, B., Lindvall, T. & Schewla, D. H. (1999). *Guidelines for Community Noise* (World Health Organisation, Hrsg.), Geneva. Zugriff am 04.06.2012. Verfügbar unter http://whqlibdoc.who.int/hq/1999/a68672.pdf

Bertram, G. F. (2014). Wir sind die Zielgruppe! Zur Bedeutung bürgerschaftlichen Protests bei der Konstruktion von Zielgruppen. In U. Altrock, S. Huning, T. Kuder & H. Nuissl (Hrsg.), *Zielgruppen in der räumlichen Planung. Konstruktionen, Strategien, Praxis* (S. 65–106). Berlin: Altrock, Uwe.

Birkmann, J. (Hrsg.). (2013). *Measuring vulnerability to natural hazards. Towards disaster resilient societies* (Second edition). United Nations University Press.

Björk, J., Ardö, J., Stroh, E., Lövkvist, H., Östergren, P.-O. & Albin, M. (2006). Road traffic noise in southern Sweden and its relation to annoyance, disturbance of daily activities and health. *Scandinavian Journal of Work, Environment & Health, 32* (5), 392–401.

Blader, S. L. & Tyler, T. R. (2003). A Four-Component Model of Procedural Justice: Defining the Meaning of a „Fair" Process. *Personality and Social Psychology Bulletin, 29,* 747–758. Verfügbar unter 10.1177/0146167203029006007

Blaikie, P., Cannon, T., Davis, I. & Wisner, B. (1994). *At Risk Natural hazards, people's vulnerability, and disasters.* London, New York: Routledge.

Blättner, B. (2007). Das Modell der Salutogenese. Eine Leitorientierung für die berufliche Praxis. *Prävention und Gesundheitsförderung, 2,* 67–73.

Böhm, M. (2013). Öffentlichkeitsbeteiligung in Planungsverfahren – Bestand und Änderungsbedarf. *UVPreport, 27* (1+2), 34–37.

Böhme, C. & Bunzel, A. (2014). *Umweltgerechtigkeit im städtischen Raum. Expertise „Instrumente zur Erhaltung und Schaffung von Umweltgerechtigkeit"* (Deutsches Institut für Urbanistik, Hrsg.), Berlin.

Bolte, G. & Fromme, H. (2008). Umweltgerechtigkeit als Themenschwerpunkt der Gesundheits-Monitoring-Einheiten (GME) in Bayern. *UMID-Themenheft: Umweltgerechtigkeit – Umwelt, Gesundheit und soziale Lage* 2, 39–42.

Bolte, G. & Mielck, A. (Hrsg.). (2004). *Umweltgerechtigkeit. Die soziale Verteilung von Umweltbelastungen.* Weinheim und München: Juventa.

Bolte, G., Bunge, C., Hornberg, C., Köckler, H. & Mielck, A. (2012). Umweltgerechtigkeit durch Chancengleichheit bei Umwelt und Gesundheit. Eine Einführung in die Thematik und Zielsetzung dieses Buches. In G. Bolte, C. Bunge, C. Hornberg, H. Köckler & A. Mielck (Hrsg.), *Umweltgerechtigkeit. Chancengleichheit bei Umwelt und Gesundheit: Konzepte, Datenlage und Handlungsperspektiven* (1. Aufl., S. 15–37). Bern: Verlag Hans Huber.

Bolte, G., Bunge, C., Hornberg, C., Köckler, H. & Mielck, A. (Hrsg.). (2012a). *Umweltgerechtigkeit. Chancengleichheit bei Umwelt und Gesundheit: Konzepte, Datenlage und Handlungsperspektiven* (1. Aufl.). Bern: Verlag Hans Huber.

Bolte, G., Pauli, A. & Hornberg, C. (2011). Environmental justice – Social disparities in environmental exposures and health. Overview. In J. O. Nriagu (Hrsg.), *Encyclopedia of environmental health* (S. 459–470). Amsterdam: Elsevier Science.

Bolte, G., Voigtländer, S., Razum, O. & Mielck, A. (2012). Modelle zur Erklärung des Zusammenhangs zwischen sozialer Lage, Umwelt und Gesundheit. In G. Bolte, C. Bunge, C. Hornberg, H. Köckler & A. Mielck (Hrsg.), *Umweltgerechtigkeit. Chancengleichheit bei Umwelt und Gesundheit: Konzepte, Datenlage und Handlungsperspektiven* (1. Aufl., S. 39–50). Bern: Verlag Hans Huber.

Bortz, J. (2005). *Statistik für Human- und Sozialwissenschaftler. Mit 242 Tabellen* (6. Aufl.). Berlin: Springer.

Bowen, W. (2002). An analytical review of environmental justice research: What do we really know? *Environmental Management, 29* (1), 3–15.

Braubach, M. & Fairburn, J. (2010). Social inequities in environmental risks associated with housing and residential location – a review of evidence. *The European Journal of Public Health, 20* (1), 36–42.

Braubach, M. & Savelsberg, J. (2009). *Social inequalities and their influence on housing risk factors and health. A data report based on the WHO LARES database* (WHO Regional Office for Europe, Hrsg.), Kopenhagen.

Brock, A. (2014). *The Environment in the Capabilities Approach: Why and how its constitutive role for capabilities matters.* Vortrag bei der Tagung der Human Development and Capability Association 2014. Athen.

Brösse, U. (Hrsg.). (1988). *Umweltgüte und Raumentwicklung* (Bd. 179). Hannover: Verl. d. ARL.

Brugge, D., Patton, A. P., Bob, A., Reisner, E., Lowe, L., Bright, O.-J. M. et al. (2015). Developing Community-Level Policy and Practice to Reduce Traffic-Related Air Pollution Exposure. *Environmental Justice, 8* (3), 95–104.

Buchwald, P. & Hobfoll, S. E. (2004). *Messung von Teamwirksamkeit. Vorläufiges Testmanual für die deutsche Adaption der „Communal Mastery Scale"*. Zugriff am 12.08.2015. Verfügbar unter www.petra-buchwald.de

Buchwald, P. (2002). *Dyadisches Coping in mündlichen Prüfungen*. Göttingen: Hogrefe.

Bühner, M. (2006). *Einführung in die Test- und Fragebogenkonstruktion* (2., aktualisierte und erw. Auflage). München [u. a.]: Pearson Studium.

Bullard, R. D. & Johnson, G. S. (2000). Environmentalism and Public Policy: Environmental Justice: Grassroots Activism and Its Impact on Public Policy Decision Making. *Journal of Social Issues, 56* (3), 555–578.

Bullard, R. D. (1994). Introduction. In R. D. Bullard (Hrsg.), *Unequal protection. Environmental justice and communities of color* (S. XV–XXIII). San Francisco: Sierra Club Books.

Bullard, R. D. (Hrsg.). (1994). *Unequal protection. Environmental justice and communities of color*. San Francisco: Sierra Club Books.

Buzzelli, M. & Jerrett, M. (2004). Racial gradients of ambient air pollution exposure in Hamilton, Canada. *Environment and Planning A, 36* (10), 1855–1876. Verfügbar unter „<Go to ISI>://000224552100010"

Buzzelli, M., Jerrett, M., Burnett, R. & Finklestein, N. (2003). Spatiotemporal perspectives on air pollution and environmental justice in Hamilton, Canada, 1985–1996. *Annals of the Association of American Geographers, 93* (3), 557–573.

Capek, S. M. (1993). The „Environmental Justice" Frame: A Conceptual Discussion and an Application. *Social Problems, 40* (1), 5–24.

Clark, L. P., Millet, D. B. & Marshall, J. D. (2014). National patterns in environmental injustice and inequality: outdoor NO_2 air pollution in the United States. *PLoS ONE, 9* (4), 1–8.

Cohen, J. (1992). A Power Primer. *Psychological Bulletin, 112* (1), 155–159. Zugriff am 01.05.2014. Verfügbar unter http://www.personal.kent.edu/~marmey/quant2spring04/Cohen%20%281992%29%20-%20PB.pdf

Cole, L. W. & Foster, S. R. (2001). *From the ground up. Environmental racism and the rise of the environmental justice movement* (Critical America). New York: New York University Press.

Cook, I. R. & Swyngedouw, E. (2012). Cities, Social Cohesion and the Environment: Towards a Future Research Agenda. *URBAN STUDIES, 49* (9), 1959–1979.

Crawley, M. J. (2007). *The R book*. Chichester: Wiley.

CSDH (Commission on Social Determinants of Health). (2008). *Closing the gap in a generation. Health equity through action on the social determinants of health, final report*. Geneva: WHO.

Cutter, S. L. (1995). Race, Class and Environmental Justice. *Progress in Human Geography, 19* (1), 111–122.

Cutter, S. L. (Hrsg.). (2006). *Hazards, Vulnerability and Environmental Justice*. London: Earthscan.

Cutter, S. L. (SSRC, Hrsg.). (2006). *The Geography of Social Vulnerability: Race, Class, and Catastrophe*. Zugriff am 30.12.2011. Verfügbar unter http://understandingkatrina.ssrc.org/Cutter/

Dangschat, J. (2014). Residentielle Segregation. In P. Gans (Hrsg.), *Räumliche Auswirkungen der internationalen Migration* (Forschungsberichte der ARL, Bd. 3, S. 63–77). Hannover: Akad. für Raumforschung und Landesplanung ARL.

Darnovsky, M. (1992). Stories less told: History of US Environmentalism. *Socialist Review* (22), 11–54.

Davier, M. von (1997). WINMIRA – program description and recent enhancement. *Methods of Psychological Research Online, 2* (2), 25–28.

Davoudi, S. & Brooks, E. (2014). When does unequal become unfair? Judging claims of environmental injustice. *Environment and Planning A, 46* (11), 2686–2702.

Davy, B. (1997). *Essential injustice. When legal institutions cannot resolve environmental and land use disputes*. Wien, New York: Springer.

Der Senator für Umwelt, Bau und Verkehr. (2014, 14. August). *Förderprogramm Schallschutzfenster*. Zugriff am 04.09.2014. Verfügbar unter http://www.umwelt.bremen.de/de/detail.php?gsid=bremen179.c.8771.de

Deutsche Umwelthilfe. (2014). *Umweltgerechtigkeit durch Partizipation auf Augenhöhe. Strategien und Empfehlungen für Grünprojekte in Stadtquartieren* (Deutsche Umwelthilfe, Hrsg.), Radolfzell.

Dieckmann, N. (2013). Umweltgerechtigkeit in der Stadtplanung. *Neue Zeitschrift für Verwaltungsrecht* (24), 1575–1581.

Diefenbacher, H. (2001). *Gerechtigkeit und Nachhaltigkeit. Zum Verhältnis von Ethik und Ökonomie*. Darmstadt: Wiss. Buchges.

Dow, K. & Cutter, S. L. (2006). Emerging Hurricane Evacuation Issues: Hurricane. In S. L. Cutter (Hrsg.), *Hazards, Vulnerability and Environmental Justice* (S. 385–397). London: Earthscan.

Dürr, H. & Zepp, H. (2012). *Geographie verstehen. Ein Lotsen- und Arbeitsbuch* (Uni-Taschenbücher, Nr. 8476). Paderborn: Ferdinand Schöningh.

Ebbesson, J. (Hrsg.). (2002). *Access to Justice in Environmental Matters in the EU.* The Hague: Kluwer Law International.

Ellert, U. & Bellach, B.-M. (1999). Der SF-36 im Bundes-Gesundheitssurvey – Beschreibung einer aktuellen Normstichprobe. *Gesundheitswesen, 61* (Sonderheft 2), 184–190.

Elvers, H.-D. & Butler, J. (2012). Rahmenbedingungen zielgruppenspezifischer kommunaler Planungsprozesse für Umweltgerechtigkeit. In G. Bolte, C. Bunge, C. Hornberg, H. Köckler & A. Mielck (Hrsg.), *Umweltgerechtigkeit. Chancengleichheit bei Umwelt und Gesundheit: Konzepte, Datenlage und Handlungsperspektiven* (1. Aufl., S. 219–230). Bern: Verlag Hans Huber.

Elvers, H.-D., Gross, M. & Heinrichs, H. (2008). The Diversity of Environmental Justice. *European Societies, 10* (5), 835–856.

Ennis, N. E., Hobfoll, S. E. & Schröder, K. E. E. (2000). Money doesn't talk, it swears. How economic stress and resistance resources impact inner-city women's depressive mood. *American Journal of Community Psychology, 28* (2), 149–173.

EPA (Environmental Protection Agency). (2011). *Plan EJ 2014.* Zugriff am 16.05.2015. Verfügbar unter http://www.epa.gov/environmentaljustice/plan-ej/

EPA (Environmental Protection Agency). (2012). *Basic Information.* Zugriff am 01.09.2014. Verfügbar unter http://www.epa.gov/environmentaljustice/basics/index.html

EPA (Environmental Protection Agency). (2015,. *Koppers Co. Inc. (Texarkana Plant) Superfund Site Texarkana, Texas.* Zugriff am 16.05.2015. Verfügbar unter http://www.epa.gov/region6/6sf/pdffiles/koppers-tx.pdf

Epp, A. (1999). *Divergierende Konzepte von „Verfahrensgerechtigkeit". Eine Kritik der Procedural Justice Forschung.* (Discussion Paper FS II 98–302). Berlin: Wissenschaftszentrum Berlin für Sozialforschung. Zugriff am 20.12.2010. Verfügbar unter http://bibliothek.wz-berlin.de/pdf/1998/ii98-302.pdf

Europäisches Parlament und Rat der Europäischen Union. (2006). Verordnung (EG) Nr. 1367/2006 über die Anwendung der Bestimmungen des Übereinkommens von Århus über den Zugang zu Informationen, die Öffentlichkeitsbeteiligung an Entscheidungsverfahren und den Zugang zu Gerichten in Umweltangelegenheiten auf Organe und Einrichtungen der Gemeinschaft. In

Amtsblatt der Europäischen Union (S. 13–19). Zugriff am 12.08.2015. Verfügbar unter http://eur-lex.europa.eu/LexUriServ/LexUriServ.do?uri=OJ:L:2006: 264:0013:0019:DE:PDF

Europäisches Parlament und Rat der Europäischen Union. (2008). Richtlinie 2008/50/EG über die Luftqualität und saubere Luft in Europa. In *Amtsblatt der Europäischen Union* (S. 1–44). Verfügbar unter

European Parliament and Council. (2002). *Directive 2002/49/EC relating to the assessment and management of environmental noise* (S. 12–25). Zugriff am 12.08.2015. Verfügbar unter http://eur-lex.europa.eu/LexUriServ/LexUriServ.do?uri=OJ:L:2002:189:0012:0025:EN:PDF

Expert Panel on Noise (EPoN) (European Environment Agency, Hrsg.). (2010). *Good practice guide on noise exposure and potential health effects.*

Fainstein, S. S. (2010). *The just city.* Ithaca: Cornell University Press.

Fairburn, J. & Smith, G. (2008). Working towards a better quality of life. Environmental Justice in South Yorkshire. *Environment Agency,* 1–133.

Fakhruddin, S. H. M., Babel, M. S. & Kawasaki, A. (2015). Assessing the vulnerability of infrastructure to climate change on the Islands of Samoa. *Natural Hazards and Earth System Science, 15* (6), 1343–1356.

Fecht, D., Fischer, P., Fortunato, L., Hoek, G., Hoogh, K. de, Marra, M. et al. (2015). Associations between air pollution and socioeconomic characteristics, ethnicity and age profile of neighbourhoods in England and the Netherlands. *Environmental pollution (Barking, Essex: 1987), 198,* 201–210.

Fehr, R., Neus, H. & Heudorf, U. (Hrsg.). (2005). *Gesundheit und Umwelt. Ökologische Prävention und Gesundheitsförderung* (1. Aufl.). Bern: Verlag Hans Huber.

Field, A. P. (2013). *Discovering statistics using IBM SPSS statistics. And sex and drugs and rock 'n' roll* (MobileStudy, 4. Aufl.). Los Angeles: Sage.

Flacke, J. & Köckler, H. (2015). Spatial urban health equity indicators – a framework-based approach supporting spatial decision making. In O. Ozcevik, C. Brebbia & S. Sener (Hrsg.), *Sustainable Development and Planning 2015* (WIT Transactions on Ecology and the Environment, S. 365–376). WIT PressSouthampton, UK.

Fliedner, D., Schmithüsen, J. & Obst, E. (1993). *Sozialgeographie* (Lehrbuch der allgemeinen Geographie/begr. von Erich Obst. Fortgef. von Josef Schmithüsen, Bd. 13). Berlin: de Gruyter.

Folke, C. (2006). Resilience: The emergence of a perspective for social-ecological systems analyses. *Global Environmental Change, 16* (3), 253–267.

Fromm, S. (2004). Multiple lineare Regression. In N. Baur & S. Fromm (Hrsg.), *Datenanalyse mit SPSS für Fortgeschrittene. Ein Arbeitsbuch* (S. 257–285). Wiesbaden: VS Verlag für Sozialwissenschaften.

Fürst, D. (Hrsg.). (2004). *Handbuch Theorien + Methoden der Raum- und Umweltplanung* (Unveränd. Nachdr.). Dortmund: Dortmunder Vertrieb für Bau- und Planungsliteratur.

Fyhri, A. & Klaeboe, R. (2006). Direct, indirect influences of income on road traffic noise annoyance. *Journal of Environmental Psychology, 26* (1), 27–37.

Gee, G. C. & Payne-Sturges, D. C. (2004). Environmental health disparities: A framework integrating psychosocial and environmental concepts. *Environmental Health Perspectives, 112* (1), 1645–1653.

Geiger, I. (1998). Altern in der Fremde – zukunftsorientierte Herausforderungen für Forschung und Versorgung. In M. David, T. Borde & H. Kentenich (Hrsg.), *Migration und Gesundheit. Zustandsbeschreibung und Zukunftsmodelle* (S. 154–166). Frankfurt am Main: Mabuse.

Gesis. (2014). *Software für Online-Befragungen*. Zugriff am 24.06.2014. Verfügbar unter http://www.gesis.org/dienstleistungen/methoden/beratungen/datenerhebung/online-umfragen/software-fuer-online-befragungen/#freesoftware

Gmel, G. (2001). Imputation of missing values in the case of a multiple item instrument measuring alcohol consumption. *Statistics in Medicine, 20*, 2369–2381. Zugriff am 13.04.2011. Verfügbar unter https://141.51.26.36/+CSCO+cA756767633A2F2F62617966617279766F656E656C2E6A7679726C2E7062727A++/store/10.1002/sim.837/asset/837_ftp.pdf?v=1&t=gmgp0llc&s=e2c4364d329ec8e1d060ace22624c90ce20dd346

Gosine, A. & Teelucksingh, C. (2008). *Environmental Justice and Racism in Canada. An Introduction*. Toronto: Emond Montgomery Publications Limited.

Hahne, U. & Stielike, J. M.. (2013). Gleichwertigkeit der Lebensverhältnisse. Zum Wandel der Normierung räumlicher Gerechtigkeit in der Bundesrepublik Deutschland und der Europäischen Union. *e+g ethikundgesellschaft, 1*, 1–40.

Halm, D. (2011). Bürgerschaftliches Engagement in der Einwanderungsgesellschaft. Bedeutung, Situation und Förderstrategien. *Forschungsjournal Soziale Bewegungen, 24* (2), 14–24.

Hard, G. (1990). Humangeographie (bes. Wahrnehmungs- und Verhaltensgeographie). In L. Kruse, C.-F. Graumann, E.-D. Lantermann (Hrsg.), *Ökologische Psychologie. Ein Handbuch in Schlüsselbegriffen* (S. 57–65). München: Psychologie-Verl.-Union.

Harvey, D. (1988). *Social justice and the city*. Oxford: Basil Blackwell.

Harwood, S. A. (2003). Environmental Justice on the Streets: Advocacy Planning as a Tool to Contest Environmental Racism. *Journal of Planning Education and Research, 23* (1), 24–38.

Hatzinger, R. & Nagel, H. (2009). *PASW statistics*. München: Pearson Studium.

HMULV Hessisches Ministerium für Umwelt, l. R. u. V. (2007). *Luftreinhalte- und Aktionsplan für den Ballungsraum Kassel*. Wiesbaden.

Hobfoll, S. E. (November 2007). *Dr. Stevan Hobfoll – Personal homepage*, Kent State University. Zugriff am 20.07.2015. Verfügbar unter http://www.personal.kent.edu/~shobfoll/index.html

Hobfoll, S. E. & Buchwald, P. (2004). Die Theorie der Ressourcenerhaltung und das multiaxiale Coping-Modell – eine innovative Stresstheorie. In P. Buchwald, C. Schwarzer & S. E. Hobfoll (Hrsg.), *Stress gemeinsam bewältigen. Ressourcenmanagement und multiaxiales Coping* (S. 11–26). Göttingen: Hogrefe.

Hobfoll, S. E. & Jackson, A. P. (1991). Conservation of Resources in Community Intervention. *American Journal of Community Psychology, 19* (1), 111–121.

Hobfoll, S. E. & Schumm, J. A. (2004). Die Theorie der Ressourcenerhaltung: Anwendung auf die öffentliche Gesundheitsförderung. In P. Buchwald, C. Schwarzer & S. E. Hobfoll (Hrsg.), *Stress gemeinsam bewältigen. Ressourcenmanagement und multiaxiales Coping* (S. 91–120). Göttingen: Hogrefe.

Hobfoll, S. E. (1989). Conservation of Resources. A New Attempt at Conceptualizing Stress. *American Psychologist, 3*, 513–524.

Hobfoll, S. E., Lilly, R. S. & Jackson, A. P. (1992). Conservation of Social Resources and the Self. In Hans O. F. Veiel & U. Baumann (Hrsg.), *The Meaning and measurement of social support* (The Series in clinical and community psychology, S. 125–141). New York: Hemisphere Pub. Corp.

Höffe, O. (2001). *Gerechtigkeit. Eine philosophische Einführung* (Originalausg.). München: C. H. Beck.

Hoffmann, B., Moebus, S., Stang, A., Beck, E.-M., Dragano, N., Moehlenkamp, S. et al. (2006). Residence close to high traffic and prevalence of coronary heart disease. *European Heart Journal, 27* (22), 2696–2702.

Holifield, R. (2001). Defining environmental justice and environmental racism. *Urban Geography, 22* (1), 78–90.

Holland, B. (2008). Justice and the Environment in Nussbaum's „Capabilities Approach": Why Sustainable Ecological Capacity Is a Meta-Capability. *Political Research Quarterly, 61* (2), 319–332. http://eur-lex.europa.eu/legal-content/DE/TXT/PDF/?uri=CELEX:32008L0050&from=DE

Huisman, M. (2000). Imputation of Missing Item Responses: Some Simple Techniques. *Quality & Quantity, 34* (4), 331–351.

Hunecke, M. & Haustein, S. (2007). Einstellungsbasierte Mobilitätstypen: Eine integrierte Anwendung von multivariaten und inhaltsanalytischen Methoden der empirischen Sozialforschung zur Identifikation von Zielgruppen für eine nachhaltige Mobilität. *Umweltpsychologie, 11* (2), 36–68.

Hunziker, C. (2012). Für breite Bevölkerungsschichten. Mischung statt Stigmatisierung. *DW – Die Wohnungswirtschaft, 65,* 8–9.

ISO-Norm, ISO/TS 15666 (2003). *Acoustics – Assessment of noise annoyance by means of social and socio-acoustic surveys.* Schweiz.

Ittner, H. & Montada, L. (2009). Gerechtigkeit und Umweltpolitik. *Umweltpsychologie, 13* (1), 35–51.

Jakob, C. & Schorb, F. (2008). *Wie New Orleans nach der Flut seine Unterschicht vertrieb.* Münster: UNRAST-Verlag.

Jänicke, M., Kunig, P. & Stitzel, M. (2003). *Umweltpolitik. Politik, Recht und Management des Umweltschutzes in Staat und Unternehmen.* (2., aktualisierte Auflage, 1. Band). Lern- und Arbeitsbuch. Bonn: Dietz.

Job, R. (1996). The influence of subjective reactions to noise on health effects of the noise. *Environmental International, 22* (1), 93–104.

Kangsen Scammell, M., Montague, P. & Raffensperger, C. (2014). Tools for Addressing Cumulative Impacts on Human Health and the Environment. *Environmental Justice, 7* (4), 102–109.

Katzschner, A. & Köckler, H. (2008). Soziale Unterschiede bezüglich der Bewältigung von Umweltbelastungen am Beispiel von Kassel – Ein integriert sozialnaturwissenschaftlicher Erklärungsansatz. *UMID-Themenheft: Umweltgerechtigkeit – Umwelt, Gesundheit und soziale Lage, 2,* 30–34.

Katzschner, A. & Köckler, H. (2009). Sozialdifferenzierte Risikoregulierung von Extremwetterereignissen – Implikationen umweltbezogener Gerechtigkeit. Anderes Klima. Andere Räume! Zum Umgang mit Erscheinungsformen des veränderten Klimas im Raum. In F. L. Mörsdorf, J. Ringel & C. Strauß (Hrsg.), *Anderes Klima. Andere Räume! Zum Umgang mit Erscheinungsformen des veränderten Klimas im Raum.* (Tagungsband, Band 19, S. 109–123). Leipzig: Universität Leipzig.

Kern, K. & Bratzel, S. (1994). *Erfolgskriterien und Erfolgsbedingungen von (Umwelt-)Politik im internationalen Vergleich: Eine Literaturstudie* (Forschungsstelle für Umweltpolitik, Hrsg.) (FFU-report 94-3). Berlin: FU-Berlin. Zugriff am 20.12.2010. Verfügbar unter http://userpage.fu-berlin.de/ffu/download/FFUrep94_3.pdf

Klammer, U., Neukirch, S. & Weßler-Poßberg, D. (2012). *Wenn Mama das Geld verdient. Familienernährerinnen zwischen Prekarität und neuen Rollenbildern* (Forschung aus der Hans-Böckler-Stiftung, Bd. 139). Berlin: Ed. sigma.

Klimeczek, H.-J. (2014). Umweltgerechtigkeit im Land Berlin. Zur methodischen Entwicklung des zweistufigen Berliner Umweltgerechtigkeitsmonitorings. In B. R. U. BfS (Hrsg.), *Schwerpunkt: Umwelt und Gesundheit in Stadtentwicklung und -planung* (UMID, 2 2014, S. 16–22). Berlin. Zugriff am 09.11.2014. Verfügbar unter http://www.umweltbundesamt.de/themen/gesundheit/newsletter-schriftenreihen/zeitschrift-umid-umwelt-mensch-informationsdienst

Kloepfer, M. (2005). Noise Protection: A Task of Fair and Balanced Legal Consideration. *Europäische Akademie Newsletter* (58).

Kloepfer, M. (2006). *Umweltgerechtigkeit – Environmental Justice in der deutschen Rechtsprechung* (Schriften zum Umweltrecht, Bd. 150). Berlin: Duncker & Humblodt.

Kloepfer, M., Griefahn, B., Kaniowski, A. M., Klepper, G., Lingner, S., Steinebach, G. et al. (2006). *Leben mit Lärm? Risikobeurteilung und Regulation des Umgebungslärms im Verkehrsbereich* (Wissenschaftsethik und Technikfolgenbeurteilung, Bd. 28). Berlin: Springer-Verlag Berlin Heidelberg.

Kloog, I., Coull, B. A., Zanobetti, A., Koutrakis, P., Schwartz, J. D. & Gravenor, M. B. (2012). Acute and Chronic Effects of Particles on Hospital Admissions in New-England. *PLoS ONE, 7* (4), 2–8.

Köckler, H. & Flacke, J. (2013). Health-related inequalities in the global north and south – A framework for spatially explicit environmental justice indicators. In J. Martinez (Hrsg.), *14th N-AERUS/GISDECO Conference*. Zugriff am 12.08.2015. Verfügbar unter http://www.n-aerus.net/web/sat/workshops/2013/PDF/N-AERUS14_Koeckler%20Flacke%20final%20October%202013.pdf

Köckler, H. & Hornberg, C. (2012). Vulnerabilität als Erklärungsmodell einer sozial differenzierten Debatte um Risiken und Chancen im Kontext von Umweltgerechtigkeit. In G. Bolte, C. Bunge, C. Hornberg, H. Köckler & A. Mielck (Hrsg.), *Umweltgerechtigkeit. Chancengleichheit bei Umwelt und Gesundheit: Konzepte, Datenlage und Handlungsperspektiven* (1. Aufl., S. 73–86). Bern: Verlag Hans Huber.

Köckler, H. & Weible, T. (2011). Indikatoren umweltbezogener Gerechtigkeit. Wie Haushaltseinkommen und Lärmbelästigung repräsentiert und zueinander ins Verhältnis gesetzt werden können. *UMID-Themenheft* (2), 95–99.

Köckler, H. (2005). *Zukunftsfähigkeit nach Maß. Kooperative Indikatorenentwicklung als Instrument regionaler Agenda-Prozesse*. (Indikatoren und Nachhaltigkeit, Bd. 4). Wiesbaden: Verlag für Sozialwissenschaften.

Köckler, H. (2006). Wer verbirgt sich hinter dem Schutzgut Mensch? Umweltbezogene Gerechtigkeit als eine Herausforderung für die UVP/SUP. *UVPreport* (3), 105–109.

Köckler, H. (2008). Zur Integration umweltbezogener Gerechtigkeit in den planerischen Umweltschutz. In K.-S. Rehberg (Hrsg.), *Die Natur der Gesellschaft. Verhandlungsband des 33. Kongresses der Deutschen Gesellschaft für Soziologie.* (CD, S. 3703–3716). Frankfurt, New York: Campus-Verlag.

Köckler, H. (2011). MOVE: Ein Modell zur Analyse umweltbezogener Verfahrensgerechtigkeit. *Umweltpsychologie, 15* (2), 93–113.

Köckler, H. (2014). Nur die Einladung reicht nicht. Teilhabe als Schlüssel umweltbezogener Gerechtigkeit. *politische ökologie, 32* (März), 43–48.

Köckler, H. (2014a). Environmental Justice – aspects and questions for planning procedures. *UVPreport, 28* (3+4), 139–142.

Köckler, H. (2014b). Das „Vulnerability of Population Principle" als Prinzip einer gesundheitsfördernden Stadtentwicklung für alle. In M. Haber, A. Rüdiger, S. Baumgart, R. Danielzyk & H.-P. Tietz (Hrsg.), *Daseinsvorsorge in der Raumentwicklung. Sicherung – Steuerung – Vernetzung – Qualitäten* (Blaue Reihe, Bd. 143, S. 207–218). Essen: Klartext.

Köckler, H. (2015). Researching multicultural societies: Benefits, limitations and challenges of co-ethnical research design in urban planning. In AESOP (Hrsg.), *AESOP Conference 2015.* Zugriff am 20.07.2015. Verfügbar unter http://www.aesop2015.eu/

Köckler, H. (2016). Umweltbezogene Gerechtigkeit durch Stadtplanung mit Hilfe des „Vulnerability of the Population Principle". In B. Emunds et al. (Hrsg.), *Soziale Ungleichheiten – Herausforderungen für die Umweltpolitik/Umweltgerechtigkeit* (Die Wirtschaft der Gesellschaft, Bd. 2). Marburg: Metropolis.

Köckler, H., Deguen, S., Ranzi, A., Melin, A. & Walker, G. (angenommen): Environmental justice in Western Europe. In R. Holifield, J. Chakraborty & G. Walker (Hrsg.), *Routledge Handbook on Environmental Justice.* Routledge: London.

Köckler, H., Katzschner, L., Kupski, S., Katzschner, A. & Pelz, A. (2008). *Umweltbezogene Gerechtigkeit und Immissionsbelastungen am Beispiel der Stadt Kassel.* CESR-Paper 1. Kassel: Kassel University Press.

Köckler, H., Rüdiger, A. & Baumgart, S. (2015). The Sectoral Plan for Health Promotion: An innovative instrument for a more just city. In AESOP (Hrsg.), *AESOP Conference 2015.* Zugriff am 23.06.2015. Verfügbar unter http://www.aesop2015.eu/

Kohlhuber, M., Schenk, T. & Weiland, U. (2012). Verkehrsbezogene Luftschadstoffe und Lärm. In G. Bolte, C. Bunge, C. Hornberg, H. Köckler & A. Mielck (Hrsg.), *Umweltgerechtigkeit. Chancengleichheit bei Umwelt und Gesundheit: Konzepte, Datenlage und Handlungsperspektiven* (1. Aufl., S. 87–98). Bern: Verlag Hans Huber.

Kolahgar, B. (Landesumweltamt Nordrhein-Westfalen, Hrsg.). (2006). *Die soziale Verteilung von Umweltbelastungen und gesundheitlichen Folgen an industriellen Belastungsschwerpunkten in Nordrhein-Westfalen. Abschlussbericht.*

Krohne, H. W. (2001). *Stress and Coping Theories. International encyclopedia of the social & behavioral sciences.* Amsterdam: Elsevier.

Kruize H. & Bouwman A. A. (2004). Environmental (in)equity in the Netherlands. *RIVM Report 550012003/2004,* 2–82.

Kruize, H. (2007). *On environmental equity. Exploring the distribution of environmental quality among socio-economic categories in the Netherlands* (Netherlands geographical studies, Bd. 359). Utrecht: Koninklijk Nederlands Aardrijkskundig Genootschap.

Kruize, H., Droomers, M., van Kamp, I. & Ruijsbroek, A. (2014). What causes environmental inequalities and related health effects? An analysis of evolving concepts. *International Journal of Environmental Research and Public Health, 11* (6), 5807–5827.

Kühling, W. (2012). Mehrfachbelastungen durch verschiedenartige Umwelteinwirkungen. In G. Bolte, C. Bunge, C. Hornberg, H. Köckler & A. Mielck (Hrsg.), *Umweltgerechtigkeit. Chancengleichheit bei Umwelt und Gesundheit: Konzepte, Datenlage und Handlungsperspektiven* (1. Aufl., S. 135–150). Bern: Verlag Hans Huber.

Lake, R. W. (1996). Volunteers, Nimbys, and Environmental Justice: Dilemmas of Democratic Practice. *Antipode, 28* (2), 160–174.

Lakes, T. & Klimeczek, H.-J. (2011). Umweltgerechtigkeit im Land Berlin: Eine erste integrierte Analyse der sozialräumlichen Verteilung von Umweltbelastungen und -ressourcen. In B. R. U. BfS (Hrsg.), *II. Themenheft Umweltgerechtigkeit* (UMID, Ausgabe 2, S. 42–44). Berlin.

LANUV. *Umgebungslärm in NRW.* Zugriff am 18.06.2013. Verfügbar unter http://www.umgebungslaerm.nrw.de/laermaktionsplanung/massnahmen_wann/index.php

Lechner, C. & Niehaus, M. (2010). *Skript zur Vorlesung „Theorien psychometrischer Tests II" WS 2009/2010. [transkribiert im SS 2010].* Skript, Friedrich-Schiller-Universität Jena. Zugriff am 04.08.2011. Verfügbar unter http://www.fsrpsychologie.uni-jena.de/fsr_psychologiemedia/Skripte/Master/Testtheorien+II++%282010%29+.pdf

Leventhal, G. S. (1976). *What Should Be Done with Equity Theory? New Approaches to the Study of Fairness in Social Relationships.* Research Report, Wayne State University. Detroit, Michigan.

Lindekilde, L. (2013). Claims-making. In D. A. Snow, D. Della Porta, B. Klandermans & D. McAdam (Hrsg.), *The Wiley-Blackwell Encyclopedia of Social and Political Movements* (S. 1–2). Hoboken, NJ, USA: John Wiley & Sons, Inc. Zugriff am 03.04.2015. Verfügbar unter http://onlinelibrary.wiley.com/doi/10.1002/9780470674871.wbespm027/pdf

Llop, S., Ballester, F., Estarlich, M., Esplugues, A., Fernandezpartier, R., Ramon, R. et al. (2008). Ambient air pollution and annoyance responses from pregnant women. *Atmospheric Environment, 42* (13), 2982–2992.

Maantay, J. (2001). Zoning, Equity, and Public Health. *American Journal of Public Health, 91* (7), 1033–1041. Zugriff am 31.01.2014. Verfügbar unter http://ajph.aphapublications.org/doi/pdf/10.2105/AJPH.91.7.1033

Maantay, J. (2007). Asthma and air pollution in the Bronx: Methodological and data considerations in using GIS for environmental justice and health research. *Part Special Issue: Environmental Justice, Population Health, Critical Theory and GIS, 13* (1), 32–56.

Maguire, L. A. & Lind, E. A. (2003). Public participation in environmental decisions stakeholders, authorities and procedural justice. *Int. J. Global Environmental, 3* (2), 133–148.

Mandal, B. & Stasny, E. A. (2004). Imputing Missing Income Data and Weighting Data with Imputed Income. *Proceedings of the Survey Research Methods Section, American Statistical Association*, 3962–3980. Zugriff am 15.03.2013. Verfügbar unter http://www.amstat.org/sections/srms/Proceedings/y2004/files/Jsm2004-000173.pdf

Maschewsky, W. (2001). *Umweltgerechtigkeit, Public Health und Soziale Stadt*. Frankfurt a. M.: VAS Verlag für Akademische Schriften.

Maschewsky, W. (2004). Umweltgerechtigkeit. *Veröffentlichungsreihe der Arbeitsgruppe Public Health Forschungsschwerpunkt Arbeit, Sozialstruktur und Sozialstaat Wissenschaftszentrum Berlin für Sozialforschung*, 1–61.

Maschke, C., Laußmann, D., Eis, D. & Wolf, U. (1999). Umweltbedingter Lärm und Wohnzufriedenheit. *Gesundheitswesen, 61* (Sonderheft 2), S158–S162. Zugriff am 27.01.2011. Verfügbar unter http://www.thieme.de/SID-E1DEC447-4EF70225/local_pdf/fz/s158-s162.pdf

Meunier, C. (2006). *Öffentlichkeitsbeteiligung in der Bauleitplanung. Bedeutung der Aarhus-Konvention und der ihrer Umsetzung dienenden EU-Richtlinien – Öffentlichkeitsbeteiligung in Berlin-Brandenburg im Praxistest – Arbeitshilfe für die Praxis* (UVP spezial, Bd. 20). Dortmund: Dortmunder Vertrieb – Verl. für Architektur, Bau- und Planungsliteratur.

Miedema, H. M. E. & Vos, H. (1999). Demographic and attitudinal factors that modify annoyance from transportation noise. *The Journal of the Acoustical Society of America, 105* (6), 3336–3344.

Mielck, A., Koller, D., Bayerl, B. & Spies, G. (2009). Luftverschmutzung und Lärmbelastung: Soziale Ungleichheiten in einer wohlhabenden Stadt wie München. *Sozialer Fortschritt* (2–3), 43–48.

Ministerium für Umwelt und Naturschutz, Landwirtschaft und Verbraucherschutz. (2008). Runderlass Lärmaktionsplanung, V-5 - 8820.4.1. Zugriff am 12.08.2015. Verfügbar unter http://www.laermschutz.nrw.de/materialien/_regelwerke/Erlass_Laermaktionsplanung.pdf

Mix, T. L. (2011). Rally the People: Building Local-Environmental Justice Grassroots Coalitions and Enhancing Social Capital. *Sociological Inquiry, 81* (2), 174–194.

Mohai, P. (1995). The demographics of dumping revisited. Examining the impact of alternate methodologies in environmental justice research. *Virginia Environmental Law Journal, 14* (4), 615–653.

Morris, G. P., Beck, S. A., Hanlon, P. & Robertson, R. (2006). Getting strategic about the environment and health. *Public Health, 120* (10), 889–903.

Niemann, H. & Maschke, C. (WHO Regional Office for Europe, Hrsg.). (2004). *WHO LARES Final report Noise effects and morbidity,* Berlin Center for Public Health. Zugriff am 19.04.2012. Verfügbar unter http://www.euro.who.int/__data/assets/pdf_file/0015/105144/WHO_Lares.pdf

NRW Bank. (2013). *Wohnungsmarktbericht NRW 2013. 20 Jahre Wohnungsmarktbeobachtung Dokumentation zum Kongress „Wir im Quartier – Heimat vor der Haustür".* Düsseldorf. Zugriff am 31.05.2015. Verfügbar unter https://www.nrwbank.de/de/corporate/downloads/presse/publikationen/publikationen-wohnungsmarktbeobachtung/aktuelle-ergebnisse/NRW.BANK_-_Wohnungsmarktbericht_NRW_2013.pdf

Nussbaum, M. C. (2010). *Die Grenzen der Gerechtigkeit. Behinderung, Nationalität und Spezieszugehörigkeit.* Berlin: Suhrkamp.

Oliver, R. P. (1994). Living on a Superfund Site in Texarkana. In R. D. Bullard (Hrsg.), *Unequal protection. Environmental justice and communities of color* (S. 77–91). San Francisco: Sierra Club Books.

Ormandy, D. (Hrsg.). (2009). *Housing and health in Europe. The WHO LARES Project* (Housing and society series). London, New York: Routledge.

Pearsall, H. & Pierce, J. (2010). Urban sustainability and environmental justice: evaluating the linkages in public planning /policy discourse. *Local Environment, 15* (6), 569–580.

Pellow, D. N. (2004, cop. 2002). *Garbage wars.* Cambridge: MIT Press.

Poustie, M. (2004). *Envrionmental Justice in SEPA's Environmental Protection Activities. A Report for the Scottish Environment Protection Agency.*

Pulido, L. (2000). Rethinking environmental racism. White privilege and urban development in southern California. *Annals of the Association of American Geographers, 90* (1), 12–40.

Putland, C., Baum, F., Ziersch, A., Arthurson, K. & Pomagalska, D. (2013). Enabling pathways to health equity: developing a framework for implementing social capital in practice. *BMC Public Health, 13* (1), 517.

Raddatz, L. & Mennis, J. (2013). Environmental Justice in Hamburg, Germany. *The Professional Geographer, 65* (3), 495–511.

Razum, O., Breckenkamp, J. & Brzoska, P. (2011). *Epidemiologie für Dummies* (2. Aufl.). Weinheim: Wiley-VCH.

Razum, O., Zeeb, H., Meesmann, U., Schenk, L., Brzoska, P., Dercks, T. et al. (2008). *Migration und Gesundheit* (Robert Koch Institut, Hrsg.) (Schwerpunktbericht der Gesundheitsberichterstattung des Bundes). Berlin: Robert Koch Institut.

Riedel, N., Köckler, H., Scheiner, J. & Berger, K. (2013). Objective exposure to road traffic noise, noise annoyance and self-rated poor health – framing the relationship between noise and health as a matter of multiple stressors and resources in urban neighbourhoods. *Journal of environmental planning and management*, 1–21.

Riedel, N., Scheiner, J., Müller, G. & Köckler, H. (2013). Assessing the relationship between objective and subjective indicators of residential exposure to road traffic noise in the context of environmental justice. *Journal of environmental planning and management, 57* (9), 1398–1421.

Rösener, B. & Selle, K. (2007). Mit Planungskultur zur Baukultur. Zwölf Grundsätze zur Gestaltung kommunikativer Prozesse. *PLANERIN* (6), 12–14.

Rösler, C. (2005). Umwelt- und Gesundheitsbelange in Planungverfahren berücksichtigen. Kommunale Zusammenarbeitsstrukturen verbessern. *Difu-Berichte, 4*, 20–22.

Rotko, T., Oglesby, L., Künzli, N., Carrer, P., Nieuwenhuijsen, M. J. & Jantunen, M. (2002). Determinants of perceived air pollution annoyance and association between annoyance scores and airpollution($PM_{2,5}$, NO_2) concentrations in the European EXPOLIS study. *Atmospheric Environment* (36), 4593–4602.

Rubin, G. J. (2005). Psychological and behavioural reactions to the bombings in London on 7 July 2005: cross sectional survey of a representative sample of Londoners. *BMJ, 331* (7517), 606–613.

Saccarino, F. (2011). *Income Missing Values Imputation: EVS 199-2008* (CEPS Working Papers 2001-05).

Sambo, P. T. (2012). *A Conceptual Analysis of Environmental Justice. Approaches: Procedural Environmental Justice in the EIA Process in South Africa and Zambia.* PhD thesis, University of Manchester.

Satterfield, T. C., Mertz, C. K. & Slovic, P. (2004). Discrimination, Vulnerability, and Justice in the Face of Risk. *Risk Analysis, 1,* 115–128. Zugriff am 12.01.2011. Verfügbar unter http://www.geo.mtu.edu/volcanoes/06upgrade/Social-KateG/Attachments%20Used/vulnerabilityjustice.pdf

Sauer, M. (2009). *Teilhabe und Orientierungen türkeistämmiger Migrantinnen und Migranten in Nordrhein-Westfalen. Ergebnisse der zehnten Mehrthemenbefragung 2009* (Stiftung Zentrum für Türkeistudien, Hrsg.), Essen.

Schenker, N., Raghunathan, T. E., Chiu, P.-L., Makuc, D. M., Zhang, G. & Cohen, A. J. (2006). Multiple Imputation of Missing Income Data in the National Health Interview Survey. *Journal of the American Statistical Association, 101* (475), 924–933.

Schlacke, S. (2013). Öffentlichkeitsbeteiligung, Kommunikation und Rationalität von Planungsentscheidungen – eine Einführung. *UVPreport, 27* (1+2), 32–33.

Schlosberg, D. & Carruthers, D. (2010). Indigenous Struggles, Environmental Justice, and Community Capabilities. *Global Environmental Politics, 10* (4), 12–35. Zugriff am 21.12.2010. Verfügbar unter http://www.mitpressjournals.org/doi/pdfplus/10.1162/GLEP_a_00029

Schlosberg, D. (2007). *Defining environmental justice: Theories, movement, and nature.* Oxford: Oxford University Press.

Schmitz, C. (2014). *LimeSurvey.* Zugriff am 24.06.2014. Verfügbar unter http://www.limesurvey.org/de

Scholles, F. (2004). Abwägung, Entscheidung. In D. Fürst (Hrsg.), *Handbuch Theorien + Methoden der Raum- und Umweltplanung* (Unveränd. Nachdr.), (S. 154–156). Dortmund: Dortmunder Vertrieb für Bau- und Planungsliteratur.

Schulze-Fielitz, H. (2009). Brauchen wir eine Verordnung zur Lärmaktionsplanung? *Natur und Recht, 31,* 687–693. Zugriff am 17.12.2010. Verfügbar unter http://www.springerlink.com/content/y611223823155662/fulltext.pdf

Schwarz, N. (2007). *Umweltinnovationen und Lebensstile. Eine raumbezogene, empirisch fundierte Multi-Agenten-Simulation* (Social science simulations, Bd. 3). Marburg: Metropolis-Verlag. (Univ., Diss. Kassel, 2007).

Sen, A. (2009). *The Idea of Justice.* London: Allen Lane.

Sen, A. (2012). *Die Idee der Gerechtigkeit* (dtv Sachbuch, Bd. 34719, Ungek. Ausg). München: dtv.

Sexton, K. & Linder, S. H. (2010). The role of cumulative risk assessment in decisions about environmental justice. *International Journal of Environmental Research and Public Health, 7* (11), 4037–4049.

Shrader-Frechette, K. (2012). Nuclear Catastrophe, Disaster-Related Environmental Injustice, and Fukushima, Japan: Prima-Facie Evidence for a Japanese „Katrina". *Environmental Justice, 5* (3), 133–139.

Siedentop, S. (2002). *Kumulative Wirkungen in der Umweltverträglichkeitsprüfung. Grundlagen, Methoden, Fallbeispiele* (Dortmunder Beiträge zur Raumplanung Blaue Reihe, Bd. 108). Dortmund: IRPUD.

Stadt Mannheim. (2012, 21. Mai). *Städtisches Schallschutzfensterprogramm*. Zugriff am 04.09.2014. Verfügbar unter http://buergerinfo.mannheim.de/buergerinfo/vo0050.asp?__kvonr=205890&voselect=5792

Statistisches Bundesamt. (2009). *Bevölkerung und Erwerbstätigkeit. Bevölkerung mit Migrationshintergrund – Ergebnisse des Mikrozensus 2007 –* (Fachserie 1 Reihe 2.2), Wiesbaden. Zugriff am 10.09.2010. Verfügbar unter https://www.destatis.de/DE/Publikationen/Thematisch/Bevoelkerung/MigrationIntegration/Migrationshintergrund2010220077004.pdf?__blob=publicationFile

Stern, P. C. (2000). Toward a Coherent Theory of Environmentally Significant Behavior. *Journal of Social Issues, 56* (3), 407–424.

Sterne, J. A. C., White, I. R., Carlin, J. B., Spratt, M., Royston, P., Kenward, M. G. et al. (2009). Multiple imputation for missing data in epidemiological and clinical research: potential and pitfalls. *BMJ, 338* (jun29 1), b2393.

Szasz, A. & Meuser, M. (2000). Unintended, inexorable – The production of environmental inequalities in Santa Clara County, California. *American Behavioral Scientist, 43* (4), 602–632.

Todd, H. & Zografos, C. (2005). Justice for the Environment: Developing a Set of Indicators of Environmental Justice for Scotland. *Environmental Values* (14), 483–501.

Tschakert, P. (2009). Digging Deep for Justice: A Radical Re-imagination of the Artisanal Gold Mining Sector in Ghana. *Antipode, 41* (4), 706–740.

Turner, B. L., Kasperson, R. E., Matson, P. A., McCarthy, J. J., Corell, R. W., Christensen, W. et al. (2003). A framework for vulnerability analysis in sustainable science. *PNAS, 100* (14), 8074–8079.

Umweltbundesamt. (2013). *Umweltbewusstsein in Deutschland 2012. Ergebnisse einer repräsentativen Bevölkerungsumfrage*. Dessau-Roßlau.

United Church of Christ Commission for Racial Justice. (1987). *Toxic wastes and race in the United States: A national report on the racial and socio-economic characteristics of communities with hazardous waste sites*. (United Church of Christ, Hrsg.), New York.

Van den Bos, K., Bruins, J., Wilke, H. A. M. & Dronkert, E. (1999). Sometimes Unfair Procedures Have Nice Aspects: On the Psychology of the Fair Process Effect. *Journal of Personality and Social Psychology, 77* (2), 324–336.

Van Gerven, P. W. M., Vos, H., van Boxtel, M. P. J., Janssen, S. A. & Miedema, H. M. E. (2009). Annoyance from environmental noise across the lifespan. *The Journal of the Acoustical Society of America, 126* (1), 187–194.

Van Ginkel, J. R. & van der Ark, L. A. (2005). SPSS Syntax for Missing Value Imputation in Test and Questionnaire Data. *Applied Psychological Measurement, 29* (2), 152–153.

Van Ginkel, J. R. (2009). cims [Computer software]: Data Theory Group. Zugriff am 12.08.2015. Verfügbar unter http://www.datatheory.nl/pages/ginkel.html

Van Kamp, I. & Davies, H. W. (2013). Noise and health in vulnerable groups: A review. *Noise and Health,* 15, 153–159.

Walker, G. (2009a). Beyond Distribution and Proximity: Exploring the Multiple Spatialities of Environmental Justice. *Antipode, 41* (4), 614–636. Zugriff am 01.09.2010. Verfügbar unter doi: 10.1111/j.1467-8330.2009.00691.x

Walker, G. (2009b). Environmental Justice and Normative Thinking. *Antipode, 41* (1), 203–205.

Walker, G. (2012). *Environmental justice.* Abingdon: Routledge.

Walker, G., Burningham, K., Fielding, J., Smith, G., Thrush, D. & Fay, H. (2006). *Addressing Environmental Inequalities: Flood Risk* (Environment Agency, Hrsg.) (using science to crate a better place Science Report: SC020061/SR1). Bristol: Environment Agency.

Walker, G., Fairburn, J., Smith, G. R. & Mitchell, G. (2003). *Environmental Quality and Social Deprivation. R&D Technical Report E2-067/1/TR* (Environment Agency, Hrsg.). Bristol: Environment Agency.

Walker, G., Fay, H. & Mitchell, G. (2005). *Environmental Justice Impact Assessment. An evaluation of requirements and tools for distributional analysis.* Institute for Environment and Sustainability Research, Faculty of Health and Sciences, Staffordshire University.

Watts, M. J. & Bohle, H. G. (1993). Hunger, famine and the space of vulnerability. *GeoJournal, 30* (2), 117–125.

Werlen, B. (1988). Von der Raum- zur Situationswissenschaft. *Geographische Zeitschrift, 76* (4), 193–208.

WHO Regional Office for Europe. (2011). *Burden of disease from environmental noise – Quantification of healthy life years lost in Europe.* Kopenhagen.

Wichmann, E., Thiering, E. & Heinrich, J. (2011). *Feinstaubkohortenstudie Frauen in NRW. Langfristige gesundheitliche Wirkungen von Feinstaub Folgeuntersuchungen bis 2008* (Landesamt für Natur, U.-u. V. N.-W., Hrsg.) (LANUV-Fachbericht Nr. 31), Recklingshausen. Zugriff am 01.04.2011. Verfügbar unter http://www.lanuv.nrw.de/veroeffentlichungen/fachberichte/fabe31/fabe31.pdf

Wießner, R. (1978). Verhaltensorientierte Geographie. Die angelsächsische behavioral geography und ihre sozialgeographischen Ansätze. *Geographische Rundschau, 30* (11), 420–426.

Wolf, C. (2002). Urban air pollution and health: an ecological study of chronic rhinosinusitis in Cologne, Germany. *Health & Place, 8* (2), 129–139.

Wright, M. T. (Hrsg.). (2010). *Partizipative Quartiersentwicklung in der Gesundheitsförderung und Prävention*. Bern: Verlag Hans Huber.

Ziersch, A., Osborne, K. & Baum, F. (2011). Local Community Group Participation: Who Participates and What Aspects of Neighbourhood Matter? *Urban Policy and Research, 29* (4), 381–399.

Zimbardo, P. G. & Gerrig, R. J. (1996). *Psychologie* (Springer Lehrbuch). Berlin: Springer.

STADTENTWICKLUNG. URBAN DEVELOPMENT

Herausgegeben von Uwe Altrock und Harald Kegler

Band 1 Ulf Hahne / Harald Kegler (Hrsg.): Resilienz. Stadt und Region – Reallabore der resilienzorientierten Transformation. 2016.

Band 2 Heike Köckler: Umweltbezogene Gerechtigkeit. Anforderungen an eine zukunftsweisende Stadtplanung. 2017.

Die Reihe wurde bis Band 20 unter dem Namen „Beiträge zur kommunalen und regionalen Planung" von Herrn Professor Simonis herausgegeben:

Band 1 Rainer Autzen: Wohnungspolitik. Altbauerneuerung und Wohnungsversorgung. 1979.

Band 2 Jürg Sulzer: Stadtentwicklung. Koordination von Raum- und Investitionsplanung. Analyse von fünf Beispielen in der Bundesrepublik Deutschland. 1979.

Band 3 Wolfgang Kempf: Stadterneuerung. Rahmenbedingungen der Instandsetzung und Modernisierung von Altbauten. 1979.

Band 4 Heide Simonis/Rainer Autzen/Udo Ernst Simonis: Stadtentwicklung - Stadterneuerung. Eine Auswahlbibliographie zur städtischen Lebensqualität. Urban Development - Urban Renewal. A Selected Bibliography on the Quality of Urban Life. 1980.

Band 5 Eberhard von Einem: Kommunale Flächennutzungssteuerung in den USA. Analyse des amerikanischen Planungs- und Bodenrechts - mit Vergleichen zur Bundesrepublik Deutschland. Mit einem Nachwort von Reinhold Gütter. 1980.

Band 6 Stefan Krätke: Kommunalisierter Wohnungsbau als Infrastrukturmaßnahme. Eine Alternative zum Sozialen Wohnungsbau in der Bundesrepublik Deutschland. 1981.

Band 7 Dieter Hezel/Horst Höfler/Lutz Kandel/Achim Linhardt: Siedlungsformen und soziale Kosten - Vergleichende Analyse der sozialen Kosten unterschiedlicher Siedlungsformen. 1983.

Band 8 Andreas Müller: S-Bahn-Studie Berlin-West. Zur Konzeption eines Verkehrsverbundes. 1983.

Band 9 Ekhart Hahn: Zukunft der Städte. Chancen urbaner Entwicklung. 1985.

Band 10 Klaus-Dieter Mager: Umwelt - Raum - Stadt. Zur Neuorientierung von Umwelt- und Raumordnungspolitik. 1985.

Band 11 Klaus Krüger: Regionale Entwicklung in Malaysia. Theoretische Grundlagen, empirischer Befund und regionalpolitische Schlußfolgerungen. 1989.

Band 12 Sebastian Büttner: Solare Wasserstoffwirtschaft. Königsweg oder Sackgasse. 1991.

Band 13 Ekhart Hahn: Ökologischer Stadtumbau. Konzeptionelle Grundlegung. 2. Aufl. 1993.

Band 14 Stephan Paulus: Umweltpolitik und wirtschaftlicher Strukturwandel in Indien. 1993.

Band 15 Ines Dombrowsky: Wasserprobleme im Jordanbecken. Perspektiven einer gerechten und nachhaltigen Nutzung internationaler Ressourcen. 1995.

Band 16 Peter Gerlach/Ingrid Apolinarski: Identitätsbildung und Stadtentwicklung. Analysen, Befunde, planungstheoretische und -methodische Ansätze für eine aktivierende Stadterneuerung - dargestellt am Beispiel Berlin-Friedrichshain. 1997.

Band 17 Ralf Michael Prüfer: Die Verpackungsverordnung und ihre ökologischen Alternativen. 1999.

Band 18   Axel Volkery: Die Novellierung des Bundesnaturschutzgesetzes. Chancen und Restriktionen einer Neuorientierung der Naturschutzpolitik in Deutschland. 2001.

Band 19   Benjamin Nölting: Strategien und Handlungsspielräume lokaler Umweltgruppen in Brandenburg und Ostberlin 1980-2000. 2002.

Band 20   Christiane Ratschow: Agrarumweltpolitik. Entwicklungen in Deutschland vor und während der BSE-Krise 2000/2001. 2003.

www.peterlang.de